ENCYCLOPÉDIE-RORET

NATURALISTE

PRÉPARATEUR

SECONDE PARTIE

TAXIDERMIE, PRÉPARATIONS ANATOMIQUES
EMBAUMEMENTS

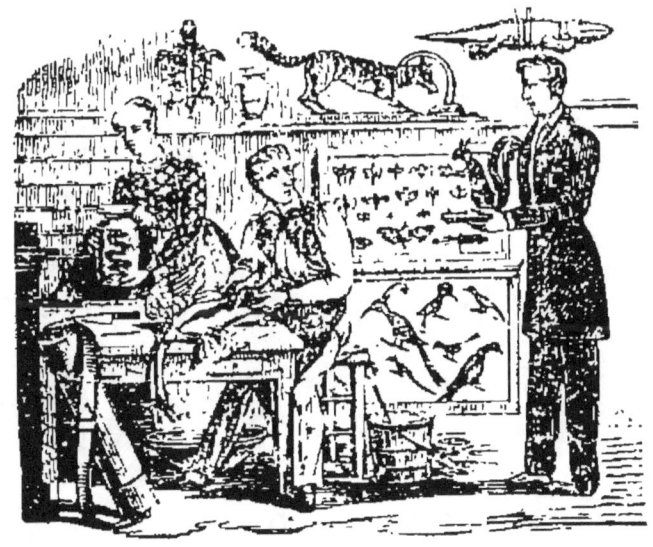

PARIS
LIBRAIRIE ENCYCLOPÉDIQUE DE RORET
RUE HAUTEFEUILLE, 12

ENCYCLOPÉDIE-RORET

NATURALISTE

PRÉPARATEUR

DEUXIÈME PARTIE

EN VENTE A LA MÊME LIBRAIRIE

Manuel du Naturaliste - Préparateur, *Première partie*, contenant les nouvelles classifications d'Histoire naturelle, la recherche des Objets d'Histoire naturelle et leur emballage, la disposition des Collections et leur conservation, par M. BOITARD. 1 vol. orné de figures......... 3 fr.

Manuel du Pelletier-Fourreur et du Plumassier, traitant de l'apprêt et de la conservation des Fourrures et de la préparation des Plumes, par M. MAIGNE. 1 vol. orné de figures.... 2 fr. 50

Manuel du Tanneur, du Corroyeur et du Hongroyeur, contenant le travail des Cuirs blancs, par MM. JULIA DE FONTENELLE, F. MALEPEYRE et MAIGNE. 2 vol. ornés de figures et accompagnés de planches................. 6 fr.

Manuel du Chamoiseur, du Maroquinier, du Mégissier, du Teinturier en peaux, du Fabricant de Cuirs vernis, du Parcheminier et du Gantier, traitant de l'outillage nouveau et des procédés les plus récents et les plus en usage dans ces diverses industries, par MM. JULIA-FONTENELLE et MAIGNE. 1 vol. orné de figures.................... 3 fr. 50

Manuel d'Anatomie comparée, par MM. de SIEBOLD et STANNIUS; trad. de l'allemand par MM. SPRING et LACORDAIRE, professeurs à l'Université de Liége. 3 gros vol............. 10 fr. 50

MANUELS-RORET

NOUVEAU MANUEL COMPLET

DU

NATURALISTE

PRÉPARATEUR

DEUXIÈME PARTIE

TAXIDERMIE

Préparation des Pièces anatomiques

CONTENANT

L'ART D'EMPAILLER ET DE CONSERVER
LES ANIMAUX VERTÉBRÉS ET INVERTÉBRÉS;
DE PRÉPARER LES VÉGÉTAUX ET LES MINÉRAUX;
DE FAIRE LES PRÉPARATIONS ANATOMIQUES;
DE CONSERVER LES CADAVRES
TEMPORAIREMENT OU DÉFINITIVEMENT

Par M. **BOITARD**

NOUVELLE ÉDITION

entièrement refondue et complétée

Par M. **MAIGNE**

Ouvrage orné de Figures.

PARIS
LIBRAIRIE ENCYCLOPÉDIQUE DE RORET
12, RUE HAUTEFEUILLE, 12
1890
Tous droits réservés.

AVIS

Le mérite des ouvrages de l'**Encyclopédie-Roret** leur a valu les honneurs de la traduction, de l'imitation et de la contrefaçon. Pour distinguer ce volume, il porte la signature de l'Editeur, qui se réserve le droit de le faire traduire dans toutes les langues, et de poursuivre, en vertu des lois, décrets et traités internationaux, toutes contrefaçons et toutes traductions faites au mépris de ses droits.

Le dépôt légal de ce Manuel a été fait dans le cours du mois de juin 1890, et toutes les formalités prescrites par les traités ont été remplies dans les divers États avec lesquels la France a conclu des conventions littéraires.

PRÉFACE

Lorsque Boitard a publié les premières éditions de cet ouvrage, il a eu trois choses en vue :

1º Initier à l'art de préparer et de conserver les productions de la nature, avec tous ou presque tous les caractères d'ordre, de famille, de genre et d'espèce sur lesquels les naturalistes ont établi leurs classifications ou leurs systèmes ;

2º Enseigner l'art de conserver, autant que possible, aux êtres organisés, les apparences de la vie.

3º Accessoirement, il s'est encore proposé de faire une *histoire complète de la taxidermie*, en décrivant toutes les bonnes méthodes employées par les préparateurs de Paris et de l'étranger.

Suivant son ordre d'idées, tout en améliorant et en complétant son ouvrage, nous avons laissé de côté, en nous contentant de les indiquer, les méthodes évidemment vicieuses, telles que le *mannequinage* et la *dessiccation*, qui ne peuvent contribuer en rien aux progrès de l'art. On ne peut, en effet, juger de la supériorité d'une bonne méthode, non-seulement en *taxidermie*, mais en tout, que par comparaison ; et comment juger rationnellement des procédés que nous employons, si nous ne connaissons pas ceux que les autres ont employés ou emploient encore?

L'utilité de la *taxidermie* est évidente, et les services que cet art a rendus à la science sont indiscutables.

Sans l'art de conserver les êtres composant les trois règnes de la nature, la science, loin d'avoir fait les progrès étonnants que nous admirons tous les jours, serait encore ensevelie dans les ténèbres de l'ignorance ; l'erreur occuperait la place de la vérité, le merveilleux tiendrait lieu de critique, et, dans les antilopes, les singes, les phoques et les dauphins, nous verrions encore, comme nos aïeux, des licornes, des satyres, des syrènes et des poissons doués d'une intelligence presque égale à celle de l'homme. Les progrès des sciences en Europe sont dûs en grande partie au goût généralement répandu pour l'histoire naturelle et, nous devons le dire, ce goût est en partie dû aux collections précieuses et brillantes que tout homme, même le plus borné, est forcé d'admirer. Ces collections, créées par la *taxidermie*, ont contribué, plus que toute autre chose, à faire naitre cette envie d'apprendre, de connaitre, qui caractérise notre époque, et qui, peut-être, conduira la main de l'homme destinée à déchirer le voile dont la vérité se cache encore à nos yeux.

Les connaissances humaines marchent de front, en s'aidant réciproquement de leurs progrès ; il n'est pas un art auquel on ne doive quelques découvertes utiles, pas une science qui n'ait profité de ces découvertes pour étendre sa sphère, et pas une science qui n'ait jeté sur les peuples civilisés un de ces rayons de lumière auxquels, sans doute, ils devront un jour leurs meilleures institutions.

Mais quand bien même la *taxidermie* n'entrerait pour rien dans de si grands intérêts, elle n'en serait pas moins un art agréable et digne d'amuser un homme éclairé. C'est par elle que l'on conserve aux animaux, pendant des années après leur mort, ces couleurs brillantes et ces attitudes pleines de grâce qui nous avaient séduits pendant leur vie; c'est par elle que le naturaliste studieux peut réunir sous sa main, et dans un très petit espace, les nombreuses tribus d'animaux qui peuplent toute la surface du monde. Sans sortir de son cabinet, il peut comparer le tigre de l'Inde au jaguar d'Amérique ; il peut étudier l'énorme reptile pressant dans ses liens mortels la gazelle des déserts brûlants de l'Afrique, comme la couleuvre sans force et presque sans vie, traînant à peine son corps engourdi dans les marais fangeux du nord de l'Europe. Il peut, du fond de son cabinet, relever les erreurs du voyageur entraîné par son amour pour le merveilleux, et, ainsi que Buffon ou Cuvier, voir mieux, sans s'éloigner du séjour de ses pères, que ceux qui parcourent le monde pour voir et étudier.

Aujourd'hui surtout que l'histoire naturelle est menacée d'un bouleversement général dans sa nomenclature, combien n'est-on pas heureux de pouvoir conserver avec certitude ces collections précieuses, seul moyen qui nous restera bientôt pour nous reconnaître au milieu du chaos de noms indéchiffrables que nous devons à l'amour-propre des écrivains! Je pose en fait que si le Muséum d'Histoire naturelle de Paris brûlait, les progrès de la science seraient reculés de cent ans au moins dans quelques-unes de ses branches. Il est vrai que beaucoup d'amateurs ont des collections très riches, mais quelques-uns en paralysent pour ainsi dire les résultats heureux en les classant et nommant d'après une méthode ou un système inventé par un amour-propre mal entendu, et qui ne peut être compris que par eux.

Nous ne chercherons point ici à donner au lecteur un aperçu plus étendu de l'utilité de la *taxidermie*; pour peu qu'il ait feuilleté le grand livre de la nature, il la sentira mieux que je ne pourrais le lui dire, et si cela n'était pas, cet ouvrage lui serait indifférent.

Nous pouvons dire ici, sans prévention nationale, qu'en France l'art du taxidermiste est arrivé à un point que les étrangers n'ont pas encore atteint.

Aujourd'hui, l'histoire naturelle a pris une marche plus rationnelle qu'autrefois. On ne se borne plus à juger et à classer les êtres organisés d'après leurs formes extérieures, et, par conséquent, d'après des caractères insuffisants. Pour n'être pas trompés par des apparences qui souvent, induisaient en erreur les hommes même du plus grand mérite, les naturalistes ont appelé à leur secours l'anatomie, la dissection, en un mot l'étude de tous les organes qui constituent l'animal ou la plante. Il faut donc qu'un naturaliste capable sache tenir le scalpel et préparer une pièce d'anatomie normale, de manière à pouvoir la conserver sans danger et sans dégoût pendant le temps nécessaire à sa dissection. Ceci est peut-être plus indispensable encore pour la dissection des animaux que pour la dissection de l'homme : non qu'il y ait plus de dangers à courir, soit par les piqûres d'instrument, soit par les miasmes putrides qu'exhalent les cadavres, car les chances sont égales des deux parts, mais parce qu'il est toujours facile de se procurer un nouveau cadavre humain dans un amphithéâtre, quand celui sur lequel on étudie commence à s'infiltrer; tandis que l'on n'a quelquefois qu'une seule occasion, dans tout le cours de la vie, pour se procurer le corps d'un animal rare. Il est donc précieux pour le naturaliste, dans ces occasions de pouvoir conserver le corps intact pendant tout le temps que peut durer la dissection, et à toutes les températures. Ce problème paraissait difficile à résoudre, surtout sous le rapport de l'économie d'argent, lorsque Gannal communiqua à l'Académie des sciences et à celle de médecine l'heureuse découverte qu'il avait faite à ce sujet.

Afin d'enseigner aux naturalistes l'art de préparer les pièces d'anatomie comparée, de manière à pouvoir les conserver dans le cabinet en leur laissant tous les caractères qui les rendent propres à l'étude, nous avons augmenté cet ouvrage d'une quatrième section renfermant tous les procédés nécessaires aux naturalistes pour les préparations d'anatomie normale et pathologique.

La préparation du squelette est devenue d'un haut intérêt, surtout depuis que la paléontologie (étude des animaux fossiles) présente une foule d'ossements d'animaux perdus, qu'il faut sans cesse mettre en comparaison avec les squelettes d'animaux existants actuellement sur la terre, pour pouvoir déterminer à quelles classes ils appartenaient, à quelle famille et à quel genre il faut les rapporter, etc.

Outre des changements importants, apportés à cette nouvelle édition, chaque partie a été augmentée d'une foule de petits détails et d'observations nouvelles, toujours puisés à de bonnes sources. Nous avons pensé que cet ouvrage ne devait pas être simplement un traité de la manière d'empailler tel ou tel animal, mais une histoire complète de l'art ; et voilà pourquoi nous avons puisé dans tous les auteurs qui en ont traité. Nous avons donné quelquefois des extraits de leurs méthodes, quoiques vicieuses, ne fût-ce que pour prémunir nos lecteurs contre cette foule d'innovations prétendues toutes neuves, quoique puisées dans des vieux livres ou des bouquins modernes.

Pour profiter de toutes les découvertes que nous ont fournis les progrès de l'art en France, nous avons poussé nos recherches dans tous les principaux cabinets d'histoire naturelle de l'Europe, et les ouvrages des préparateurs anglais, allemands, et autres ont été mis à contribution. Quoique la taxidermie, chez eux, soit bien loin d'être parvenue au point de perfection qu'elle a aujourd'hui en France, nous avons cependant puisé dans leurs ouvrages des méthodes qui peuvent trouver chez nous une heureuse application.

M. Thon, membre et bibliothécaire de la Société minéralogique de Iéna, a publié une traduction allemande de cet ouvrage, qu'il a enrichie d'une quantité de bonnes observations dont nous avons profité. Il est extrêmement fâcheux que cet auteur ait souvent cru devoir remplacer dans sa traduction la plus grande partie des méthodes nouvelles de taxidermie pratiquées au Muséum à Paris, et même à Berlin, par les vieux procédés de Nicolas, Manesse, Mouton de Fontenille, etc., abandonnés en France depuis longtemps.

Les Allemands seraient arriérés de cinquante ans, si nous en jugions par M. Thon. Du reste, il est aisé de voir que ce savant minéralogiste (et M. Thon est véritablement un savant) ne pratique pas lui-même l'art dont il a voulu donner des leçons. Nous avons sous les yeux l'ouvrage de C. M. Hahn, un de ses compatriotes, qui prouve que les zoologistes allemands savent mieux préparer et monter un oiseau ou un autre animal, que le ferait croire l'ouvrage du minéralogiste d'Iéna.

Parmi les autres auteurs allemands où nous avons pu puiser, nous citerons MM. Hahn, Tischer, Naumann, Roth, Schmidt, Dutch, etc., etc., qui nous ont fourni d'assez bons matériaux. Nous avons consulté les ouvrages de MM. Dufresne, Dupont, Nicolas, Manesse, Mauduy, Hénon, Réaumur, Duhamel, Daubenton, Mouton-Fontenille, Turgot, etc. ; chez les étrangers, ceux de Forster, Hulman, Linnée, Kuckan, etc., etc.; parmi les Anglais, ceux de Lettson, Thomas, Brown, etc. Partout nous avons exploré avec la plus grande attention, mémoires, journaux, voyages, et nous ne pensons pas qu'on puisse trouver dans une publication un bon procédé de taxidermie qui ne soit ici.

Avant de clore cette préface, nous croyons devoir ajouter ici quelques considérations sur l'art dont nous nous proposons de décrire les procédés.

Il est malheureusement trop vrai que Paris, parmi le grand nombre de soi-disant naturalistes préparateurs qu'il renferme, ne présente qu'un très petit nombre d'artistes qui comprennent l'importance et la difficulté de l'art qu'ils prétendent professer. Il est plus malheureux encore que ces bourreurs de peaux, moitié marchands de bric-à-brac et moitié marchands d'oiseaux, n'aient en vue, quand ils travaillent, que le commerce et l'amour de l'argent, ce qui les fait glisser un peu trop légèrement sur tout ce qui importe le plus à la science, dont ils se soucient fort peu, et à l'art, dont ils n'ont pas la plus légère notion. Nous leur pardonnerions très aisément de déchirer à tort et à travers dans notre manuel quelques pages choisies sans discernement, et d'en gâter la rédaction pour en faire des compilations bien niaises, qu'ils signent et qu'ils vendent à bas prix. Ce que nous ne pouvons leur pardonner, c'est de déchirer les peaux gâtées de deux ou trois oiseaux d'espèces quelquefois très différentes, pour les recoudre ensemble tant bien que mal, et de créer ainsi un individu hétérogène et sans nom, malgré l'étiquette fort proprement collée sur son socle. Ces pièces, parfaitement combinées pour jeter les jeunes naturalistes dans de graves erreurs, trompent même quelquefois les plus savants ornithologistes, et se glissent souvent dans les collections les mieux choisies. S'il était nécessaire, nous pourrions en citer au moins trois ou quatre échantillons à nous connus, qui existent en ce moment au Muséum d'Histoire naturelle de Paris.

Pour en revenir à l'art du naturaliste préparateur, nous dirons simplement aux élèves que le but qu'ils doivent atteindre, n'est pas seulement de fournir des matériaux à la classification scientifique, mais encore de reproduire autant que possible la nature vivante, l'attitude, le geste, et pour ainsi dire le mouvement de l'animal qu'ils n'empaillent pas, mais qu'ils sculptent avec ses propres matériaux. Les bourreurs de peaux répondent à cela que la chose est extrêmement difficile, et ils ont raison. Mais rien ne les force à quitter la truelle et le marteau pour se faire empailleur, et nous leur dirons, comme Boileau aux mauvais écrivains de son siècle :

Soyez plutôt maçon, si c'est votre métier.

NOUVEAU MANUEL COMPLET

DU

NATURALISTE

PRÉPARATEUR

DEUXIÈME PARTIE

PREMIÈRE SECTION

TAXIDERMIE

AVANT-PROPOS

D'après son étymologie (du grec ταξις, ordre, et δερμα, peau), le mot TAXIDERMIE signifie, à proprement parler, *préparation des peaux*, en sorte que si, à l'époque où il a été imaginé, il fût venu à un fourreur l'idée de l'adapter à sa profession, sur son enseigne, il y eût été tout aussi bien placé qu'en histoire naturelle, où il remplaça celui d'*empaillage*. Il désigne actuellement l'art de disposer, dans un ordre naturel, les peaux des animaux morts, et, par extension, de les conserver, de les monter et de leur donner l'apparence de la vie. Cet art ne remonte pas à plus d'une cinquantaine d'années, et ce temps a suffi pour le porter au plus haut degré de perfection. Il suffit, pour s'en **convaincre, de visiter les musées** d'histoire naturelle. Anciennement, on n'y mettait point tant de façons. On se contentait de bourrer de foin les dépouilles de quelques quadrupèdes, de gros lézards ou des poissons épineux, que les apothicaires accrochaient au plafond de leur boutique. Réaumur, dont la collection eut, en son temps, une certaine célébrité, se bornait même à suspendre par un fil de fer à des clous plantés dans la muraille, les peaux desséchées qu'il pouvait se procurer.

L'utilité de la taxidermie est trop évidente pour que nous jugions nécessaire d'en donner la démonstration. Nous dirons seulement que, pour répondre à sa destination, qui est de fournir des moyens sérieux d'instruction, cet art ne peut être exercé que par des personnes possédant des connaissances à la fois très variées et d'une habileté manuelle consommée, en d'autres termes, par de véritables *naturalistes préparateurs*. Alors seulement, il conserve aux objets tous leurs caractères et procure aux savants qui n'ont pu les voir en vie la facilité d'en faire une étude sérieuse, autant du moins qu'on peut étudier le vivant sur le mort.

CHAPITRE PREMIER

Instruments.

Les instruments nécessaires au naturaliste préparateur sont très simples. Ce sont des *scalpels*, des *presselles*, des *pinces*, des *ciseaux*, des *cure-crânes*, des *vrilles*, des *poinçons*, des *pinceaux*, des *scies*, des *supports*, des *fils de fer*, etc., de différentes sortes Nous allons donner quelques indications sur chacun d'eux et plus particulièrement sur leur usage.

1°. *Scalpels.* Ce sont des instruments tranchants, à lame courte et à manche aplati à son extrémité. Il y en a de deux sortes : des scalpels *ordinaires*, c'est-à-dire tranchants d'un seul côté (fig. 1 et 2), et des scalpels *à feuille de laurier*, c'est-à-dire tranchants des deux côtés (fig. 3). Ces derniers se remplacent avantageusement par des scalpels ordinaires dont le tranchant, ayant la même courbure, n'existerait que d'un seul côté (fig. 2).

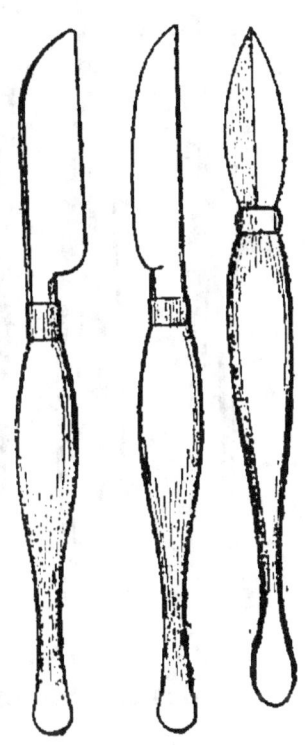

Fig. 1. Fig. 2. Fig. 3.

Le scalpel *ordinaire à tranchant droit* (fig. 1), sert aux opérations qui exigent de la force. Le scalpel *ordinaire à tranchant arrondi* (fig. 2), sert à inciser les animaux d'une moyenne grosseur. Le scalpel *à feuille de laurier* (fig. 3), doit être très tranchant des deux côtés, vers la pointe, et pas du tout depuis le milieu de la courbure jusqu'au manche. Il sert à inciser les très petits oiseaux, et à faire toutes les opérations délicates.

2°. *Presselles.* Elles sont vulgairement désignées par les préparateurs sous le nom de *brucelles* (fig. 4). Il en faut de différentes forces et grandeurs. On s'en sert pour bourrer et débourrer les petits animaux, et pour différents autres usages. Les moyennes ont 16 centimètres de longueur, mais il y en a de plus grandes et de plus petites.

3°. *Pinces de dissection.* On appelle ainsi des espèces de brucelles (fig. 5) dont les deux extrémités sont aplaties et crénelées à l'intérieur, de manière à saisir facilement et solidement les plus petits fragments de peau, muscle, nerf, etc.; on reconnaît qu'elles sont bonnes lorsque, en les appuyant légèrement sur la paume de la main ouverte, et serrant leurs branches, on pince aisément une très petite portion de la peau. Elles servent principalement à saisir la peau, etc., quand on fait des incisions. Il y en a de grandes et de petites. La *pince à anneau* (fig. 6) sert aux mêmes usages que les précédentes. Elle n'en diffère qu'en ce qu'elle est munie d'un anneau glissant *a* qui permet de serrer la peau pincée,

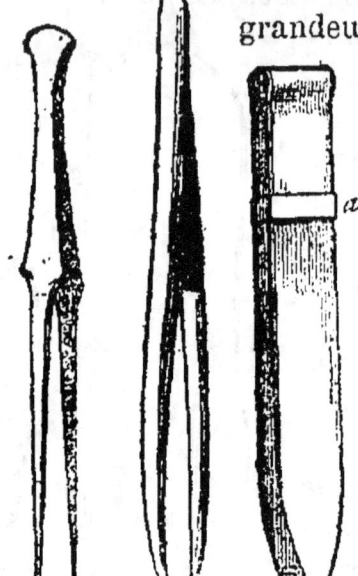

Fig. 4.   Fig. 5.   Fig. 6.

sans que l'instrument puisse la laisser échapper quand la main est obligée d'abandonner un instant la pince.

4°. *Pince de pansement* (fig. 7). Elle est en forme de ciseaux, et à branches très allongées. On l'emploie pour bourrer et débourrer les peaux d'une certaine grandeur. Il y en a de plusieurs dimensions.

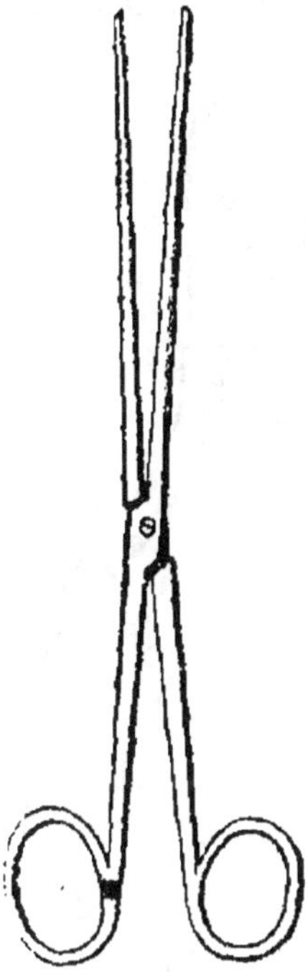

5°. *Ciseaux.* Il y en a d'*ordinaires*, c'est-à-dire à lames droites et pointues et d'autres, dits *de chirurgien*, c'est-à-dire à lames recourbées. Ces derniers (fig. 8) sont indispensables pour atteindre dans des parties intérieures et difficiles.

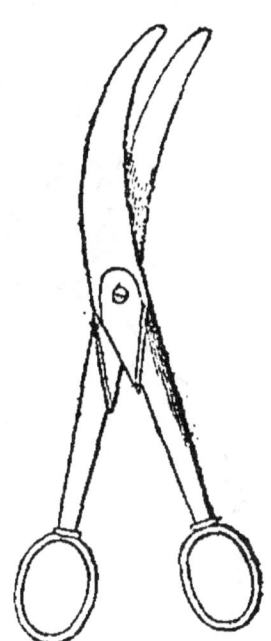

Fig. 7.

Fig. 8.

6°. *Pinces ordinaires*. Il en faut de *plates* (fig. 10), de différentes dimensions. Il faut aussi une paire de *pinces coupantes*, assez fortes pour pouvoir couper un fil de fer d'une assez bonne grosseur. On se sert encore de *pinces à courber* (fig. 9) pour courber le fil de fer dans les cavités où leur pointe peut atteindre et où les pinces coupantes ordinaires ne pourraient pénétrer.

7°. *Tenailles.* Elles remplacent les pinces quand monte les animaux de grande taille.

8°. *Râpes à bois* et *Limes ordinaires*. On doit en avoir de plusieurs grandeurs et de plusieurs finesses.

9°. *Alènes, Carrelets*. Ils servent à percer dans les pattes, dans les os du crâne, etc., les trous dans lesquels devront passer des fils de fer. Outre le *carrelet ordinaire* (fig. 13), qui est droit, il y a un *carrelet courbe* (fig. 12), grande aiguille en acier, carrée ou triangulaire, servant à passer une ficelle à travers

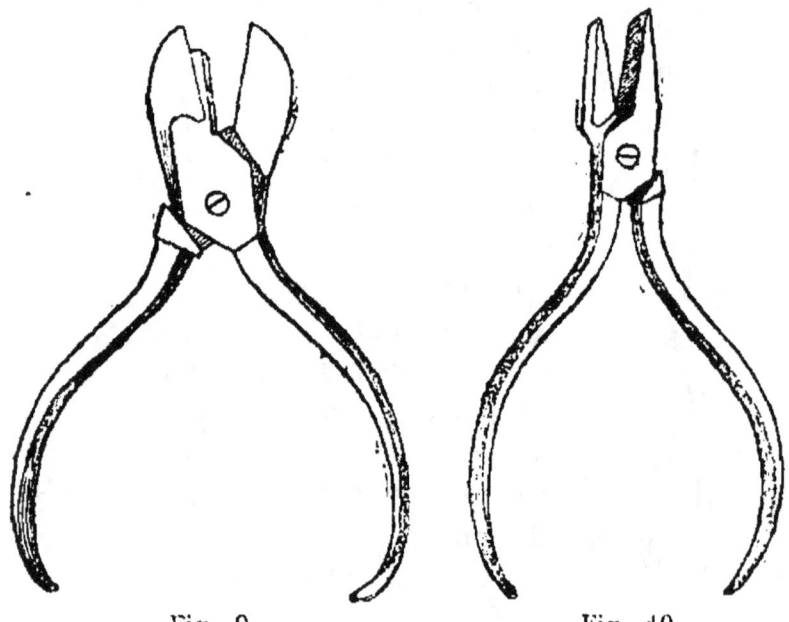

Fig. 9.   Fig. 10.

le corps entier d'un animal empaillé, pour dessiner les enfoncements de ses formes. On en a un assortiment dont les dimensions varient depuis celles d'une aiguille à matelas jusqu'à 48 et 65 centimètres.

10°. *Vrilles*. Il en faut presque d'autant de grosseurs que les fils de fer qu'on devra employer auront de numéros différents.

11°. *Scies.* Deux au moins sont nécessaires, savoir : Une *scie écoine*, à lame forte et à dents très fines, pour couper les os; et une *scie ordinaire*, de moyenne grandeur, pour couper les socles et, en général, le bois des supports.

12°. *Marteau, Pointes.* Ils servent, quand un animal est monté, à le fixer, par des fils de fer, sur son socle-support. Le marteau doit être léger. Les pointes doivent être de diverses longueurs et grosseurs.

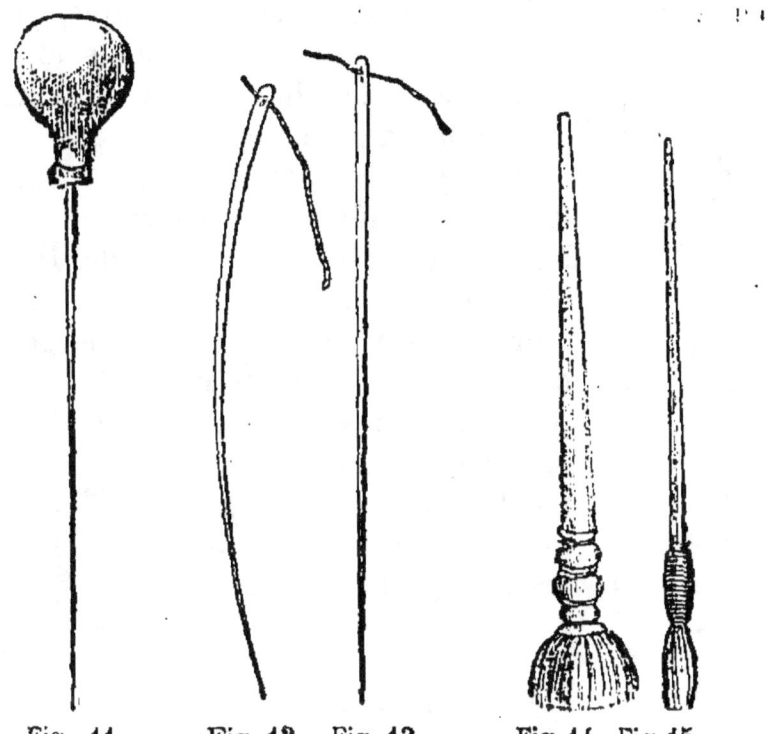

Fig. 11.　　Fig. 12.　Fig. 13.　　　Fig. 14. Fig. 15.

13°. Un *poinçon d'acier* (fig. 11). Il sert principalement à percer les pieds des oiseaux et frayer le passage du fil de fer dans les tarses, quand cela est nécessaire, ce qui oblige d'en avoir de plusieurs grosseurs et de plusieurs diamètres, c'est-à-dire en rapport avec les numéros des fils. Pour que le maniement en soit facile, **ils sont tous munis d'un manche semi-sphérique.**

14°. *Pinceaux.* Ils sont de deux sortes, savoir : des *pinceaux en crin* ou *brosses* (fig. 14), pour délayer et appliquer les préservatifs ; deux *pinceaux en poil de blaireau* (fig. 15), l'un, très fin, pour arranger les plumes et les poils ; l'autre, très modérément rigide, pour en chasser la poussière et le plâtre. Il est superflu d'ajouter que les premiers doivent être en nombre suffisant et de grosseur variable, pour qu'on en ait toujours au moins un en rapport avec les dimensions intérieures de l'animal à préparer.

15°. Des *cure-crânes* (fig. 16). Comme leur nom l'indique, ils servent à vider la cavité qui renferme la cervelle. Il est, par conséquent, indispensable d'en avoir un assortiment de différentes grandeurs. Ainsi que le montre le dessin, la petite lame *a* est un peu tranchante sur ses contours et absolument plate, c'est-à-dire non creusée en cure-oreille. Quant au manche *b*, il est un peu courbé.

Fig. 16.   Fig. 17.

16°. *Supports.* Ils sont de plusieurs espèces et d'usages différents. D'abord, un *bloc de plomb*, pour appuyer la queue des oiseaux, quand on bourre le cou, et pour appuyer le juchoir, quand on y a perché l'oiseau. — Une collection de *juchoirs* (fig. 17), pour placer les oiseaux. Ils sont en bois tourné et leur traverse *a* doit être en bois tendre afin qu'on puisse la percer aisément avec une vrille ou un poinçon. — Un ou plusieurs *télégraphes.* Ces instruments sont destinés à recevoir les oiseaux qui ont besoin de quelque réparation. Chacun d'eux consiste en une espèce de chandelier en bois, haut de 19 à 22 centimètres, et dont le pied, large de 16 centimètres, est plombé en dessous. Sur ce chandelier est une boule de 50 millimètres de diamètre, percée transversalement par un trou de 23 millimètres de largeur. Dans ce trou glisse à volonté un bâton de la même épaisseur, long de 81 millimètres, et terminé par une boule de 34 millimètres de diamètre. Ce bâton se tire et se pousse à volonté dans la grande boule, et se fixe où l'on veut au moyen d'une vis en bois et à tête de cheville de violon, qui le comprime dans la grande boule où il est placé. La boule du bâton est de même percée d'un trou transversal dans lequel glisse un bâtonnet servant de juchoir. Par le moyen de cette machine fort simple, on peut éloigner et rapprocher l'oiseau de soi, le pencher, le renverser, enfin lui faire prendre toutes les attitudes nécessaires, sans être obligé de le déranger de dessus le juchoir, et

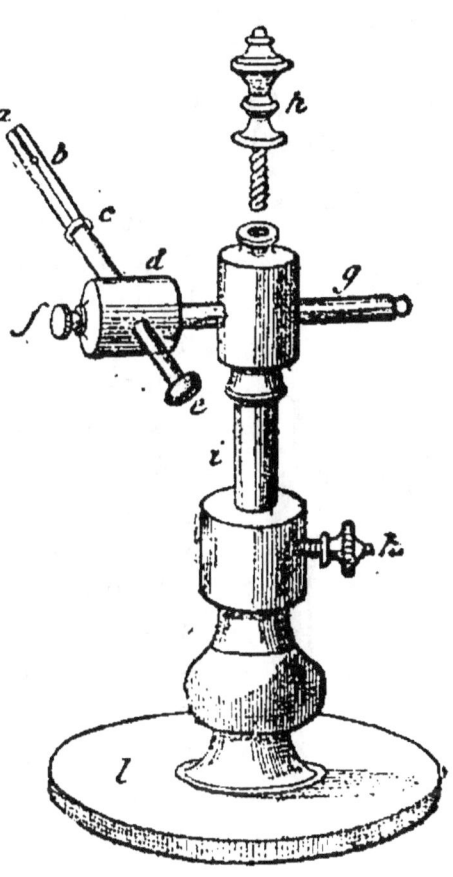

Fig. 18.

1.

par conséquent sans courir la chance de le gâter.

Le télégraphe que représente notre dessin (fig. 18) est dû à M. Simon. En voici la description détaillée : *a*, porte-juchoir en buis, fendu dans une partie de sa longueur, afin de faire passer le juchoir de l'oiseau, en écartant les deux branches jusque dans le trou *b*, disposé pour le recevoir. On l'y fixe solidement au moyen de l'anneau *c*, qui force les branches à se rapprocher, et par conséquent à serrer fortement le juchoir de l'oiseau. Ce porte-juchoir a deux mouvements dans la noix *d*; on le tire et on le pousse en le saisissant par le bouton *e*, puis on le fait tourner comme sur son axe, de manière à placer l'oiseau incliné ou renversé, selon le besoin. Quand l'oiseau est placé convenablement pour le travail, on le maintient solidement en attitude au moyen de la vis de pression *f*, que l'on serre avec force. — *g* est une branche qui a également deux mouvements. On la fait tourner sur son axe pour élever ou baisser l'oiseau, et on la tire ou on la pousse pour le rapprocher de soi ou le reculer. On fixe solidement cette branche au moyen de la vis de pression *h*. — *i*, montant qui se hausse et se baisse à volonté en glissant dans le pied. On le maintient en position au moyen de la vis de pression *k*. — *l*, plateau formant le pied. Il doit être large et lourd, afin que l'instrument soit solidement assis, et ne puisse vaciller en aucune manière, surtout quand un oiseau un peu lourd se trouve placé très loin du

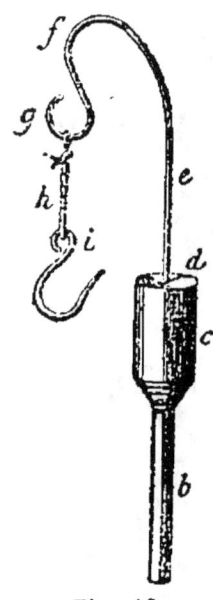

Fig. 19.

point d'équilibre sur le juchoir. Pour cela, on place dessous une épaisse lame de plomb fixée avec des vis, et incrustée dans le bois.

Le même télégraphe peut également devenir très commode pour dépouiller les petits oiseaux, en lui faisant subir la modification suivante : On ne conserve que le pied l avec sa vis k et on enlève tout l'appareil du juchoir i, g, f, etc.; on le remplace par un autre appareil que nous avons fait représenter, fig. 19. b est la tige destinée à être enfoncée dans le pied l, de la fig. 18, en i. Au moyen de la vis de pression k, cette tige peut également se hausser et se baisser à volonté; elle porte une tête c, percée à son sommet d'un trou d, dans lequel, on enfonce à volonté un très gros fil de fer e, terminé en potence à son sommet f. L'anneau g porte un cordon en lacet h, au bout duquel est suspendu le crochet i, qui doit recevoir l'oiseau. Celui-ci s'y accroche par la partie inférieure du corps ou extrémité du sacrum, lorsque cette partie est dépouillée. De cette manière, le préparateur, ayant les deux mains libres, a beaucoup plus de facilité pour dépouiller le dos, la gorge, le cou et la tête.

17°. *Fils de fer*. Ils servent à monter les animaux et à les maintenir en équilibre. En conséquence, il en faut de tous les numéros, pour qu'on en ait toujours dont la grosseur soit en rapport avec celle du sujet à préparer. Toutefois, on doit éviter de les employer d'un diamètre trop fort, surtout quand il s'agit des oiseaux, parce qu'on s'exposerait à gâter les pattes, à y produire des dégradations qu'il serait impossible de réparer. Nous allons donner quelques indications sur les numéros qu'il convient de choisir pour les principales espèces qu'on peut avoir à monter, tant oiseaux que mammifères.

Le fil de fer dit *à carcasse*, est celui qui convient le mieux pour les *oiseaux-mouches*, les *colibris* et les *sucriers ;* mais comme il y en a de différentes grosseurs, depuis le n° 8 jusqu'au n° 32, on le choisira dans une proportion relative à la grosseur des tarses de l'oiseau que l'on montera, sans s'inquiéter du numéro. Il suffit qu'il ne soit pas assez fort pour déchirer les pattes si frêles et si délicates de ces jolies petites miniatures. On se sert de ce même fil de fer pour maintenir, comme nous l'enseignons ailleurs, la queue et les ailes de ces mêmes oiseaux.

Le n° *passe-perle* convient aussi aux *oiseaux-mouches* et aux *colibris*.

On emploiera le n° 1 pour le *roitelet couronné*, le *troglodyte*, le *pouillot*, le *grimpereau indigène ;*

Le n° 2 pour le *chardonneret*, le *friquet*, les *linottes*, la *mésange bleue*, *la mésange à longue queue*, la *petite charbonnière*, et le *serin ;*

Le n° 3 pour le *verdier*, le *bruant*, le *pinson des Ardennes*, le *rouge-gorge*, le *rossignol*, le *bouvreuil*, le *moineau franc*, l'*hirondelle*, la *bergeronnette de printemps*, plusieurs *fauvettes*, la *mésange grosse charbonnière*, la *mésange à moustache*, le *torchepot ;*

Le n° 4 pour les *alouettes*, le *pinson*, la *pie-grièche à tête grise ;*

Le n° 5 pour la *pie grièche à tête rousse*, le *martin-pêcheur*, le *proyer*, le *torcol*, le *martinet*, le *gros-bec royal ;*

Le n° 6 pour le *martinet à ventre blanc*, la *pie-grièche argenteur*, le *jaseur de Bohême*, le *guêpier d'Europe*, le *râle Baillon*, le *merle rose*, le *chevalier aux pieds rouges ;*

Le n° 7 pour le *sansonnet*, le *loriot*, les *merles noir* et *à plastron blanc*, le *mauvis*, la *huppe*, la *caille*, l'*engoulevent*, la *bécassine sourde*, le *pic-épeiche* ;

Le n° 8 pour les *grives*, les *bécassines*, le *coucou*, la *perruche à collier*, le *petit duc* ou *scops*, la *marouette*, le *râle d'eau*, le *râle de genêt* ;

Le n° 9 pour les *tourterelles*, le *pic-vert*, le *petit épervier mâle*, le *hobereau*, le *grèbe castagneux*, la *cherêchette* ;

Le n° 10, pour le *vanneau*, la *pie*, le *geai*, le *pluvier doré*, la *petite chevêche*, l'*épervier femelle*, les *combattants*, la *barbe rousse*, l'*hirondelle de mer* :

Le n° 11, pour l'*émerillon*, le *choucas*, la *barge ordinaire*, l'*avocette*, l'*échasse*, les *sarcelles d'été* et *d'hiver* ;

Le n° 12, pour plusieurs *perroquets*, les *pigeons de petites races* et *de colombier*, la *mouette à capuchon* ;

Le n° 13, pour la *pie de mer*, la *poule d'eau*, la *perdrix grise*, la *perdrix rouge*, le *galopède*, le *tétras*, la *gélinotte*, le *buzard-saint-martin*, le *buzard-montagu*, l'*effraie*, la *grande chouette* ou *chevêche* ;

Le n° 14, pour la *bartavelle*, le *faucon pèlerin*, le *moyen duc*, la *hulotte*, le *ramier*, le *faisan doré*, le *courlieu*, l'*œdicnème criard*, le *freux*, la *fravonne*, la *corbine*, la *corneille mantelée*, la *mouette grise*, plusieurs *perroquets* ; pour les *canards de petite espèce*, tels que celui *à iris blanc*, le *macareux commun*, l'*huitrier* ;

Le n° 15, pour la *poule* et le *coq* de moyenne grosseur, le *faisan argenté*, la *foulque*, le *gros corbeau* ;

Le n° 16, pour le *faisan ordinaire*, la *pintade*, l'*autour*, le *courlis cendré*, le *plongeon*, le *catmarin*, la *buse* ;

Le n° 17, pour le *canard sauvage*, le *tadorne*, le *cravant*, la *bernache*, l'*oie de neige*, les *goélands à manteau noir* et *gris*, le *butor*, le *héron pourpré*, la *grande aigrette*, le *grand courlis*, la *buse*, les ailes étendues (dans les ailes le n° 15);

Le n° 18, pour l'*eider*, le *canard à tête grise*, le *grand goéland gris*, le *plongeon imbrim* ;

Le n° 19, pour le *héron cendré*, le *grand tétras*, le *coq de grande race*, le *grand-duc*, le *cormoran*;

Le n° 20, pour l'*oie sauvage*, la *cigogne*, le *dindon* ;

Le n° 21, pour l'*aigle commun*, le *dindon*, le *grand coq de bruyère* ;

Le n° 22, pour le *cygne*, le *pélican* ;

Le n° 23, pour l'*outarde*, la *grue* ;

Le n° 24, et même plus fort, pour les *casoars*, l'*autruche* et le *dronte*.

On suivra les mêmes proportions à peu près pour les autres classes d'animaux. Dans tous les cas, les fils de fer doivent être recuits, c'est-à-dire rougis au feu, et jaugés d'après la filière de Parod, qui est, sans contredit, la plus exacte de celles dont on se sert dans le commerce.

Quand il s'agira de monter des mammifères, on suivra les proportions suivantes :

Le n° 1, pour les *souris* et les *musaraignes* ;

Le n° 2, pour les *mulots*, les *loirs* et les *petits campagnols* ;

Le n° 4, pour les *rats* et les *lérots* ;

Le n° 5, pour le *surmulot*, le *rat d'eau* ;

Le n° 6, pour la *belette* et l'*hermine*;

Le n° 7, pour les pattes de devant et la queue de l'*écureuil*, le n° 8 pour les pattes de derrière, et le n° 9 pour la traverse du corps ;

Le n° 9, pour le *furet* et le *putois* ;

Le n° 14, pour la *fouine* et le *lapin* ;

Le n° 16, pour le *chat* ;

Le n° 17, pour le *blaireau* ;

Le n° 20, pour le *renard* ;

Le n° 22, pour un *loup* de forte taille ; le n° 23, pour sa tête ;

Le n° 23, pour l'*ours* et le *lion* ; le n° 24 pour la tête.

Le n° 24, pour le *cerf :* comme son bois rend sa tête extrêmement pesante, pour la soutenir on emploiera deux branches du n° 24, l'une passant par le crâne, l'autre par la bouche.

La queue ne contribuant en rien à la solidité de la charpente d'un animal, on pourra y passer des fils de fer beaucoup moins gros.

M. Simon, naturaliste-préparateur habile, a eu l'ingénieuse idée de faire des trousses assorties dans lesquelles sont renfermés tous les outils nécessaires au préparateur en voyage. Chacune de ces trousses consiste en une boîte de 32 centimètres de longueur, 22 centimètres de largeur et 45 millimètres d'épaisseur, par conséquent très portative. On y trouve les objets suivants :

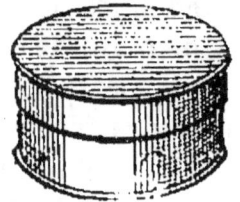

Fig. 20.

Une boîte (fig. 20) de préservatif ;

Un cure-crâne pour les grands et les petits oiseaux ;

Un étui en fer-blanc renfermant un second cure-crâne pour les petits oiseaux ;

Des aiguilles à coudre les peaux ;

Des aiguilles à tête d'émail pour piquer, soulever et arranger les peaux bourrées. Il y en a de plusieurs grosseurs, qu'on désigne sous les numéros 1, 2, etc., jusqu'à 10. (Fig. 21).

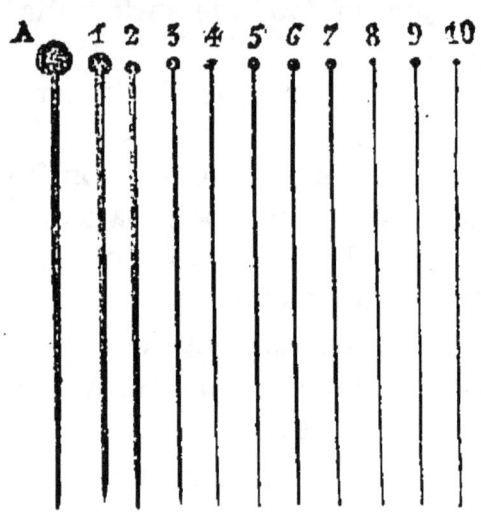

Fig. 21.

Une paire de ciseaux ordinaires ;

Une paire de ciseaux courbes ;

Deux scalpels, un à faire des incisions et à tranchant droit (fig. 1), l'autre à râcler les peaux et à tranchant courbe (fig. 2) ;

Une pince à couper sur le côté, une pince à couper sur le bout ;

Une pince à mors arrondis ou à bec de corbin ;

Deux pinces plates pour tordre le fil-de-fer ;

De petites brucelles ;

De grandes brucelles ou pinces à dissection ;

Une pince à anneau pour bourrer et débourrer les peaux ;

Un marteau ;

Une lime ;

Quatre vrilles de différentes grosseurs ;

Deux pinceaux pour étendre le préservatif ;

Deux pinceaux en blaireau, un très doux pour lisser les plumes, un autre plus dur pour nettoyer le plâtre qui peut s'y être attaché ;

Une filière de Parod : celle-ci est fort utile pour choisir les fils de fer que l'on désire sans être exposé à prendre un numéro pour un autre.

Si nous avons donné l'énumération des outils contenus dans cette trousse, c'est parce qu'elle offre la collection la mieux calculée pour le naturaliste voyageur, qui ne doit se charger que de ce qui lui est rigoureusement nécessaire. Avec ce choix d'outils, on n'aura rien de trop, mais tout ce qu'il faut, car le reste se trouve partout.

CHAPITRE II

Matières propres à bourrer les peaux.

Pour bourrer, c'est-à-dire remplir la peau des animaux, on emploie généralement les matières suivantes : le *coton en laine*, la *filasse de chanvre* ou *de lin*, la *mousse*, le *foin de mer*, le *foin ordinaire*, la *paille*, le *sparte* et le *liége*.

1º *Coton.* Il convient pour les très petits oiseaux, et même pour ceux de grosseur moyenne, si l'économie ne s'y oppose pas. Il n'exige aucune préparation préliminaire. Cependant s'il était fort long, et que l'objet à bourrer fût extrêmement petit, on pourrait le couper et comme le hacher, avec des ciseaux. On ne doit pas oublier qu'il grossit les parties et les fait paraitre un peu trop volumineuses. Des précautions convenables permettent de remédier assez facilement à ce défaut.

2º *Filasse* ou plutôt *étoupe de chanvre* ou *de lin*. C'est une des meilleures matières de bourrage. Tantôt on la laisse telle qu'elle est, tantôt on la hache plus ou moins, cela dépend des sujets qu'on veut bourrer. On l'emploie pour les oiseaux depuis la taille de la petite mésange jusqu'à celle du pigeon et au-dessus, comme le coton. En la hachant très fin, on peut s'en servir pour les plus petits individus. En la prenant telle qu'elle est, on peut en bourrer les plus grands oiseaux, si l'on ne craint pas la dépense.

3º *Mousses*. Elles sont toutes bonnes. Néanmoins, il convient de préférer les espèces de la tribu des Hypnées. C'est avec ces espèces que l'on emballe souvent les cristaux et les porcelaines. Dans tous les cas, avant de faire usage de ces végétations, il faut avoir soin de les bien débarrasser des corps étrangers qui sont presque toujours mêlés avec elles, et de les passer au four ou dans une étuve suffisamment chauffée pour les sécher parfaitement et faire périr les insectes qui peuvent y être cachés. Les mousses peuvent être avantageusement employées pour les oiseaux de la grandeur d'une poule et au-dessus.

4º *Foin de mer*. C'est le nom vulgaire de la *Zostère marine*, plante à tige sarmenteuse et à feuilles linéaires et rubanées, qui croit sous l'eau sur les côtes de l'Océan et de la Méditerranée. Cette substance doit être traitée comme les Mousses, c'est-à-dire complètement épurée et séchée. Elle est excellente parce que les insectes s'y mettent rarement; malheureusement elle ne peut être mise en usage que par les préparateurs qui sont à proximité de la mer et peuvent, par conséquent, se la procurer aisément. On s'en sert pour les mêmes animaux que la mousse. Cependant, on ne doit jamais l'employer seule, parce que, comme elle renferme toujours une grande quantité de sel marin, elle attire l'humidité de l'air et la condense sur la peau de l'animal, qu'elle expose quelquefois à pourrir. On aura donc la précaution de la mélanger et de la hacher avec des étoupes. Elle est surtout excellente pour bourrer le cou, parce qu'il n'en est que plus léger, et que les fils de fer y passent beaucoup plus aisément.

5° *Foin ordinaire.* Il s'emploie pour la préparation des grands animaux, tels que chiens, loups, ours, pélicans, cygnes, autruches, etc. Il faut avoir soin de le passer au four pour le faire bien sécher et le débarrasser des insectes et, en outre, quand on le peut, de le choisir formé des chaumes les plus longs des graminées.

6° *Paille.* Elle ne sert guère que pour les très grands mammifères, tels que cerfs, buffles, chevaux, rhinocéros, etc. On n'est pas dans l'usage de la passer à l'étuve, quoique cette précaution pût avoir son utilité.

7° *Sparte.* C'est une plante de la famille des graminées qui croit en abondance dans le nord de l'Afrique et dans plusieurs provinces de l'Espagne. Elle reçoit les mêmes applications que le foin ordinaire et la paille.

8° *Liége.* On y a principalement recours pour les

animaux de grande taille. Il possède la double propriété d'être inaltérable et de n'être point attaqué par les insectes, mais il a l'inconvénient de ne pouvoir être manié aussi facilement que les autres matières.

Observations.

1º Rien n'oblige à n'employer qu'une seule substance pour bourrer le même animal. Au contraire, rien n'empêche de se servir de plusieurs, pourvu qu'on choisisse chacune d'elles suivant le plus ou moins de capacité du vide qu'elle doit remplir.

2º Si l'on avait à empailler un animal précieux, et que l'on ne fût pas trop pressé par le temps, un moyen que l'on pourrait employer pour s'assurer davantage de sa conservation, serait de faire tremper ces substances, pendant vingt-quatre heures, dans une forte dissolution d'alun; mais alors il ne faudrait s'en servir que lorsqu'elles seraient parfaitement sèches. Pour les individus très précieux et de petite taille, il vaudrait encore mieux les faire tremper dans une dissolution de sublimé, parce que celui-ci réagit sur la peau de l'animal et contribue à sa conservation.

3º Quand les matières ci-dessus font défaut, on peut les remplacer par plusieurs autres, toutes appartenant au règne végétal, et parmi lesquelles nous nous contenterons de citer la *sciure de bois*, certaines *écorces*, notamment celles de Tilleul, d'Orme, etc., et le *bois* de certains arbres, comme celui du Saule, du Peuplier, du Pin, etc. Seulement, il faut avoir soin que les écorces soient aussi peu épaisses et aussi souples que possible, et que les bois soient réduits en copeaux d'une très grande minceur. Dans ces conditions, ces substances peuvent rendre des services principalement pour bourrer les grosses pièces. Le *poil*, la *laine* et autres produits d'origine animale doivent être laissés de côté parce qu'ils ont l'inconvénient d'attirer les insectes. Il faut s'abstenir également de l'emploi du *plâtre liquide* et de *l'argile en bouillie*, innovation proposée, il y a quelques années, parce que ces préparations, outre qu'elles donnent aux objets préparés une attitude et des formes peu élégantes, les rendent d'un poids incommode ; de plus, comme elles changent de volume en séchant, elles exposent les peaux à des déchirures presque inévitables.

CHAPITRE III

Yeux artificiels.

Les yeux sont les organes des animaux qui peignent le mieux leur caractère ; le naturaliste doit donc en avoir un assortiment assez complet pour toutes les espèces qu'il veut préparer. Il ne les fabrique pas lui-même, mais il les trouve dans le commerce chez des fabricants qui font spécialement cet article (1). Nous croyons cependant utile de dire quelques mots sur cette fabrication peu connue.

(1) On trouvera chez M. Aug. Letho, quai de Charenton, 3, à Charenton (Seine), un assortiment d'yeux artificiels et d'autres objets servant à monter les peaux préparées. Chez MM. Enfer et fils, rue de Rambouillet, 10, et chez M. Maraval, rue d'Angoulême, 70, à Paris, on pourra se procurer des tables d'émailleur. Ce dernier fabricant confectionne aussi les lampes. Parmi les maisons qui fabriquent des émaux pour les yeux artificiels, nous citerons : MM. Appert frères, rue Notre-Dame de Nazareth, 66 ; M. Boudet, rue des Archives, 24 ; M. Soyer, rue Chapon, 4, à Paris.

Cette industrie a de nombreux rapports avec celle des émailleurs, auxquels elle emprunte une grande partie de leurs instruments et de leurs procédés. Ces instruments sont : la *table d'émailleur*, une *lampe à essence minérale*, une *palette*, des *baguettes d'émail* de toutes couleurs, des *baguettes de cristal* de toutes grosseurs, des *fils de fer recuit* de plusieurs numéros, des *brins d'osier* bien droits, coupés par bouts de 20 centimètres environ.

La palette, dont on se sert pour travailler l'émail à la lampe, est longue de 5 centimètres et large de 3 ; elle est en fer et fixée dans un manche en bois ; la partie avec laquelle on travaille affecte la forme ovale du dos d'une petite cuillère et est légèrement recourbée sur la tige emmanchée.

De la lampe d'émailleur.

La lampe d'émailleur se compose d'un petit réservoir en fer blanc, haut de 15 centimètres et large de 20 ; elle est munie d'un couvercle qui empêche l'évaporation de l'essence. Au bas de ce réservoir sont soudés deux ou trois petits brûleurs en laiton, longs de 20 cent. et recourbés vers la lampe à leur partie supérieure. Quand on veut s'en servir, on place dans chaque brûleur une mèche en coton assez grosse pour remplir le tube, qui doit avoir 8 mill. de diamètre intérieurement, puis on coupe les mèches au ras des brûleurs, toutes deux bien égales et l'on verse l'essence minérale dans le réservoir. On place devant les brûleurs une fourche composée d'un tube en laiton, qui communique au travers de la table avec un soufflet mû par une pédale. Dans ce tube sont soudés des petits tuyaux en plomb, auxquels on donne la courbure convenable vers les brûleurs, et terminés par d'autres tubes en laiton dans lesquels on fixe des petits chalumeaux en verre, comme nous le verrons plus loin.

On peut remplacer la lampe d'émailleur par le gaz, amené sous la table dans les brûleurs, que l'on place sous le vent du soufflet à pédale. Cette disposition, qui est facile dans les villes et les localités pourvues du gaz (et c'est maintenant la généralité), a l'avantage d'être fixe sur la table de travail.

De toute façon, le vent du soufflet s'échappe de la fourche recourbée qui l'amène sur les brûleurs, au milieu de la table et devant l'opérateur. Il est indispensable que l'air ne puisse s'échapper autour de la fourche ; pour cela, on confectionne, ainsi que nous l'avons dit, avec deux bouts de seringues en verre, deux petits chalumeaux ayant 8 mill. de diamètre et 5 cent. de longueur ; on les fixe solidement sur le tuyau d'air et on les y assujettit en les enveloppant de papier.

De cette manière, l'air qui est projeté sur les brûleurs chasse la flamme horizontalement et avec force ; celle-ci devient bleue, ce qui est la condition indispensable pour faire un bon travail ; une flamme blanche tacherait les émaux et décomposerait les couleurs. On doit donc avoir grand soin de placer convenablement la lampe devant le jet d'air, et de donner à celui-ci le plus de force possible au moyen de la pédale. On ne commence à travailler qu'après s'être assuré de l'état de la flamme.

Le travail doit être fait dans un endroit obscur, à la lueur de la lampe, qui suffit à éclairer l'opérateur. On évite ainsi de prendre une couleur pour l'autre, ce qui pourrait arriver si l'on travaillait à la lumière solaire.

Procédés de fabrication.

Yeux faits à l'endroit. — Nous choisirons pour exemple une paire d'yeux de geai, qui sont bleus et ont un diamètre de 9 millimètres.

On prend de la main droite une baguette d'émail bleu de 20 centim. de long environ, dont on expose l'extrémité à la flamme, puis on la tourne de gauche à droite et de droite à gauche, afin que l'émail en se liquéfiant ne tombe pas d'un seul côté, parce qu'on n'en serait plus maître; on prend ensuite de la main gauche un fil de fer recuit n° 1, long de 10 cent., qu'on tourne également de gauche à droite et de droite à gauche. Quand l'émail est en fusion et pâteux, on l'applique à l'extrémité du fil de fer et, en tournant celui-ci dans tous les sens, on lui fait prendre la forme d'une poire; on chauffe de nouveau la partie arrondie, puis on l'aplatit avec la palette, de manière à obtenir une surface plate. On fait chauffer l'extrémité d'une baguette d'émail noir à prunelles, et l'on en dépose au milieu du bleu une quantité suffisante pour qu'étant aplati ce noir occupe les trois quarts du bleu; on l'amollit à la flamme pour qu'il se lie bien avec le bleu et on l'aplatit à la palette.

On continue à tenir le fil de fer de la main gauche, en exposant de temps en temps l'émail à la flamme, afin qu'il ne se refroidisse pas complètement, ce qu'il faut éviter, parce que, si on le remettait au feu après qu'il s'est refroidi, pour le préparer à recevoir la couche de cristal, il pourrait se casser et le travail fait serait perdu.

Pour y appliquer le cristal, de la main droite, on **expose à la flamme une baguette de cristal, en tour-**

nant toujours de droite à gauche et de gauche à droite ; quand il est en fusion, on en étale une couche sur l'émail, de manière à le recouvrir entièrement, même les bords, et on le tient au feu en le tournant convenablement pour qu'il prenne une forme bien ronde imitant le globe de l'œil. Quand on y est parvenu, l'opération est achevée ; on éloigne l'œil de la flamme et on le laisse refroidir avant de le poser, afin d'éviter de le déformer.

Yeux ronds faits à l'envers. — Pour expliquer ce procédé inverse de celui que nous venons de décrire, nous choisirons par exemple une paire d'yeux de buse, qui sont bruns et ont 14 mill. de diamètre.

On prend donc une baguette de cristal, longue de 20 cent. et ayant 8 mill. de diamètre ; on en expose l'extrémité à la flamme, toujours en tournant la baguette de gauche à droite et de droite à gauche ; quand l'émail est suffisamment amolli, on l'aplatit ; on le maintient au chaud de la main gauche. De la main droite, on fait chauffer l'extrémité d'une baguette d'émail noir à prunelles et on en applique sur l'extrémité plate de la baguette de cristal la quantité nécessaire pour qu'étant aplati il en recouvre les trois quarts. En cet état, on le maintient au feu pour qu'il se lie avec le cristal, on le tourne en tous sens pour l'arrondir, et, quand il est bien rond, on l'aplatit. Ensuite, on fait chauffer le bout d'une baguette d'émail brun clair, et on l'applique sur le milieu du noir, en quantité suffisante pour le recouvrir. On rapporte ensuite sur le brun un petit bouton d'émail de même couleur, dans lequel on fixe le fil de fer, puis on abandonne cette partie de l'œil, qu'il est cependant nécessaire **de ne pas laisser refroidir entièrement.**

Comme il devient difficile de tourner un fil de fer avec un œil de cette grosseur, en ce cas et surtout lorsque les yeux sont plus gros, on se sert de petites baguettes en osier dans la moëlle desquelles on entre le fil de fer, qu'on laisse dépasser de 3 cent. environ. On a ainsi beaucoup plus de facilité à plier l'osier qu'un fil de fer mince qu'on sent à peine dans les doigts.

Il s'agit maintenant de détacher de la baguette le dessus de l'œil; pour cela, en tenant le fil de fer de la main gauche, on expose à la flamme la partie de la baguette de cristal au-dessous du renflement fait au commencement de l'opération, et, quand le cristal est amolli, on le divise au ras du renflement. Quand l'œil est ainsi détaché de la baguette, on fait bien chauffer le dessus du cristal; lorsqu'il est en fusion, on l'aplatit d'abord au milieu, puis sur les bords, de manière qu'il recouvre l'émail d'une couche mince et bombée. Les yeux de buse doivent avoir une largeur de 14 mill. de cristal. On le repasse ensuite au feu, pour enlever les bosses et les inégalités qui pourraient subsister, puis on l'éloigne et on le laisse refroidir.

Yeux ovales faits à l'envers. — Les yeux des gros animaux se font généralement à l'envers; mais, comme ils sont presque tous ovales, on termine l'opération comme nous allons le dire.

Admettons que l'œil soit entièrement terminé par notre seconde méthode. On maintient de la main gauche l'œil exposé à la chaleur de la flamme, pour ne pas le laisser refroidir entièrement; de la main droite, on met au feu l'extrémité d'une baguette **d'émail blanc, dit opale**; quand il est liquéfié, on en pose un filet autour de l'œil, avec lequel on le lie solidement en l'exposant à la flamme, puis, de chaque côté de ce filet, on pose deux petites cornes, destinées à remplir le vide des paupières de l'animal. On termine l'opération en liant bien le tout ensemble à la flamme ; alors seulement, on laisse refroidir l'œil, qui est achevé.

Les émaux de couleur dont on se sert pour cette fabrication sont composés spécialement de matières fusibles ; on ne les trouve que dans certaines maisons, parmi lesquelles nous avons donné quelques noms au commencement de ce chapitre. Nous devons ajouter que le commerce ne les livre que par nuances naturelles, qui doivent ensuite être mélangées suivant le besoin par l'opérateur lui-même. Ces mélanges ont pour effet de donner plus de solidité à l'émail. Il n'y a que le rouge et l'orangé qu'on peut employer tels qu'on les achète ; et encore, si l'on veut obtenir un rouge clair et vif, doit-on l'additionner d'un dixième de cristal blanc.

Nous croyons donc utile de dire quelques mots, aussi brièvement que possible, sur les mélanges qui se font le plus couramment.

Mélanges des émaux colorés.

Pour présenter à la flamme les morceaux d'émail que l'on se propose de mélanger, on se sert de deux tuyaux de pipe longs de 12 centimètres environ, que l'on tient dans chaque main. On commence par faire chauffer les extrémités de ces tuyaux de pipe et celles des baguettes d'émail, afin de les faire adhérer les uns aux autres ; alors on place l'émail à pleine flamme en le tournant en tous sens au moyen des tuyaux de pipe jusqu'à ce qu'il soit fondu bien uniformément et qu'il ne présente aucune rayure. Alors, on l'étire en baguettes de 25 à 30 centimètres de longueur et de 2 à 3 millimètres d'épaisseur.

Voici comment on compose les mélanges les plus usuels :

Jaune vert.....	Jaune vert........	10	grammes.
	Cristal blanc......	15	—
Jaune d'or.....	Jaune d'or.........	10	grammes.
	Cristal blanc......	15	—
Jaune foncé...	Jaune foncé.......	10	grammes.
	Cristal blanc......	15	—
Jaune paille ou	Jaune vert........	5	grammes.
Blanc sale...	Blanc mat.........	15	—
Bleu..........	Bleu..............	5	grammes.
	Blanc mat........	15	—
Rose...........	Rouge riche.......	5	grammes.
	Blanc mat........	15	—
Brun clair....	Carmélite.........	15	grammes.
	Jaune foncé.......	5	—
Brun roux....	Carmélite.........	15	grammes.
	Brun roux.........	5	—
Brun foncé....	Carmélite.........	15	grammes.
	Brun foncé........	5	—
Couleur pour yeux de chat et de tigre.	Jaune vert.........	10	grammes.
	Cristal blanc......	15	—

Quand ce dernier mélange est achevé, avant de l'étirer en baguettes, on ajoute autour 4 veines de **vert pomme et 4 veines de rouge sang.**

Dimensions et couleur des Prunelles des Quadrupèdes.

		millim.
Ane, prunelle ovale, couleur brun foncé........		35
Belette, — ronde, — brun foncé.......		7
Bélier, — ovale, — jaune paille marbré		25
Blaireau,— ronde, — brun foncé.......		13
Bœuf, — ovale, — brun roux autour de la prunelle et brun clair autour du brun roux.....		40
Cerf, — ovale, — brun clair autour de la prunelle et brun roux autour du brun clair.....		35
Chamois,— ovale, — brun clair........		23
Chacal, — ronde, — brun clair........		20
Chat, — ronde et ov. — jaune vert veiné...		18
Cheval, — oblongue, — brun foncé........		40
Chèvre, — ovale, — brun clair........		23
Chevreuil, prunelle ovale, couleur brun roux...		23
Chien de chasse, prunelle ronde, couleur brun roux..............		20
— danois, — ronde, couleur bleu cendré veiné......		20
— havanais, — ronde, couleur brun très foncé.........		16
— loulou, — ronde, couleur brun très foncé.........		18
— Terre-Neuve, — ronde, couleur brun foncé.............		23
Civette, prunelle ronde, couleur brun..........		12
Cochon d'Inde, prunelle ronde, couleur brun roux.		10

YEUX ARTIFICIELS.

millim.

Daim, prunelle ovale, couleur brun clair autour de la prunelle et brun roux autour du brun clair..... 28
Eléphant, prunelle oblongue, couleur brun foncé.. 40
Fouine, — ronde, — brun foncé.. 10
Furet, — ronde, — brun....... 8
Gazelle, — ovale, — brun foncé.. 23
Genette, — ronde, — brun roux.. 10
Girafe, — oblongue, — brun foncé.. 40
Hérisson, — ronde, — brun....... 10
Hippopotame, prunelle ronde, couleur brun foncé. 38
Hyène, prunelle ronde, couleur brun foncé.. ... 23
Jaguar, — ronde, — jaune vert veiné, 23, 25, 28
Kangourou, prunelle ronde, couleur brun...... 18
Lapin, — ronde, — brun...... 17
Lapin russe, prunelle ronde et rouge, coul^r rose.. 17
Léopard, prunelle ronde, coul^r jaune vert, 23, 25, 28
Lièvre, — ronde, — brun............ 18
Lion, — ronde, — jaune foncé veiné. 33
Loup, — ronde, — brun clair........ 23
Loutre, — ronde, — brun foncé....... 12
Marcassin, — ronde, — brun foncé....... 18
Marmotte, — ronde, — brun roux........ 10
Martre, — ronde, — brun roux........ 10
Mouflon, — ovale, — brun foncé....... 25
Mulet, — ovale, — brun............ 35
Ocelot, — ronde, — jaune vert veiné... 20
Ouistiti, — ronde, — brun clair........ 7
Ours, — ronde, — brun foncé....... 23
Panthère, — ronde, — jaune vert veiné, 23, 25, 28
Porc, — ronde, — brun clair........ 23

	millim.
Putois, prunelle ronde, couleur brun foncé......	9
Rat, — ronde, — brun foncé......	6
Rat blanc, prunelle ronde et rouge, couleur rose.	6
Raton, prunelle ronde, couleur brun roux......	12
Renard, — ronde, — brun clair.........	18
Renne, — ovale, — brun.............	40
Sanglier, — ronde, — brun foncé........	23
Singe, prunelle ronde et très petite, couleur brun clair, grosseur suivant la grandeur du sujet.............	»
Souris, prunelle point noir, couleur brun clair, grosseur suivant la grandeur du sujet.	»
Tigre royal, prunelle ronde, couleur jaune vert autour de la prunelle et jaune foncé autour du jaune vert........	28, 32, 35
Vache, prunelle oblongue, couleur brun roux autour de la prunelle et brun clair autour du brun roux......	38
Veau, — oblongue, — brun foncé.........	30
Zèbre, — oblongue, — brun.............	35

Nous remercions ici M. Aug. Letho, qui a bien voulu nous communiquer des renseignements pratiques sur la fabrication des yeux artificiels, d'après lesquels nous avons rédigé ce Chapitre.

On trouvera plus loin, à la page 148, des tableaux dus à l'obligeance de M. Révil, autre naturaliste, qui contiennent la couleur des yeux des Oiseaux.

CHAPITRE IV

Préservatifs.

On entend par *préservatifs* des substances antiseptiques qui possèdent la propriété : 1° de s'opposer au développement des insectes ou *mites* qui pourraient endommager les animaux empaillés; 2° d'opérer une dessiccation rapide du derme pour empêcher la chute des poils ou des plumes.

Ces substances sont, ou des corps astringents, c'est-à-dire des dissolutions d'acide tannique ou d'acide gallique, — ou des matières très riches en carbone et en hydrogène, telles que les essences et les huiles empyreumatiques de houille, de schiste, de bois, l'acide phénique, la créosote, la benzine, la naphtaline, etc.; — ou enfin des composés métalliques solides et dissous, parmi lesquels figurent l'alun, le vert-de-gris, l'orpiment, l'acide arsénieux ou arsenic blanc, le bichlorure de mercure ou sublimé corrosif, les sels de fer, de zinc, de manganèse, etc. Le nombre en est assez grand, mais bien peu sont entrés dans la pratique usuelle. Dans tous les cas, pour qu'elles répondent à leur destination d'une manière très complète, il faut qu'elles ne puissent pas altérer la forme, la couleur et les autres caractères des pièces préparées, ce qui doit en faire exclure les corrosifs; il faut aussi qu'elles ne puissent faire courir aucun danger sérieux aux opérateurs, ce qui impose l'obligation de n'y pas introduire, autant que possible, des corps vénéneux.

Il y a des préservatifs en *pâte*, des préservatifs en *poudre* et des préservatifs *liquides*; nous allons parler successivement des principaux.

§ 1ᵉʳ. — PRÉSERVATIFS EN PATE.

1° Savon de Bécœur.

Le préservatif le plus sûr, et en même temps, le moins dangereux relativement, est le *savon arsenical*, inventé au siècle dernier, par Bécœur, pharmacien à Metz, sous le nom duquel il est généralement désigné. C'est celui qu'emploie le Muséum d'histoire naturelle de Paris, et dont se servent presque tous les préparateurs industriels. C'est de lui qu'il sera question dans tout ce qui va suivre, quand nous ne spécifierons pas. En voici la formule :

Arsenic blanc pulvérisé............	1 kilog.
Sel de tartre...................	375 gram.
Camphre	153 —
Savon blanc...................	1 kilog.
Chaux en poudre................	250 gram.

Pour le préparer, on coupe le savon en très petits morceaux, qu'on met dans une terrine de grès sur un feu doux, avec une petite quantité d'eau et l'on remue avec une spatule en bois. Lorsqu'il est entièrement fondu, qu'il ne reste aucun grumeau, on le retire du feu, et l'on ajoute le sel de tartre. On remue jusqu'à ce que le tout soit bien liquéfié, puis on y mêle successivement la chaux et l'arsenic, et l'on triture le mélange jusqu'à ce qu'il soit parfait, c'est-à-dire que les parties en soient entièrement incorporées et fondues les unes avec les autres.

Ce n'est qu'après que la préparation s'est entièrement refroidie qu'il faut y ajouter le camphre. Si l'on faisait cette addition avant ce moment, le camphre s'évaporerait en totalité ou en partie. Pour y procéder, on pulvérise ce dernier dans un mortier, en l'arrosant d'un peu d'esprit de vin pour le rendre friable, ou bien on le fait dissoudre dans une quantité convenable de ce même esprit. Dans tous les cas, une fois pulvérisé ou dissous, on jette le camphre dans la composition, et l'on remue avec une spatule jusqu'à ce que la masse présente une grande homogénéité. Le savon est alors prêt pour l'usage. Pour le conserver, on le place dans un pot de grès vernissé à l'intérieur, ou dans un vase de faïence, qu'il faut avoir la précaution de boucher le mieux possible, et de tenir dans un lieu frais pour qu'il ne se dessèche pas. Quand on veut s'en servir, on en met une quantité suffisante dans un vase, et, à l'aide d'un pinceau de crin, on le délaie dans l'eau ; puis, avec le même pinceau, on l'étend sur la peau ou sur la partie quelconque à préserver.

Lorsqu'il s'agit de préparer un très grand animal, qui exigerait par conséquent une quantité considérable de préservatif, les préparateurs sont assez dans l'usage de l'allonger, en y ajoutant de la chaux pulvérisée, en raison du quart, du tiers, ou même de la moitié de son poids.

Observation. Quand on commence à faire usage du préservatif, c'est-à-dire pendant les premiers jours de travail, on éprouve parfois sous les ongles des douleurs occasionnées par les particules de cette composition qui peuvent y avoir séjourné. Cela arrive surtout lorsqu'on se sert des ongles pour détacher les pennes des ailes des oiseaux et quand on reprend un travail qu'on a quitté quelque temps. Il ne faut pas s'en effrayer, car cela ne peut jamais être suivi d'accidents graves. On coupe l'ongle le plus près possible du mal ; avec la pointe d'une lancette, d'un canif, ou simplement d'une aiguille, on ouvre la petite tache douloureuse, et l'on en fait sortir un peu de pus ; puis on la lave avec de l'eau fraîche. On peut prévenir cet inconvénient en se nettoyant le dessous des ongles et en se lavant les mains chaque fois que l'on quitte son travail.

2° Pâte arsénicale de Letho (1).

Ce préservatif se compose de :

Arsenic blanc en poudre........	1 kilog.
Sel de tartre..................	125 gram.
Savon blanc de Marseille.......	1 kilog.
Camphre......................	125 gram.
Alcool à 90°..................	100 —
Blanc d'Espagne...............	15 pains.
Eau filtrée...................	1/2 litre.

On coupe le savon en petits morceaux et on le fait fondre sur un feu doux, en même temps que le sel de tartre, dans le demi-litre d'eau, en remuant avec une spatule de bois. On broie finement le blanc d'Espagne et on l'ajoute à la dissolution savonneuse, en continuant à remuer et à la faire chauffer à petit feu pendant dix minutes, jusqu'à parfait mélange. On doit éviter de pousser le feu, de peur que le liquide s'enlève comme du lait. On verse alors l'arsenic et on laisse sur le feu pendant dix autres minutes en remuant toujours. On fait dissoudre séparément le camphre dans l'alcool, puis on l'ajoute au mélange et l'on remue encore pendant dix minutes.

Alors la préparation est achevée; on la retire du feu, on la laisse refroidir et on la verse dans un vase qu'on abandonne sans le couvrir pendant deux jours.

(1) On le trouve tout préparé chez le fabricant, quai de Charenton, 3, à Charenton (Seine).

§ 2. — PRÉSERVATIFS EN POUDRE.

Les préparations de cette catégorie sont généralement désignées sous le nom de *poudres antiseptiques*. Elles sont peu employées et aucune ne vaut le savon de Bécœur. Si nous en parlons ici et si nous en indiquons plusieurs recettes, c'est que ces poudres sont d'une utilité incontestable pour les naturalistes voyageurs.

Une de ces poudres est formée de :

Arsenic blanc	500	gram.
Alun calciné	750	—
Sel marin purifié	250	—

le tout réduit en poudre fine et bien mélangé. Nous ne conseillons jamais de se servir d'arsenic en poudre, parce qu'en se volatilisant il peut pénétrer dans les poumons, et y causer des ravages mortels ; puis, le sel marin, en très grande quantité comme il est ici, doit nécessairement attirer une humidité nuisible à la conservation, ainsi qu'il est dit plus haut.

D'après les *Transactions philosophiques*, le capitaine Davis composait une poudre antiseptique avec :

Alun brûlé	250	gram.
Camphre	250	—
Cannelle	250	—

le tout bien pulvérisé et mêlé. Il recommandait surtout de ne pas y mettre de sel marin, parce que celui-ci attire l'humidité.

Cramer recommandait l'arsenic et l'alun calciné, en mélange par égales portions, employé soit en poudre, soit en lavage ou bain.

Hoffmann approuve et recommande l'emploi de la poudre suivante :

Sel ammoniac	30 gram.
Alun calciné	15 —
Tabac de Saxe	92 —
Aloès	4 —

Linné prescrivait un mélange d'aloès, de myrrhe et de coloquinte.

Le bibliothécaire d'Iéna, M. Théodore Thon, indique comme excellent pour préserver les animaux exposés à l'air un mélange de :

Cobalt	30 gram.
Alun	61 —

On pulvérise les matières et on les mêle bien. Avant d'employer cette poudre, on donne une couche d'essence de térébenthine, afin qu'elle prenne mieux sur l'intérieur des peaux. Si ces dernières sont très grasses, on ajoute à la poudre 45 grammes de chaux décomposée au grand air et tamisée.

« Pour les mammifères, ce préservatif doit être modifié comme il suit :

Cobalt en poudre très fine	125 gram.
Alun	125 —

On fait cuire les deux matières dans un pot d'eau : avec cette eau on ne mouille pas seulement l'intérieur des peaux, mais quand l'animal est empaillé, au moyen d'une brosse on en mouille les poils. Quand ils sont secs, on les replace dans la position qu'ils doivent avoir, avec une autre brosse, et les **animaux empaillés se conservent très bien à l'air.**

§ 3. — PRÉSERVATIFS EN LIQUEUR

Les liqueurs s'emploient en *bains temporaires*, en *lavages*, en *frictions*, en *injections* et enfin en *bains permanents* dans lesquels certains objets doivent toujours rester. Nous allons traiter de ces quatre méthodes de conservation.

1° Bains.

Chez beaucoup d'animaux, et particulièrement chez les mammifères, la peau a une telle épaisseur, un tel degré d'intensité, que le savon arsenical ne pourrait la pénétrer assez pour la préserver parfaitement ; c'est alors que le bain devient une opération indispensable. En pénétrant la peau qu'on y laisse macérer plus ou moins longtemps, il introduit dans tous ses pores les molécules de préservatif dont il est saturé, et la garantit pour toujours de l'attaque des insectes.

Les bains temporaires sont indispensables dans une foule de circonstances. Nous n'en indiquerons que deux.

Si une peau a été préparée en pays étranger, quelle que soit sa conservation, on doit la soumettre à l'opération du bain ; il en est de même des peaux sèches qu'on aurait préparées soi-même ; mais celles des petits quadrupèdes qui auront séjourné longtemps dans une liqueur spiritueuse, peuvent en être exemptées sans un grand inconvénient, parce que l'alcool se sera emparé de toutes les parties graisseuses pour en former de nouvelles combinaisons que les insectes attaquent rarement.

Lorsqu'une peau mal desséchée commence à se corrompre, on s'en aperçoit non-seulement à l'odeur désagréable qu'elle répand, mais encore à son poil qui se détache et tombe au moindre attouchement. Les corroyeurs emploient, dans cette circonstance, une méthode dont les naturalistes-préparateurs feront leur profit toutes les fois que le cas l'exigera : ils mettent tremper la peau échauffée, dans un bain froid, pendant quarante-huit heures (ce bain sera composé comme nous l'avons dit); ils l'en retirent ensuite et font chauffer le bain, dans lequel ils la remettent le temps suffisant pour lui faire contracter un degré de chaleur qui ne doit jamais être assez fort pour la détériorer; ensuite ils la prennent et la plongent subitement dans de l'eau la plus froide possible. Cette transition subite du chaud au froid détermine une crispation générale des pores de la peau : ils se contractent spontanément, et le poil se trouve fixé aussi solidement qu'il l'était avant la putréfaction.

Quand le bain n'offrirait pas aux préparateurs le moyen le plus certain de conserver les animaux composant leurs précieuses collections, ils devraient encore n'en pas négliger l'usage, ne fût-ce que par économie. Une peau ainsi préparée demande moitié moins de préservatif que lorsqu'elle n'a pas macéré.

Par cette méthode, la peau se trouvant un peu développée, s'imprègne plus uniformément de la liqueur préservatrice.

Voici la composition du bain employé par les naturalistes-préparateurs de Paris :

Alun	500 gram.
Sel marin	250 —
Eau commune	5 litres.

On fait bouillir ce mélange jusqu'à ce que l'alun et le sel soient entièrement dissous, et, lorsque la liqueur est refroidie, on y plonge les peaux. Celles de la grandeur d'un lièvre, ou à peu près, n'ont besoin d'y séjourner que vingt-quatre heures ; celles des grands animaux y macéreront plus ou moins longtemps, selon leur grosseur; huit ou quinze jours ne seraient pas de trop pour un buffle ou un zèbre.

Gannal a modifié cette liqueur ainsi qu'il suit :

Alun..................................	250 gram.
Sel marin............................	250 —
Nitrate de potasse................	125 —
Eau commune.....................	5 litres.

Beaucoup de préparateurs se contentent de faire macérer les peaux dans *l'esprit-de-vin*, que l'on conserve dans des tonneaux faits exprès. Sans chercher à critiquer cette méthode qui peut avoir ses avantages, nous pensons que l'on pourrait peut-être, sous ce rapport, imiter les Anglais, et ajouter, comme eux, une petite quantité de *sublimé corrosif* en dissolution dans l'esprit-de-vin.

Cependant, comme nous devons faire preuve d'impartialité, nous croyons devoir montrer ici le danger qu'offre l'emploi de cette terrible substance tant vantée par sir Smith, président de la Société linéenne de Londres. Lorsque l'on veut remonter une pièce préparée au sublimé, soit qu'il ait été employé en poudre ou en dissolution, en débourrant l'animal, il s'élève une poussière qui pénètre dans les narines et peut causer des accidents graves. L'arsenic, quoique beaucoup moins énergique, n'est pas même à l'abri de cet inconvénient. Aussi, n'est-ce jamais qu'avec beaucoup de précaution que les préparateurs doivent débourrer les objets en peau qu'ils reçoivent des pays étrangers, et dont ils ignorent la préparation.

―――

Plusieurs préservatifs ont spécialement pour objet de *tanner* les peaux. En conséquence, ils renferment une ou plusieurs liqueurs astringentes qui, d'une part, resserrent le tissu animal et en augmentent la densité, et d'autre part, lui communiquent une odeur très forte, propre à faire fuir les insectes. Ils consistent habituellement, soit en un simple mélange d'eau et de tannin, soit en un mélange de tannin, d'alcool, d'alun et de sel, soit en un mélange de tannin, d'eau et d'alun. Nous avons indiqué le suivant dans un précédent ouvrage :

Tan ou écorce de chêne	500 gram.
Alun en poudre	125 —
Eau commune	10 kilog.

On fait infuser le tout à froid, pendant trois jours, en remuant de temps en temps, puis on passe la liqueur et on la met dans un vase où l'on a étendu les peaux ; il faut qu'elles en soient recouvertes de 27 millimètres au moins de hauteur. Quatre ou cinq jours suffiront pour la macération des petits quadrupèdes ; mais il est nécessaire d'y laisser les autres au moins dix ou quinze jours. Je pense que cette liqueur vaudrait mieux que celles plus généralement employées, si on augmentait beaucoup la quantité de l'alun ; le tan, par sa propriété astringente, maintiendrait parfaitement la solidité des poils.

Un ancien auteur, l'abbé Manesse, composait le bain tannant de cette manière :

Alun	500 gram.
Sel marin	60 —
Crème de tartre	30 —
Eau commune	2 kilog.

Après avoir fait bouillir le tout, il laissait refroidir jusqu'à ce que la liqueur devînt tiède; alors il y plongeait les peaux et les froissait dans les mains jusqu'à ce que le poil et les tissus en fussent parfaitement imprégnés. Lorsqu'il l'employait pour les animaux à peau nue, il faisait la préparation à froid, avec la précaution de faire dissoudre la crème de tartre à part, dans de l'eau bouillante, et de ne la mêler à la liqueur que lorsque sa dissolution était froide; il laissait macérer les fourrures pendant huit jours, en les froissant souvent dans les mains.

On peut préparer des liqueurs tannantes par la décoction d'un assez grand nombre de végétaux; mais elles doivent être toutes rejetées, parce qu'elles ont le défaut de communiquer aux peaux des colorations qui altèrent plus ou moins leur teinte naturelle. Voici, à titre d'exemple, une liqueur de ce genre, qui a été proposée par M. Mouton de Fontenille.

Quinquina	30 gram.
Ecorce de grenade	30 —
— de chêne	30 —
Racine de gentiane	30 —
Absinthe	30 —
Tabac	30 —
Alun en poudre	30 —
Eau commune	1 litre.

On fait bouillir le tout, sauf l'alun, qu'on n'ajoute qu'après avoir retiré la préparation de sur le feu.

2° Liqueurs employées en lavages extérieurs.

Lorsqu'un animal quelconque est monté, si l'on craignait que les insectes l'attaquassent, on l'en préserverait en imbibant ses plumes, ses poils ou sa peau nue, avec une des liqueurs que nous allons indiquer. Les animaux exposés à l'air libre ont surtout besoin d'être ainsi traités, et cependant, par une négligence que nous ne pouvons concevoir, beaucoup d'amateurs laissent dévorer de beaux échantillons de leurs collections, faute d'employer ce moyen aussi simple que facile.

1° *L'essence de serpolet* est depuis peu très avantageusement employée. Pour s'en servir, on soulève de distance en distance les poils ou les plumes de l'animal, au moyen d'une longue aiguille ; avec un pinceau, on dépose tout à fait à leur naissance, c'est-à-dire sur la peau, une ou deux gouttes d'essence, et, lorsque la peau est bien imbibée, on laisse retomber les poils ou les plumes ; leur extrémité, ne se trouvant jamais en contact avec la liqueur, ne peut être ternie.

2° *L'essence de térébenthine* a été préconisée par presque tous les auteurs, et cependant, lorsqu'on veut s'en servir, on s'aperçoit avec grand étonnement que de son usage résultent de grands inconvénients. Elle ne sèche jamais bien sur les plumes, qu'elle graisse et salit, malgré toutes les précautions, en s'imbibant et élargissant ses taches à la manière de l'huile. Outre cela, elle forme une espèce de glu qui arrête et fixe la poussière de manière à ne plus pouvoir l'enlever par la suite.

3° *Liqueur de Smith*. Cet habile naturaliste anglais, président de la Société linnéenne de Londres, ayant tourné ses vues du côté de la conservation des objets préparés et déjà classés dans les collections, a pensé qu'on ne pouvait employer un moyen plus efficace que la liqueur dont nous donnons ci-après la formule :

Sublimé corrosif....................	8 gram.
Camphre.........................	8 —
Esprit-de-vin.....................	1 litre.

Sur les grands animaux, on l'emploie au moyen d'une éponge qui en est imbibée, et que l'on passe à différentes reprises sur toutes les parties extérieures du sujet, jusqu'à ce qu'elles en soient parfaitement imprégnées et que la liqueur ait pénétré jusque sur la peau. Pour les petits animaux, on se sert d'un pinceau plus ou moins gros, et l'on agit de la même manière. Soit que l'individu soumis à cette pratique sorte à l'instant d'être préparé et monté, soit qu'il ait déjà séjourné depuis longtemps dans une collection, on le laisse bien sécher avant de le placer dans une armoire.

En France, on remplace cette composition dangereuse par du préservatif délayé en très petite quantité dans de l'eau.

4° *La liqueur spiritueuse amère*, recommandée par d'autres auteurs, se compose ainsi qu'il suit :

Savon blanc.....................	30 gram.
Camphre........................	60 —
Coloquinte......................	60 —
Esprit-de-vin....................	1 kilog.

On fait infuser le tout à froid et pendant quelques jours dans un vase hermétiquement bouché ; on remue souvent la liqueur pendant cet intervalle, et on la passe dans un papier gris sans colle. Quand l'infusion est faite, on la met dans des bouteilles bouchées hermétiquement, et on l'emploie de la même manière que la précédente.

5° *La liqueur de Schelivsky* s'obtient en faisant dissoudre 15 à 20 grammes de sublimé corrosif dans 1 litre d'alcool à 36 degrés. On l'emploie particulièrement pour préparer les plantes, qu'elle dessèche en peu de temps, tout en leur conservant leurs couleurs naturelles et leur élasticité, et les mettant à l'abri de l'attaque des insectes.

6° *Le vernis* ne s'emploie que sur la peau nue des reptiles et des poissons, à laquelle il restitue une partie de son éclat; il faut qu'il soit absolument sans couleur et d'une transparence parfaite. Pour l'obtenir ainsi, on le prépare en faisant dissoudre dans de l'esprit-de-vin de la térébenthine fine et nouvelle, qui ait elle-même les qualités que nous venons d'indiquer. On l'applique avec un pinceau de poils d'écureuil ou de martre, et on laisse l'objet exposé à l'air, mais à l'abri de la poussière, si l'on veut hâter sa dessiccation.

Pour garantir les peaux des gros poissons et des quadrupèdes ovipares, Neumann conseille de les enduire d'une couche d'un vernis composé de moitié d'essence de térébenthine et moitié de colophane fondues ensemble.

Au lieu de la solution de camphre dans l'esprit-de-vin, dont se servaient habituellement les préparateurs, Linnée employait un vernis composé de :

Térébenthine commune........	1.000 gram.
Camphre....................	500 —
Essence de térébenthine.......	500 —

Après avoir broyé le camphre, on mettait le tout dans un vaisseau de verre ouvert par le haut, et l'on plaçait celui-ci au bain de sable jusqu'à ce que les ingrédients fussent bien dissous.

3° Liqueurs employées en injections.

Le plus grand emploi des injections se fait pour la préparation des œufs d'oiseaux auxquels on veut assurer une longue conservation. Cependant, par une très mauvaise méthode, on s'en est aussi servi pour dessécher de très petits animaux.

Pour décomposer les chairs d'un fœtus qui se trouverait déjà formé dans un œuf, on emploiera une forte dissolution de potasse ou de soude, ou bien de l'éther sulfurique.

Quand on veut dessécher un petit animal, un oiseau, par exemple, on arrache par l'anus les viscères contenus dans le bas ventre, on bouche parfaitement avec de petits tampons de coton les trous que peuvent avoir faits les plombs du coup de fusil, puis on vide la tête en perçant le crâne dans l'orbite d'un œil, et en tirant la cervelle avec un cure-oreille ; on y introduit de l'éther, et on remplit ensuite le crâne, les orbites et le bec avec du coton. Cela fait, on se procure une petite seringue à injections, et, par l'anus, on injecte une bonne quantité d'éther. Le jour suivant, on recommence cette opération, mais par le bec, après avoir tamponné l'anus, et l'on continue ainsi jusqu'à ce que le corps, entièrement desséché et endurci par le racornissement des muscles, n'ait plus rien à craindre de la putréfaction. Cette préparation est assez insignifiante, parce qu'il n'est pas possible de monter l'oiseau. Si l'on parvenait à le mettre en attitude au moyen de fils de fer passés dans les pattes, les ailes, le cou et la tête, il n'en resterait pas moins maigre, fluet et de mauvaise grâce. Outre cela, les animaux ainsi préservés coûtent beaucoup d'argent, s'ils sont un peu gros, et ils sont d'une conservation difficile.

4° Liqueurs dans lesquelles on conserve les objets qui ne peuvent se dessécher.

Pour qu'une liqueur puisse être propre à la conservation des animaux par voie humide, il faut qu'indépendamment de son action antiseptique, elle réunisse les propriétés suivantes :

1° Être sans couleur, afin de n'en pas communiquer à l'objet qu'elle baigne ;

2° Ne pas attaquer par son mordant les propres couleurs de l'objet ;

3° Etre parfaitement transparente, afin de le laisser apercevoir à travers le vase qui le renferme ;

4° Pouvoir résister à la gelée, afin de ne pas briser les bocaux dans lesquels on la mettra.

Parmi les substances qui possèdent toutes ces propriétés, on cite l'esprit de vin ou alcool, les dissolutions alcooliques ou simplement aqueuses d'alun, de sulfate d'alumine, de sel de cuisine, etc., les préparations de glycérine ou d'acide phénique, etc.

1° *L'esprit-de-vin* est le préservatif dont l'usage est le plus répandu. On l'emploie généralement quand il marque de 14 à 25 degrés de l'aréomètre de Baumé, c'est-à-dire 23 à 64 de l'alcoomètre centésimal ; mais il faut en augmenter ou diminuer la force suivant que la taille des animaux est plus ou moins grande. Pour le rendre plus faible, il suffit d'y ajouter de l'eau. Pour le rendre plus fort, on l'introduit dans une vessie de porc enduite extérieurement d'une légère couche de colle, et l'on suspend cette vessie dans un air sec et chaud. Bientôt, l'eau qu'il renferme en excès traverse la vessie et s'évapore, et, au moyen de quelques tâtonnements, on finit par obtenir le degré de concentration qu'on juge nécessaire. On n'ignore pas qu'il est indispensable de renouveler l'alcool après que les animaux y ont séjourné un certain temps ; autrement, ils seraient exposés à se corrompre.

A défaut d'esprit-de-vin, on peut se servir *d'eau-de-vie ordinaire* dans laquelle on a fait préalablement dissoudre 6 à 7 grammes d'acide borique par litre.

2° *L'alun* est surtout utilisé pour les animaux dont la couleur, l'éclat et la fraîcheur pourraient être altérés par l'action de l'alcool. On l'emploie rarement seul, parce que l'acide sulfurique qu'il renferme attaque le phosphate des os. Nous allons indiquer quelques-unes des préparations dans lesquelles on le fait entrer.

A. Le docteur Eger ajoute de l'eau à l'alcool jusqu'à ce que celui-ci ne prenne plus feu au contact d'une allumette enflammée, puis assez d'alun finement pulvérisé pour que la liqueur en soit sursaturée. L'alun en excès se dépose au fond du vase, mais il se dissout à mesure que la dissolution s'appauvrit par l'emploi. Enfin, on reconnaît que celle-ci est épuisée quand elle exhale une odeur désagréable.

B. Dans un ouvrage publié, il y a quelques années, le naturaliste anglais Georges Graves recommande les deux dissolutions suivantes :

Alun	250 gram.
Eau commune...................	1 litre.
Alcool.........................	1/3 de litre.

On pulvérise l'alun et on le met dans un vase capable de résister à la chaleur; on fait chauffer l'eau, et lorsqu'elle est en ébullition, on la verse sur l'alun, on laisse refroidir, et l'on passe dans un filtre de papier gris, après quoi on ajoute l'alcool.

La seconde dissolution diffère surtout de la précédente en ce qu'elle se fait à froid :

Alun .... 375 gram.
Eau commune.................. 1 litre.
Alcool......................... 1 —

C. Après diverses tentatives plus ou moins heureuses, l'abbé Manesse, habile préparateur du siècle dernier, recommande comme la meilleure la liqueur ainsi composée :

Alun .... 500 gram.
Nitre. .... 500 —
Sel marin...................... 500 —
Eau commune.................. 4 litres.
Alcool......................... 1 litre.

L'eau doit être distillée, afin de ne contenir aucune matière étrangère. L'alun sera le plus transparent que l'on pourra trouver, et l'on purifiera le sel avant de l'employer. Le mélange peut se faire à froid, mais il vaudra toujours mieux le faire bouillir, avec la précaution de n'y mettre l'esprit-de-vin que lorsque le tout sera refroidi.

D. On supprime quelquefois l'alcool, et l'on introduit un corps dangereux, le sublimé corrosif, comme dans la formule que voici :

Alun .... 100 gram.
Sel commun.................... 115 —
Sublimé corrosif................ 12 —
Eau de pluie .... 1 litre.

3° On a souvent proposé l'emploi du *tannin* en mélange avec l'alun, le sel commun, l'eau et l'alcool, en proportions très variables. La *glycérine*, plus ou moins étendue, peut également être employée avec succès, spécialement pour les petits animaux, dont la matière est délicate.

4° Les *sels d'alumine* ont été plus d'une fois recommandés.

Le préparateur Nicolas se trouvait bien de la liqueur ci-après :

 Sulfate d'alumine............... 125 gram.
 Alcool....................... 1 litre.
 Eau.......................... 2 litres.

Le docteur Gannal assure que les liqueurs ci-après sont très supérieures à l'esprit-de-vin.

A. Une solution de sulfate simple d'alumine à six degrés.

 Sulfate simple d'alumine........... 1 kilog.
 Eau.......................... 6 litres.

B. Dissolution de sulfate simple d'alumine dans de l'eau saturée d'acide arsénieux : — 500 grammes d'arsenic pour 40 litres d'eau ; — 6 litres de cette dissolution pour 1 kilogramme de sulfate simple.

C. De l'acétate d'alumine à 5 degrés, saturé d'acide arsénieux.

Pour se servir de ces liqueurs, il faut d'abord plonger la pièce que l'on veut conserver dans le premier liquide, et l'y laisser dégorger quinze jours. On la prend ensuite pour la plonger dans le second liquide, où on peut la laisser de trois à cinq mois. Enfin, on l'en retire encore pour la placer dans le troisième liquide, où on la laisse indéfiniment.

L'auteur dit avoir ainsi conservé depuis trois ou quatre ans des pièces parmi lesquelles il cite : la cuisse et les viscères abdominaux d'un enfant venu à terme ; une tête entière ; des insectes ; des annélides, etc., etc. Sa liqueur aurait entre autres avantages, sur l'esprit-de-vin, celui de conserver les couleurs d'une manière intacte, et de ne pas racornir les parties molles, d'où il résulterait qu'une pièce, après plus ou moins de temps, serait bonne à des études anatomiques comme une pièce fraîche.

Mais ce qui importe le plus à l'histoire naturelle, c'est une conservation indéfinie et non pas limitée. Si nous nous en rapportons à l'auteur, il paraît avoir lui-même quelque doute sur ce point. Voici ce qu'il dit en note, après avoir recommandé l'usage de ses liqueurs conservatrices : « Ces liquides qu'on peut employer pour la conservation *limitée* des poissons destinés aux dissections, ne suffisent pas pour leur conservation indéfinie. »

Supposons, ici, qu'en saturant beaucoup plus l'eau avec ces sels, on obtienne la conservation pendant un temps indéfini, les bocaux seront toujours exposés à éclater par l'effet de la gelée, et ceci est un inconvénient majeur que n'a pas l'alcool. Il faudra faire du feu dans un cabinet d'histoire naturelle, ce feu protégera les insectes destructeurs des collections, il occasionnera des variations de température propres à favoriser les combinaisons chimiques, et par conséquent la corruption. En outre, son entretien deviendra une dépense considérable, sans proportions avec son utilité dans les petites collections. Enfin, n'oublions pas que les liqueurs arsenicales sont dangereuses, ce qui les a fait interdire, comme on le verra plus loin, pour les embaumements.

5° L'emploi de l'alcool pour la conservation des animaux devenant très dispendieux lorsque ceux-ci sont nombreux, nous nous étions proposé, il y a déjà longtemps, de chercher un procédé plus économique et tout aussi efficace. Après un assez grand nombre de tentatives infructueuses, nous en avons trouvé un qui, mis en pratique depuis quelques années, nous paraît réussir complètement et que, par conséquent, nous croyons pouvoir recommander aux amateurs qui désirent éviter une trop grande dépense.

On commence par plonger les objets dans l'esprit-de-vin ordinaire dans lequel on les laisse séjourner environ trois mois; au bout de ce temps, on les en retire pour les introduire dans une dissolution aqueuse d'*alun* et de *sulfate de zinc* à moitié saturée des deux sels à la température ordinaire.

Dans un bocal plein de cette liqueur, nous avons mis des serpents, des poissons, des batraciens et des crustacés; nous avons déposé ce bocal dans une pièce sujette à toutes les variations de température, car elle est exposée au midi et ne peut pas être chauffée, et pendant plus de huit ans qu'a duré l'expérience, nous n'avons pas remarqué la moindre altération dans aucun des animaux.

Le même alcool pouvant servir successivement à un grand nombre d'animaux et la dissolution saline étant d'un prix minime, on voit que ce procédé présente une grande économie.

6° Aux préservatifs qui précèdent, les chimistes contemporains en ont ajouté plusieurs autres dont nous nous occuperons aux chapitres consacrés à l'embaumement des cadavres et à la préparation des **pièces anatomiques**; il ne sera question ici que du *coaltar* et de l'*acide phénique*, qui, tous les deux, possèdent des propriétés désinfectantes et antiputrides excessivement développées (1).

A. Le *coaltar* est la substance vulgairement appelée *goudron de houille*, et qui forme, dans les usines à gaz, un des plus importants résidus de la fabrication. L'expérience ayant appris qu'il conserve admirablement les chairs dans toute leur fraîcheur, qu'il empêche la chute des poils et des plumes et facilite le dessèchement des matières animales, on a eu l'idée de l'introduire dans la pratique de la taxidermie, où il a, dès les premiers essais, donné les résultats les plus satisfaisants. On l'emploie rarement pur, presque toujours associé à la saponine et à l'alcool, qui facilitent et complètent son action. Cette association produit le composé désigné sous le nom de *coaltar saponiné* ou *saponifié*, qui, après avoir été plus ou moins additionné d'eau, sert à faire des injections, des bains conservateurs, des lotions, etc. Pour le préparer, on prend parties égales de coaltar, de savon et d'alcool, et l'on chauffe au bain-marie jusqu'à solution complète. On obtient ainsi un véritable savon, qui est soluble dans l'eau froide ou chaude.

L'action du coaltar est due à plusieurs hydrocarbures, tels que la benzine, la naphtaline, l'aniline et l'acide phénique, plus particulièrement à ce dernier; mais elle est excessivement variable suivant la nature des houilles, toutes les houilles ne contenant pas les mêmes proportions de ces hydrocarbures. Cette cir-

---

(1) Voyez, pour la préparation et les applications diverses de ces deux substances, le *Manuel du fabricant de Couleurs d'Aniline*, par M. Château, 2 vol. in-18, 7 fr.; le *Manuel de l'Eclairage au Gaz*, par M. Magnier, 2 vol. in-18, 6 fr.; et le *Manuel de la fabrication des Huiles minérales*, par le même, 1 vol. in-18, 3 fr. 50, qui font tous partie de l'*Encyclopédie-Roret*.

constance rendant presque impossible le titrage exact de la force du coaltar, a fait naître l'idée de remplacer ce produit, pour la conservation et la préparation des objets de taxidermie et des pièces d'anatomie, par celui de ses principes qui agit avec le plus d'efficacité, et qui, en même temps, est d'un usage plus facile et plus agréable, c'est-à-dire par l'acide phénique.

B. L'*acide phénique* est appelé par divers auteurs *acide carbolique, hydrate de phényle, phénol, oxyde de phène, salicone, spyrol, acide phanolique, acide phéneux, alcool phénique* ou *phénylique, oxyde phénique*. Il se trouve tout formé dans plusieurs substances, notamment dans l'urine de l'homme, de la vache et du cheval, dans le castoréum, dans la créosote du commerce (1), etc.; mais c'est de l'huile de goudron de houille qu'on le retire le plus économiquement et en plus grande abondance. Il est beaucoup plus actif que le coaltar, et sa volatilité permet d'en obtenir des effets que ce dernier ne saurait fournir. Enfin, et c'est là un très grand avantage, il peut être obtenu à l'état solide, c'est-à-dire cristallisé, ce qui lui assure une composition invariable.

L'acide phénique pur est toujours à l'état solide. L'acide obtenu à l'état liquide renferme constamment d'autres principes du goudron, qui diminuent son énergie; c'est donc du premier qu'il faut se servir de

(1) « La substance que l'on vend dans le commerce sous le nom de *créosote* n'est souvent que de l'acide phénique plus ou moins pur. Mais la véritable créosote, extraite du goudron de bois par Reichenbach, est un corps parfaitement distinct. C'est à cette dernière créosote que le vinaigre de bois, l'eau de goudron, la suie et la fumée de bois doivent leurs propriétés antiseptiques. D'après MM. Fairlie et Scrugham, cette créosote serait une combinaison d'acide phénique et d'hydratre de crésyle. » (Lemaire.)

préférence. Cet acide est un violent poison pour les végétaux et les animaux inférieurs. De plus, il arrête et prévient les fermentations spontanées, et, par suite, l'infection. Enfin, il n'est pas nécessaire qu'il soit en cristaux pour produire ces résultats. On l'emploie aussi, et avec le même succès, en dissolution dans l'eau (*eau phéniquée*), dans l'éther *(éther phéniqué)* ou dans l'alcool (*alcool phéniqué*). Toutefois, l'eau phéniquée est celle de ces dissolutions dont l'usage s'est jusqu'à présent le plus répandu. On la prépare à des degrés qui peuvent varier depuis 1/1000 jusqu'à 5 pour 100 d'acide. L'eau qui renferme ce dernier dosage est dite *saturée*. Pour l'obtenir, il suffit de mêler à froid 950 grammes d'eau commune et 50 grammes d'acide phénique en cristaux.

Une chose qu'on ne doit pas oublier quand on emploie l'acide phénique, sous quelque forme que ce soit, c'est la grande facilité avec laquelle il se volatilise, et par suite de laquelle la préservation cesse aussitôt que l'agent préservateur a disparu. De là l'obligation de placer les objets dans des vases fermés hermétiquement. Quand la fermeture a été faite avec tout le soin convenable, la conservation n'a pour ainsi dire pas de limites. On obtient toute satisfaction sous ce rapport, en se servant de bocaux de verre dont le couvercle, également de verre, a été luté avec de la gutta-percha. On peut aussi, comme en a eu l'idée M. Gratiolet, faire usage de cloches de verre reposant sur un socle de bois muni d'une rainure, dans laquelle le bord de chacune d'elles entre comme font les cylindres de pendule, et qui est remplie de mercure pour empêcher le renouvellement de l'air intérieur et la sortie de l'acide. Quant aux pièces que leurs trop grandes dimensions ne permettent pas d'emprisonner dans des récipients à clôture hermétique, il suffit, pour les préserver de toute altération, de les tenir dans des chambres où se trouvent un ou plusieurs flacons débouchés contenant une provision d'acide phénique que l'on renouvelle toutes les fois qu'elle est épuisée : on peut aussi les mettre de temps en temps en contact avec des préparations phéniquées. On fait rarement des injections d'acide phénique, parce que, pour la raison qui vient d'être exposée, elles ne procureraient qu'une conservation temporaire. Cependant, on y a recours dans certaines circonstances dont nous parlerons plus loin, mais, en général, il vaut mieux, surtout quand il s'agit de l'embaumement d'un cadavre, se servir de coaltar pur, ou bien, comme le conseille le docteur Lemaire, d'un mélange d'une partie de coaltar et de trois parties d'huile lourde de houille (1).

7° Dans ces derniers temps, M. Wickerschenner, préparateur au *Zootomical Museum* de Berlin, a imaginé un liquide dont l'efficacité a paru si extraordinaire que le gouvernement prussien en a acheté le brevet pour le mettre dans le domaine public. Ce liquide est applicable aux plantes et aux animaux, et à leurs parties détachées aussi bien qu'à leurs parties assemblées. Il se prépare en faisant dissoudre, dans 3 litres d'eau bouillante, 100 grammes d'alun, 25 grammes de sel commun, 12 grammes de salpêtre, 60 grammes de potasse et 10 grammes d'acide arsénieux. On obtient ainsi une liqueur neutre, incolore et inodore, à 10 parties de laquelle on ajoute 4 par-

---

(1) Voyez J. Lemaire, *De l'acide phénique*, Paris, 2ᵉ éd., 1865, in-18 : c'est l'ouvrage le plus complet et le plus remarquable qu'on ait publié en France sur la matière, et nous y avons puisé presque tous nos renseignements.

ties de glycérine et 1 partie d'alcool méthylique, et c'est dans ce mélange qu'on plonge les objets. Si les préparations doivent être conservées à l'état sec, on ne les laisse dans le bain que six à dix jours, suivant leur volume, et on les fait ensuite sécher. Ainsi traitées, elles conservent toute leur flexibilité, mais non leurs couleurs. Si, au contraire, l'on veut que leurs couleurs restent intactes, il faut les laisser dans le liquide

DEUXIÈME SECTION

PRÉPARATIONS

CHAPITRE PREMIER

Préparation des Oiseaux.

Nous commencerons cette partie de notre livre par la préparation des *Oiseaux*, parce que ces brillants habitants de l'air, quoique plus faciles à empailler que les Mammifères, demandent cependant des soins plus minutieux et de plus grandes précautions pour remplir le but qu'on en attend, celui de plaire par l'éclat de leurs couleurs et par la grâce de leur attitude.

Opérations préliminaires.

Nous avons dit dans la première partie comment on devait traiter un oiseau lorsqu'on le prenait soi-même à la chasse. Nous allons supposer maintenant que le préparateur est dans son cabinet, qu'il lui reste à tirer parti des individus qu'il s'est procurés d'une manière ou d'une autre, et nous allons tâcher de prévoir tous les cas embarrassants dans lesquels il peut se trouver.

La première chose consiste à s'assurer si l'oiseau est propre ou n'est pas propre à être monté. A cet effet, on l'examine avec soin, et l'on conclut à la possibilité du montage : 1° Si la peau n'a point de déchirures ; 2° Si les plumes tiennent solidement au derme ; 3° Si la tête, la queue, le bec, les ailes n'ont éprouvé aucune altération. Ce point constaté, on procède à quelques opérations préliminaires de *nettoyage*.

Si les plumes sont ensanglantées, voici comment on s'y prendra pour leur rendre leur fraîcheur et leur éclatant coloris : On prendra d'abord de l'eau dans laquelle on fera dissoudre un peu de savon, puis, avec une petite éponge douce, on lavera les taches le mieux possible, sans cependant trop imbiber les plumes, au moins autour de la tache. A ce premier lavage, on en fera succéder un second avec de l'eau pure. et, lorsque la dernière trace de sang aura disparu, on essuiera avec un linge très sec et usé, puis on saupoudrera avec du plâtre pulvérisé. Ce plâtre attirera peu à peu l'humidité, et, en en jetant à plusieurs reprises, on ne tardera pas à sécher entièrement les plumes. A cet effet, aussitôt que la première couche formera croûte, on l'enlèvera pour en former une seconde, puis une troisième, une quatrième, et ainsi de suite, jusqu'à ce que l'oiseau ait repris tout son éclat. Il est peut-être utile d'avertir que le plâtre qui a servi pour sécher des plumes, ou un autre objet, doit être jeté; car, ayant perdu toute sa force d'absorption, si l'on s'en servait une seconde fois, au lieu de nettoyer les plumes, il se pourrait qu'il les tachât.

A la seconde couche de plâtre que l'on donnera, on soulèvera un peu les plumes avec les brucelles, pour que le plâtre pénètre entre elles et les sépare. A mesure que l'on saupoudrera, on les agitera un peu afin de les aider à reprendre leur première fraîcheur. Cette opération se continuera même après que l'on aura cessé de saupoudrer de plâtre, jusqu'à ce qu'elles soient devenues aussi fraîches que les autres.

Si l'oiseau avait été pris à la glu, et qu'il en fût resté sur sa robe, pour l'enlever, on frotterait les plumes tachées avec du beurre frais ou de l'huile d'olive, jusqu'à ce que le mélange ait cessé d'être gluant, on râclerait les plumes une à une avec un couteau tranchant, on laverait avec une dissolution concentrée de potasse, puis avec de l'eau pure, et l'on sécherait avec du plâtre fin. Si c'est la graisse qui a transsudé par une blessure, l'opération devient plus délicate. Les auteurs ont indiqué plusieurs moyens pour l'enlever : tous peuvent réussir jusqu'à un certain point, mais le meilleur nous a toujours paru celui-ci : avec un pinceau, on passe une légère couche de térébenthine, puis on lave celle-ci avec une dissolution de potasse, ensuite avec de l'esprit-de-vin, enfin, avec de l'eau pure. Il suffit quelquefois de laver successivement avec de l'essence de savon et de l'alcool. Si la tache était extrêmement tenace, on la traiterait comme nous l'avons dit pour enlever le beurre que l'on emploie pour la glu.

Il arrive parfois, surtout dans les animaux mis en peau depuis quelque temps, que les taches de graisse se sont tellement imprégnées dans les plumes, que celles-ci résistent à tous les moyens connus pour leur rendre de la fraîcheur, et qu'elles restent constamment jaunâtres. Dans ce cas, lorsque l'on monte l'oiseau, on arrache toujours les plumes détériorées, et on les remplace par d'autres prises sur un individu de même âge, de même sexe et de même espèce. On les récolte comme nous le disons dans un autre chapitre, lorsque l'animal est monté et parfaitement sec.

L'animal étant nettoyé, il reste à le préparer. Pour cela, on exécute deux opérations qui peuvent être faites immédiatement l'une à la suite de l'autre, ou être séparées par un intervalle plus ou moins considérables. La première constitue la *mise en peau* et la seconde le *montage*.

§ 1. MISE EN PEAU.

Mettre en peau un animal quelconque, c'est en extraire toutes les parties charnues, puis, la peau étant enlevée, l'enduire d'un préservatif et la remplir d'un corps étranger. Avant de commencer le travail, on mesure le sujet; ensuite on procède à l'enlèvement de la peau et aux opérations ultérieures.

1. Mesurage.

Pour faire le mesurage, il faut savoir si l'oiseau sera monté aussitôt après sa mise en peau, ou si le montage n'aura lieu qu'à une époque plus ou moins éloignée. Dans le premier cas, on pourra prendre les mesures sur le corps même extrait de la peau, tandis que, dans le second, on les prendra sur l'oiseau, avant de l'écorcher. Quoiqu'il en soit, on mesurera :

1º La distance de la naissance du cou au croupion ou coccyx;

2º La distance du haut des ailes au haut des cuisses;

3º La distance du bout des ailes au bout de la queue;

4º La longueur des cuisses et l'envergure des ailes.

On conçoit qu'il est inutile de mesurer la longueur du cou, parce que, pendant la vie, l'animal rapproche plus ou moins la tête de ses épaules, grâce à la courbure des vertèbres du cou. Mais, si le sujet est plus ou moins rare, on notera avec soin la forme de la tête, de la langue et des doigts, la couleur des yeux et les courbures des ongles.

Toutes les mesures et annotations doivent être prises minutieusement. Elles sont destinées à donner le moyen de rendre à l'oiseau, lors du montage, ses véritables dimensions. Pour les trouver quand on en aura besoin, on doit les consigner sur un carnet, ou sur un simple morceau de papier.

2. Vidange.

Le mesurage terminé, la première chose dont on s'occupera avant d'écorcher l'oiseau, ce sera de vider son estomac s'il est trop plein ; car, dans ce cas, les aliments pourraient refluer vers la gorge pendant l'opération, s'échapper par le bec et gâter son plumage. Pour éviter cet inconvénient, on le saisira par les pattes, et on le tiendra renversé, la tête en bas, pendant qu'avec l'autre main on lui pressera l'œsophage, et l'on fera glisser doucement les aliments vers le bec, par où ils sortiront aisément si l'on y met un peu d'adresse.

Cela fait, on saupoudrera du plâtre dans le bec et dans les narines, pour sécher les parties par où les matières se sont écoulées, et l'on tamponnera avec du coton pour empêcher qu'il ne s'en échappe de nouvelles.

En enfonçant le coton dans ces parties, il faudra bien prendre garde de les déformer, car les naturalistes ont établi des divisions caractéristiques sur les formes des narines et du coin de la bouche.

Pour maintenir le bec fermé, on peut, si l'on a quelque crainte d'un épanchement, passer un fil sous la mandibule inférieure. et le fixer sur la supérieure en le nouant au-dessus des narines.

Si le bec de l'oiseau était très court, et surtout très pointu, que l'on craignît de ne pas pouvoir aisément le retirer de la peau du cou quand elle sera retournée sur la tête, comme nous le dirons plus loin, on pourrait, comme font quelques préparateurs, passer un fil dans les narines avec une aiguille ou un carrelet, et l'on ferait un nœud avec les deux bouts pour empêcher qu'il s'échappât. Mais il est encore mieux d'introduire ce fil au point de jonction des deux branches de la mandibule inférieure, en le faisant sortir par l'intérieur du bec. Au moyen de ce fil, on pourrait facilement retirer le bec, et le placer de manière qu'il ne se butât pas, par sa pointe, contre la peau, ce qui la déchirerait.

3. Dépouillement.

Il s'agit maintenant de dépouiller l'animal, ce qui rend nécessaire une incision. La place de cette incision a varié selon les temps et les préparateurs. On a d'abord imaginé de la faire sous l'aile, en longeant le côté, sans doute pour que la couture fût plus facilement recouverte ; mais cette méthode a de grands inconvénients ; les plumes de l'aile se dérangent et sont très difficiles à replacer, l'oiseau est extrêmement difficile à bourrer, le dos est rarement bien placé, parce que la couture le tire toujours un peu de son côté ; enfin, son attitude reste gauche, parce qu'il est impossible de remettre parfaitement l'aile en position, faute de pouvoir l'attacher à l'autre, comme nous le dirons plus bas.

D'autres naturalistes recommandent d'ouvrir l'oiseau depuis le sternum jusqu'à l'anus ; mais, si l'on n'a pas la main exercée, il est à peu près sûr que le tranchant du scalpel pénétrera plus profond que la peau. Dès lors, les muscles de l'abdomen et les intestins seront attaqués, les excréments se répandront au dehors, et le plumage sera gâté.

Autrefois, quelques préparateurs ouvraient leurs oiseaux sur le dos. Cette méthode offrait moins d'inconvénients, surtout dans les espèces qui ont cette partie du corps bien garnie de plumes ; mais comme une couture paraît toujours plus ou moins, quelle que soit l'adresse de celui qui la fait, il en résultait que leurs pièces étaient défectueuses positivement dans l'endroit le plus visible. Cependant, il est quelques circonstances où l'on est encore obligé d'inciser sur le dos : c'est particulièrement lorsque l'animal doit être monté dans une attitude de corps presque verticale, et présenter au spectateur un estomac garni d'un duvet épais, lisse et argenté. Les Plongeons, les Manchots, les Grèbes et les Harles, sont souvent dans ce cas.

Aujourd'hui, les deux premières méthodes sont entièrement rejetées, et l'on emploie très rarement la troisième. Voici comment on agit :

On place l'oiseau sur le dos, la tête tournée vers la main gauche du préparateur, et la queue vers la main droite ; avec l'index et le pouce de la main gauche, on écarte les plumes de chaque côté, de manière à découvrir la peau sur une ligne partant de l'œsophage et longeant la crête de l'os de l'estomac (ou sternum) jusque vers la pointe (l'appendice xiphoïde) qui finit vers les premiers muscles de l'abdomen ; alors, avec un scalpel que l'on tient de la main droite, on commence une incision vers la fourchette de cet os, et on la prolonge, en suivant la ligne découverte, jusque vers le ventre, de *a* en *c* (fig. 22).

Une légère pression des deux doigts de la main gauche faisant écarter les lèvres de l'incision, on saisit un des bords de la peau avec des brucelles ou des pinces à dissection, et, avec l'autre main et le manche aplati du scalpel, on détache la peau de dessus les muscles à mesure qu'on la soulève avec les pinces. Lorsqu'on l'a détachée le plus loin possible sous l'aile, on saupoudre avec du plâtre pour empêcher qu'elle ne se rattache aux chairs, et aussi pour absorber le sang et la graisse qui pourraient s'épancher, puis on retourne l'oiseau la tête à droite et la queue à gauche, et l'on opère de même sur son

Fig. 22.

autre côté. Pendant toute l'opération, on ne ménage pas le plâtre à la moindre apparence de besoin.

Pour les Canards et les autres oiseaux aquatiques dont la graisse est huileuse, on peut avantageusement employer la méthode des préparateurs allemands. Dès que les bords de la peau sont soulevés, on les borde, à 14 millimètres de largeur en dessus et en dessous, avec une bande de toile que l'on place à cheval sur ces bords, et que l'on faufile de manière

4.

que la graisse et le sang ne puissent pas s'attacher aux plumes, celles-ci se trouvant rejetées en dehors par la bande. Souvent le dessous du corps de ces oiseaux est revêtu d'un plumage soyeux extrêmement serré, et le plus souvent d'une couleur très claire. Le procédé d'ouverture par l'abdomen a l'inconvénient de laisser des traces qu'il est impossible de faire disparaître; il est donc préférable d'ouvrir les oiseaux de cette classe sur le dos, partie qui se trouve entièrement cachée par les ailes.

Si l'on ouvrait ces mêmes oiseaux sur l'abdomen ainsi que les Pies et autres espèces qui ont à la gorge un plastron d'une autre couleur que le ventre, il serait bien de passer, avec une aiguille, un morceau de fil dans la peau à l'endroit même où commence la suture et l'on en laisserait pendre les deux bouts.

Lorsqu'on veut ouvrir un oiseau pour le dépouiller, on doit commencer l'incision en *a* (fig. 20), vers le sommet du sternum, et la terminer en *c*, vers le commencement de l'abdomen. *b* est le fil placé au commencement de la suture, pour retrouver le milieu du plastron si l'oiseau en a un, comme la Pie, par exemple; *d* est le fil qu'on lui a passé dans les narines.

Quand on montera l'oiseau, si la peau s'est distendue ou déchirée, en prenant les deux bouts du fil et les tirant un peu sur le milieu du ventre à la place qu'occupait le sternum, la suture reprendra sa véritable position, la couture sera régulière, et le plastron bien placé; on ne le verra pas plus haut d'un côté que de l'autre, comme cela n'arrive que trop souvent quand on ne prend pas cette précaution.

Lorsque l'on sera parvenu à découvrir le commencement de l'aile, on la coupera avec des ciseaux pour la détacher du corps, toujours en ménageant bien la peau pour ne pas la trouer, ce qui n'est que trop facile, dans les petites espèces surtout. L'humérus, ou os de l'avant-bras, étant coupé, on sépare les chairs et les tendons qui tiennent encore au corps; on découvre la peau, et l'on en fait autant à l'autre aile. On détache la peau autour de la base du cou, et l'on coupe celui-ci le plus près possible du corps.

Alors on renverse la peau du tronc pour la faire descendre vers la queue; on découvre le dos, les cuisses, et, lorsqu'une partie de l'abdomen est découverte, ainsi que l'articulation du fémur ou du tibia, on coupe cette articulation, en agissant comme on a fait pour les ailes. Ceci demande une explication, parce que peu de personnes donnent aux parties qui forment la totalité de la patte d'un oiseau, les noms qu'elles doivent porter. Les doigts servent à saisir une branche; le tarse est cette partie allongée, mais écailleuse, que l'on prend vulgairement pour la jambe; au-dessus est le talon, puis l'articulation du tibia qui se prolonge en avant, tandis que le tarse se prolonge en arrière; au-dessus du tibia est le fémur, qui vient s'articuler avec lui : c'est cette articulation que l'on coupe.

La peau, lorsque les ailes, le cou et les pattes sont détachés, ne tient plus qu'au dos et aux parties inférieures du corps; on la renverse et on la fait descendre doucement, mais sans la tirer beaucoup; on la sépare des muscles avec les ongles. Parvenu au croupion ou coccyx, on écorche jusque près de son extrémité, mais pas assez cependant pour découvrir l'insertion des pennes de la queue; on coupe en en laissant une partie dans la peau, et surtout sans attaquer avec les ciseaux les racines des pennes de la queue ; alors le corps se trouve entièrement dégagé. Toute cette opération doit se faire avec beaucoup de précaution, pour ne pas déchirer la peau, surtout dans les oiseaux qui ont beaucoup de graisse et, par conséquent, la peau très délicate.

La peau étant détachée, il faut s'occuper de la nettoyer en la débarrassant des parties et des fragments de chair qu'on y a laissés. On commence par les pattes, que l'on refoule en dedans pour découvrir entièrement le tibia jusqu'au talon ; avec les ciseaux et la pointe du scalpel, on râcle l'os, et l'on enlève scrupuleusement jusqu'à la plus petite partie des muscles et des tendons. Cela fait, on applique sur l'os et sur la peau, une bonne couche de préservatif. Avec du coton, si l'oiseau est petit, ou de la filasse, s'il est gros, on garnit le tibia, et on l'entoure de ces matières, de manière à remplacer les chairs enlevées, et à rendre à la jambe sa forme naturelle ; puis on tire la patte en dehors, et l'on fait rentrer l'os dans sa position ordinaire. Nous avons souvent remarqué que les commençants dans l'art d'empailler, font la jambe plus grosse que dans la nature, et c'est une chose à laquelle ils devront faire attention.

On passe au coccyx, que l'on râcle avec le tranchant du scalpel jusqu'à ce qu'on en ait enlevé toute la graisse et les muscles. Il est surtout essentiel d'extraire complétement les glandes du croupion, parce que les insectes destructeurs les attaquent de préférence, probablement à cause de l'humeur graisseuse qu'elles contiennent. Lorsque les petits os qui forment le coccyx sont mis à nu, on applique avec le pinceau une bonne couche de préservatif, on y introduit un peu de filasse hachée, et l'on retire la queue, que l'on avait refoulée en dedans pour mettre le croupion à découvert.

Après avoir débarrassé, comme il vient d'être dit, la peau des parties inutiles, on passe aux ailes qui sont beaucoup plus difficiles à nettoyer. Pour nous faire comprendre mieux de nos lecteurs, nous allons leur apprendre les noms de quelques-unes des parties de ces organes.

Le premier os qui s'articule avec le corps et forme l'avant-bras, est l'*humérus*. Viennent ensuite deux os presque appliqués l'un contre l'autre, dans toute leur longueur : ce sont le *radius* et le *cubitus*. Les autres parties qui prolongent l'aile et la finissent, sont : le *métacarpe* et le *carpe*.

Revenons à la manière de nettoyer les ailes. Si l'oiseau est d'une petite espèce, c'est-à-dire s'il ne dépasse pas la grosseur d'une Alouette, on enlève exactement toutes les chairs, muscles et tendons de l'humérus, on découvre une partie seulement du radius et du cubitus, on les nettoie de leurs muscles ; on applique partout une bonne couche de préservatif, et, en tirant l'aile en dehors, on remet les os dans leur position. On remarquera que nous ne recommandons pas ici de remplacer les chairs par du coton, comme nous l'avons dit pour les pattes ; la raison en est que les ailes n'ayant plus de fosses pectorales pour se placer, parce qu'on ne peut guère les ménager en bourrant la peau, moins elles auront de grosseur, plus il sera facile de leur donner une position naturelle et gracieuse.

Si l'oiseau était d'une grosseur au-dessus de celle que nous venons de mentionner, il faudrait découvrir les os des ailes le plus loin possible, mais au-dessus seulement, pour ne pas en détacher les pennes qui y sont implantées ; le radius et le cubitus seraient parfaitement nettoyés dans toute leur longueur, et même une partie du métacarpe ; on leur donnerait une bonne couche de préservatif, et on les remettrait à leur place, comme nous avons dit. Dans une précédente édition, nous avons dit que, lorsque l'oiseau égalait et surpassait la grosseur d'une Pie ou d'un Geai, il était bon de détacher les pennes du radius, et de mettre cet os à découvert jusqu'au métacarpe. Un très habile préparateur nous a démontré jusqu'à l'évidence que cette opération, toujours très difficile, était au moins inutile. On s'en dispensera donc.

On doit préserver les ailes avec soin, ainsi que la tête, car la peau, une fois remise à sa place, l'est pour toujours, et ne peut plus se retourner lorsque l'on veut monter l'oiseau, soit qu'on lui fasse subir tout de suite cette opération, soit qu'on le conserve plus ou moins longtemps en peau.

Dans les oiseaux de la grosseur d'un Canard, d'une Oie ou au-dessus, le métacarpe se prépare à l'extérieur. On soulève les plumes avec le scalpel, on fait une incision à la peau, et l'on en extrait les muscles et tendons qui se présentent; on introduit à la place du préservatif, puis on rapproche les bords de la peau que l'on coud quelquefois si on le juge nécessaire ; mais on se borne le plus souvent à reboucher l'ouverture avec du coton haché. On recouvre cette partie avec des plumes.

Il s'agit ensuite de dépouiller la tête. Avec la main gauche on saisit l'extrémité du cou, et avec la main droite on renverse et retourne la peau en la faisant glisser par de légères secousses, et la détachant avec les ongles jusque vers les os du crâne, que l'on découvre avec beaucoup de précaution. Parvenu à la conque de l'oreille, on se donne bien garde de la couper, mais on détache, en la soulevant par dessous, l'espèce de petit sac formé par sa membrane, et l'on arrache son extrémité de la cavité des os où elle est implantée; pour cela on se sert de la pointe des brucelles.

On continue de renverser la peau jusqu'à ce qu'on soit parvenu aux yeux ; alors on coupe la membrane qui unit la paupière aux abords des cavités des os formant les orbites; mais il faut bien faire attention de ne pas couper les paupières, ce qui défigurerait l'oiseau, ou de crever le globe de l'œil, parce qu'il s'en épancherait aussitôt une assez grande quantité de liqueur qui coulerait sur les plumes de la tête et du cou, et les gâterait absolument.

Lorsque la peau est renversée jusque sur la base du bec, on arrache les yeux de leurs orbites, que l'on nettoie parfaitement; on enlève les muscles et les membranes qui recouvrent le crâne ; on ôte exactement toutes les parties charnues des mandibules, et enfin on met partout les os à nu. Avec le scapel, on coupe la partie inférieure de la tête, comme on le voit en a, fig. 23, afin d'avoir plus de facilité pour en extraire la cervelle avec un cure-oreille ou un instrument fait sur ce modèle. Toutefois, si l'oiseau est gros, on se contente d'agrandir le trou occipital,

Fig. 23.

suffisamment pour nettoyer aisément l'intérieur du crâne. Quelquefois même, quand l'oiseau est de la grosseur d'un Perroquet et au-dessus, on coupe la partie postérieure du crâne avec une petite scie à main.

Toutes les opérations que nous venons de détailler pour la préparation de la tête doivent se faire avec beaucoup de promptitude, car la peau du crâne est très mince, elle sèche promptement, et une fois desséchée, il est fort difficile de la retourner sans la déchirer. Jusqu'à ce qu'on ait acquis assez d'habitude pour opérer avec vitesse, on fera bien de maintenir la peau du crâne humide, en l'humectant de temps en temps avec l'une des liqueurs que nous avons recommandées pour le bain, ou même avec de l'eau; on aura aussi le soin de tenir tout prêts le préservatif, la filasse et le coton hachés.

Nous avons dit que, pendant ces opérations, il ne faut pas ménager le plâtre. Nous remarquerons que pour les espèces qui ont la peau huileuse, comme les oiseaux d'eau, par exemple, quelques préparateurs ajoutent une petite quantité d'amidon au plâtre et en obtiennent d'heureux résultats.

Quand on est arrivé au point où nous sommes, le dépouillement de l'oiseau est complet; il ne s'agit plus que de le préserver, de remplir les cavités formées par les os, et de retourner la peau.

Avec le pinceau, on enduit de préservatif le dedans du crâne, les orbites des yeux, les mandibules, et, enfin, toutes les parties sans exception : on ne le ménage pas non plus sur la peau, mais il faut prendre garde de ne pas en mettre sur les paupières, **parce qu'il passerait par l'ouverture des yeux et ta-**

cherait les plumes. On remplit le crâne avec de la filasse hachée, les orbites avec du coton ; et c'est alors qu'on s'apprête à retourner la peau.

Pour retourner la peau, on prend la tête avec la main gauche, et, avec la main droite, on renverse la peau ; on la fait remonter sur le crâne peu à peu jusqu'à ce qu'on ait dégagé le bout du bec. Si celui-ci ne paraissait pas vouloir sortir aisément, soit parce que sa pointe entrerait dans la peau, ou pour toute autre cause, on saisirait le fil passé à la mandibule inférieure, et non pas aux narines, comme nous l'avons dit, et par son moyen on dirigerait le bec beaucoup plus facilement ; aussitôt qu'il peut être saisi avec les doigts de la main droite, on le tire en avant, tandis qu'avec la main gauche on tire légèrement la peau en sens opposé. Avec un peu d'habitude, on vient facilement à bout d'achever de retourner la peau.

Ici nous devons faire une observation, c'est que jamais on ne doit assez tirer la peau du cou pour la distendre en longueur, soit en écorchant, soit en retournant ou en bourrant. Il vaut beaucoup mieux la laisser un peu ramassée sur le crâne, et la faire descendre ensuite avec la pointe d'une aiguille. Si une fois elle s'est allongée, de quelque manière qu'on fasse, le cou de l'oiseau restera mince et fluet, et les plumes seront toujours mal placées et impossible à lisser. Ceci ne paraît pas d'une haute importance, et cependant c'est un écueil où échouent la plupart des commençants.

Aussitôt que la peau a repris sa position naturelle, il faut réparer le dérangement que son renversement a opéré dans les plumes de la tête et du cou, car si l'on attendait que la peau fût desséchée, il ne serait plus possible de remettre les plumes à leur place. En conséquence, on saisit l'oiseau par le bec, on le secoue doucement, et l'on souffle fortement dessus de haut en bas; ensuite, avec les brucelles, on prend, on tourne et l'on arrange, les unes après les autres, toutes les plumes récalcitrantes qui n'ont pas repris leur place. Avec les mêmes pinces, on ouvre les paupières, on les arrondit convenablement, et, pour les maintenir en position, on écarte et l'on fait gonfler le coton que l'on a précédemment placé dans les orbites, et l'on en fait glisser dans les joues. On introduit du préservatif dans le bec, et, si on le juge nécessaire, on y place un peu de coton pour remplacer les organes que l'on a enlevés, tels que la langue, le larynx, etc.

Parvenus là, le plus grand nombre des préparateurs se bornent à terminer l'opération en bourrant, attachant les ailes, etc., comme nous le disons plus bas ; mais d'autres, élèves de M. Simon, emploient la méthode de leur maître, et la voici telle que cet habile préparateur l'a définitivement exposée. Nous la prendrons du moment où l'on doit dépouiller l'animal, et nous laisserons parler M. Simon lui-même :

« On place l'oiseau sur le dos, la tête tournée vers la main gauche du préparateur, et la queue vers la droite : avec le pouce et l'index de la main gauche, ou, mieux encore, avec la pointe du scalpel, on écarte les plumes de chaque côté, de manière à découvrir la peau sur une ligne partant de la *moitié du sternum* jusqu'à l'anus inclusivement, et l'on arrache tout le duvet, s'il y en a. Alors, avec le scalpel, que l'on tient de la main droite, on fait une incision dans toute la longueur, **on saisit un des bords de la peau avec des brucelles ou des pinces à disséquer, et, avec la** pointe du scalpel, on la détache de dessus les muscles. Lorsqu'on l'a soulevée le plus loin possible, toujours vers le croupion, on saupoudre avec du plâtre pour empêcher qu'elle ne se rattache aux chairs, et aussi pour absorber le sang et les excréments qui pourraient tacher les plumes en se répandant au dehors, surtout si, par le peu d'habitude de cette méthode, on venait, en pénétrant plus profondément que la peau, à couper les muscles de l'abdomen. Ensuite, on retourne l'oiseau, la tête à droite, et la queue à gauche, et l'on opère de la même manière sur son autre côté.

« Lorsqu'on a découvert le croupion, on renverse l'oiseau, c'est-à-dire qu'on pose la poitrine sur la table et le croupion en l'air, tourné vers le préparateur, on coupe les dernières vertèbres de la colonne dorsale, en passant par-dessous la pointe d'une paire de ciseaux courbes. On fait descendre la peau jusqu'aux ailes, qu'on désarticule afin de les avoir entières. On détache ensuite la peau autour de la base du cou, et l'on coupe celui-ci par la moitié. »

Le reste de l'opération du dépouillement se fait comme il a été dit précédemment. M. Simon ajoute : « On voit que les avantages de cette méthode sont palpables. Par exemple, si l'oiseau était en état de putréfaction, l'ouverture que l'on faisait depuis le commencement du sternum jusqu'à son extrémité, pouvait se réunir à la partie gâtée de l'abdomen, et on mettait quelquefois, grâce à une ouverture si démesurément grande, l'oiseau hors d'état d'être monté. Si, d'une autre part, l'oiseau était en bon état, et que l'ouverture fût faite comme tous les préparateurs la font, il en résultait souvent un **déchirement de la peau**, soit à droite, soit à gauche de la poitrine.

Lorsque l'on sortait le corps par l'ouverture, on risquait aussi de faire des trous à la peau avec la pointe des ciseaux en cherchant à couper, par-dessous, les ailes et le cou pour les détacher du corps. Mais le plus grand inconvénient encore, était qu'en dépouillant l'oiseau par ce procédé, malgré toutes les précautions que l'on pouvait prendre, il était impossible de ne pas salir plus ou moins les plumes de la poitrine, partie la plus apparente d'un oiseau empaillé, puisque c'est toujours par devant qu'il est vu et posé dans toutes les collections. »

Revenons maintenant à la manière dont les élèves de M. Simon disposent la peau quand l'oiseau est dépouillé. Ils choisissent un fil de fer d'un numéro au-dessous de celui qui servira plus tard à monter l'oiseau, et ils l'aiguisent en pointe d'un côté. Ils passent ce fil de fer dans le crâne, le font longer dans le cou, puis dans le corps, et le font ressortir par le croupion au-dessous de la queue. Ils choisissent ce fil de fer un peu mince, comme nous l'avons dit, afin que le trou qu'il fait dans le crâne soit assez petit pour que le nouveau fil de fer qu'on y passera, quand on montera l'animal, ne puisse jouer, et que, par ce moyen, l'oiseau monté ait la même solidité que si le crâne n'eût pas été percé à l'avance.

A l'extrémité du fil de fer qui fait saillie hors de la tête, et qui a au moins 54 millimètres de longueur et plus dans les grands oiseaux, ils font un crochet qui sert soit à saisir la peau et à la tourner et retourner dans tous les sens, sans crainte de tacher ou de déranger les plumes, soit à la pendre à un clou, à une ficelle, ou à toute autre chose, selon le besoin.

Cette méthode offre un avantage réel, celui de pouvoir emballer et déballer les peaux, de les faire voyager, etc., sans crainte qu'elles se déforment, ou, ce qui arrive fréquemment, que le cou se casse et se déchire. Le fil de fer, qui se rouille un peu au crâne et à la queue, suffit pour maintenir la peau et lui donner une solidité qui la met à l'abri de tous les accidents ordinaires.

Ils ne s'en tiennent pas là. Après que la peau est bourrée, pour empêcher les pattes de se déjeter à droite ou à gauche, et la peau des cuisses de se déchirer, ils les rapprochent par les talons ; ils passent un fil derrière les jointures des tarses, et les attachent de manière à ce que les pattes proprement dites se trouvent assez écartées pour que la queue puisse, pour ainsi dire, se loger entre elles, tandis que les talons se touchent.

4. Bourrage.

Reprenons le cours des opérations. Nous en étions au bourrage. On le commence par le cou. Pour le faire commodément, on étend l'oiseau sur le dos, dans la même position qu'il avait lorsqu'on a fait la première incision ; pour le maintenir, on place sur ses parties inférieures, c'est-à-dire vers les jambes et la queue, une plaque de plomb ronde, en forme de plateau de chandelier, et plus plate encore ; puis on écarte les plumes, et, avec un pinceau, on passe du préservatif dans toute la peau du cou. Avec une pince à pansement, on prend un morceau de filasse (ou autre matière que l'on aura déterminée sur les considérations établies précédemment, mais très rarement du coton, parce qu'ayant plus de liant et étant plus entremêlé, il ne laisse passer le fil de fer qu'avec beaucoup de difficulté), et on l'enfonce jusque contre le crâne en maintenant l'ouverture bâillante. On lâche le morceau de filasse, mais on replace dans le milieu la pince fermée, puis, en l'ouvrant, on écarte la bourre de côté et d'autre jusqu'à ce qu'elle garnisse bien partout où elle doit le faire, c'est-à-dire sur le pourtour du crâne, ce que l'on reconnaît aisément en tâtant avec les doigts. On en introduit un second morceau que l'on étend et écarte de même ; puis un troisième, un quatrième, et ainsi de suite, jusqu'à ce que le cou tout entier se trouve suffisamment bourré. Nous n'avons pas besoin de dire qu'à mesure que le diamètre de l'ouverture augmente en se rapprochant du corps, la grosseur des bourres doit aussi augmenter ; mais, ce qu'il y a d'essentiel à observer, c'est que le cou soit bourré uniformément et légèrement ; surtout, nous le répétons, il faut prendre garde de trop l'allonger, pour les raisons que nous avons données précédemment. La remarque que nous avons faite pour les jambes, s'applique également au cou, qu'il est important de ne pas trop bourrer. Quand l'oiseau est de très petite taille, on peut, avec avantage, préparer le cou avec une seule bourre allongée de filasse non hachée.

Fig. 24.

La fig. 24 représente un oiseau destiné à être

monté les ailes étendues. *a a*, sont deux arcades de fer passées dans les humérus et formant le crochet *c, c*, pour plus de solidité. Nous avons dit que cette méthode donnait la facilité de sortir les humérus des cavités pectorales, tels que les a un oiseau vivant qui étend les ailes.

On passe ensuite à une opération indispensable, parce que d'elle seule viendra la facilité de placer les ailes de l'oiseau dans une bonne attitude lorsqu'on le montera.

Avec les doigts, si l'oiseau est gros, ou avec des pinces, s'il est d'une taille moyenne ou petite, on saisit les deux os des ailes que nous avons nommés *humérus*, on les tire vers le milieu du dos; puis, avec une aiguille ou un carrelet, on passe un fil solide entre les radius et les cubitus des ailes (en *a* de la figure 24); on rapproche les deux bouts de fil et on les noue de manière à tenir les deux ailes à 2 ou 3 millimètres l'une de l'autre dans les très petits oiseaux, à 5 ou 7 millimètres dans ceux de la grosseur de l'Alouette et un peu plus; enfin, à une distance progressivement plus grande, lorsque l'on opère sur des espèces de plus en plus grosses. Expliquons bien, car ceci est extrêmement essentiel, qu'on doit compter les distances que nous venons d'énoncer depuis la tête des deux os articulés avec l'humérus, ou plutôt depuis cette articulation jusqu'à la même articulation de l'aile opposée.

Cela fait, on donne une nouvelle couche de préservatif à tous les os des ailes que le pinceau peut atteindre, puis on place, entre les humérus de chaque aile, une bonne bourre de filasse pour les empêcher de se rapprocher ou de quitter la position qu'on leur a donnée en attachant les bras.

On passe sur toute la peau une bonne couche de préservatif, sans oublier le coccyx, auquel on en donne une seconde en le faisant sortir de la peau par le refoulement de la queue, que l'on remet ensuite en place en la tirant en dehors par les pennes. Dans cette opération, on met la plus grande attention à ce que les plumes ne se trouvent en contact sur aucun point avec le préservatif, car il leur ferait des taches toujours très difficiles à enlever.

Il ne s'agit plus que de bourrer le corps, ce que l'on fera avec la plus grande attention de ne pas distendre la peau, surtout en longueur, afin de ne pas donner à l'animal plus de grosseur qu'il ne doit en avoir. On prend, avec les pinces à pansement, une bonne bourre de filasse, et on la place dans la partie de la peau qui doit former le devant de la poitrine. Lorsqu'elle touche parfaitement à la filasse du cou, on la lâche, puis on enfonce les pinces fermées dans le milieu de son épaisseur, et, en les ouvrant et tournant dans tous les sens, on la divise le plus qu'il est possible en cherchant à lui faire garnir contre la peau plutôt qu'au centre du corps. La première bourre bien placée, on en introduit une seconde que l'on arrange de même, puis une troisième, une quatrième, et ainsi de suite jusqu'à ce que l'oiseau soit suffisamment bourré. Une chose que l'on ne doit jamais perdre de vue, c'est qu'aucun repli de la peau ne doit rester vide, que l'oiseau doit avoir repris sa grosseur naturelle, qu'il doit être légèrement bourré, c'est-à-dire que la filasse ne doit pas être assez serrée pour présenter plus de résistance qu'une éponge aux doigts qui presseraient le corps de l'animal.

Dans cet état, l'oiseau *est en peau*, et on peut le **conserver et le faire voyager** avant de le monter. Pour cela, on rapproche l'un de l'autre les deux bords de la peau formant l'ouverture du corps, et on les maintient rapprochés au moyen d'une épingle; du moins tel est l'usage le plus généralement suivi, et même quelques préparateurs ne mettent rien pour les maintenir. Pour nous, nous pensons qu'il vaut toujours mieux faire quelques points de couture à la peau; les bords se rapprochent mieux, et l'oiseau en est par la suite plus facile à monter. On lisse les plumes qui peuvent s'être dérangées, on place les ailes dans leur position naturelle, puis on saisit l'oiseau par les pattes, et on le fait glisser dans un cornet de papier, la tête la première, s'il n'est pas trop gros; s'il est d'une grande taille, on se contente de l'envelopper dans autant de feuilles de papier qu'il est nécessaire, et tout se borne là. On conserve ces peaux dans un lieu à l'abri de l'humidité, de la poussière et des insectes. Le naturaliste intelligent placera dans le cornet renfermant chaque individu, une petite note dans laquelle il aura écrit le nom de l'espèce, le sexe de l'oiseau, son âge, c'est-à-dire s'il est adulte ou non, jeune ou vieux, la couleur de ses yeux, de ses caroncules s'il en a; ce qu'il peut offrir de particulier dans sa pose, et enfin les observations que nous avons déjà recommandées.

§ 2. MONTAGE

On appelle *monter une peau* ou *un animal*, lui rendre l'attitude, la grâce et l'air animé qu'il avait avant sa mort.

On monte un oiseau *en chair* ou bien *en peau*, c'est-à-dire que, dans le premier cas, on fait l'opération aussitôt qu'on vient de l'écorcher, tandis que, dans le second, on ne l'effectue qu'à une époque plus ou moins éloignée, ce qui oblige à ramollir la peau, afin de la mettre en état de recevoir toutes les formes que le préparateur voudra lui donner.

1. Débourrage.

La première chose consiste à débourrer la peau. Après avoir écarté un peu les bords de l'ouverture, on retire avec des brucelles toute la filasse ou autre matière contenue dans le corps, et, avec des pinces de pansement, celle qui est dans le cou et la tête. Cependant, si on avait mis soi-même l'animal en peau, et que l'on fût sûr que le crâne et même le cou eussent été parfaitement enduits de préservatif, on pourrait, à la rigueur, se dispenser de le débourrer; mais on ne doit avoir cette négligence volontaire que lorsqu'on est très pressé par le temps.

Après avoir mouillé de la filasse, on l'introduit dans le corps à la place de celle qu'on a enlevée, en ayant soin de ne pas mouiller les plumes. M. Simon remplaçait la filasse par de petites éponges humides, et y trouvait de l'avantage. Quoi qu'il en soit, quand toute la peau est bien garnie, on passe aux pattes que l'on enveloppe de plusieurs tours de filasse humide. Dans les grandes espèces, il faut plusieurs jours pour ramollir les pattes; en conséquence, on doit les garnir quelque temps avant la peau.

L'oiseau ainsi préparé, on le place dans un panier ou dans une terrine, on le couvre de filasse sèche pour empêcher le contact desséchant de l'air, puis on le porte dans une cave ou tout autre lieu humide où on le laisse jusqu'à ce que la peau ramollie ait repris toute sa souplesse. Vingt-quatre heures suffisent pour les petits individus, et trois ou quatre jours au plus pour les plus grandes espèces.

Un procédé que l'on emploie souvent aujourd'hui, et qui nous paraît préférable, surtout pour les petites espèces, consiste à placer l'oiseau entier dans du sable humide. Après avoir débourré l'animal, rempli sa peau de filasse imbibée d'eau, et enveloppé ses jambes de linges également mouillés, on enveloppe la peau entière dans un linge sec, fin et d'un tissu très serré. On a du sable de rivière fin, surtout extrêmement propre, et humide sans être trop mouillé. On met ce sable dans une boîte plus ou moins grande, selon le besoin, mais n'ayant jamais moins de 4 décimètres de longueur et de largeur, sur 2 décimètres de profondeur, quelque petits que soient les oiseaux à ramollir, car il faut que la masse de sable soit assez considérable pour conserver son humidité pendant plusieurs jours. On place les peaux au milieu de ce sable, avec l'extrême précaution que toutes les plumes soient dans leur position naturelle, car si elles prenaient une mauvaise attitude, il serait plus tard fort difficile de leur en faire reprendre une bonne. On ferme la boîte et on laisse le tout ainsi jusqu'à ce que la peau soit parfaitement ramollie, c'est-à-dire deux à trois jours. On les retire ensuite, et on les débarrasse des linges dont on les avait enveloppées pour empêcher leur contact avec le sable.

Au Muséum d'Histoire naturelle de Berlin, on ramollit les peaux par des procédés analogues aux premiers que nous avons décrits, mais plus perfectionnés. Après les avoir débourrées, on introduit de l'eau tiède à l'intérieur au moyen d'un petit tampon d'étoupes ou d'un pinceau, et l'on en humecte toutes les parties de la peau que l'on peut atteindre. On a un grand vase de verre ou de terre dont le fond contient de l'eau : au-dessus de la surface de cette eau est fixée une petite grille en fil de fer ou un tamis de crin, sur lequel on étend les peaux. On bouche le vase, et on les laisse exposées à la vapeur de l'eau froide pendant seize, vingt ou vingt-quatre heures. Quand on a une très grande quantité de peaux, au lieu de vase, on emploie à cet usage un cuvier. Au lieu d'être soutenues par une grille, comme il vient d'être dit, les peaux le sont quelquefois par six petits crochets en fer *a a* (fig. 25), enfoncés dans leurs bords

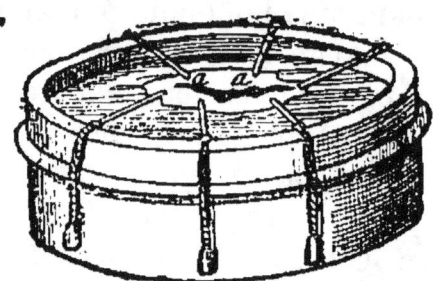

Fig. 25.

et tenant à des ficelles auxquelles sont attachés des poids en plomb. De cette manière, de même qu'avec la grille, elles ne peuvent pas s'enfoncer dans le bain et il est aisé de les retirer. Toutefois, comme si elles venaient à y tomber, elles pourraient en éprouver quelque dommage, on a imaginé de modifier le procédé en substituant à l'eau de la filasse mouillée.

De quelque façon que le ramollissage ait été fait, on visite et l'on tâte la peau pour voir si elle a acquis la souplesse convenable; on enlève toute la filasse humide du corps, du cou et des pattes, et l'on passe dans tout l'intérieur de la peau une bonne couche de **préservatif; on ôte exactement les matières qui ont servi à faire la jambe factice,** on passe sur les os une couche de préservatif, puis on bourre la peau absolument comme nous l'avons dit.

2. Ailes étendues.

S'il s'agit de monter un oiseau les *ailes étendues*, il faut lui faire subir préalablement une opération pratiquée par M. Simon, et négligée par les autres naturalistes sans que nous puissions en deviner la cause. Nous avons dit plus haut que lorsqu'on met un oiseau en peau, on lui attache les ailes rapprochées dans le dos au moyen d'un fil passé entre l'humérus et le radius de chaque aile. Pour empailler un oiseau dans l'attitude du repos, cette méthode est excellente, indispensable même, par la raison que les ailes se trouvent enfoncées dans le corps comme elles le sont pendant sa vie dans les cavités pectorales. Mais, quand il s'agit de les étendre, c'est autre chose; il est clair que l'animal, dans ce cas, les sort de ses cavités pectorales et étend l'humérus ou bras. Si ce bras est lié dans le corps, le préparateur ne peut étendre que le radius, le carpe et le métacarpe, d'où il résulte que l'oiseau étend les ailes, positivement comme un homme, auquel on aurait attaché les coudes contre les flancs, étendrait les bras : et cependant voilà ce que font la plus grande partie des préparateurs.

Voici comment il faut agir pour ne pas les imiter : on prend un morceau de fil de fer que l'on courbe en demi-cercle, on fait entrer une de ses pointes dans les os de l'avant-bras (fig. 26) en *a a*, et, pour plus de solidité, on les fait un peu ressortir à l'articulation de l'humérus et du cubitus où on les courbe un peu en crochet, *c c*. On prend de la filasse longue et l'on garnit parfaitement les os de l'avant-bras et le fil de fer dans toute leur longueur, en tournant la filasse autour, et en en mettant une bonne quantité, que l'on serre fortement. Nous n'avons pas besoin de dire qu'il faut détacher les cubitus s'ils ont été atta-

Fig. 26.

chés en mettant en peau. Par cette méthode, on étend les ailes autant qu'il est nécessaire en ouvrant plus ou moins le demi-cercle de fil de fer, dont les deux côtés remplacent la portion de l'humérus qui a été enlevée. Quand l'oiseau est placé sur le dos, la traverse de la tête doit passer sur le fil de fer des ailes et s'y appuyer, c'est-à-dire que cette traverse ne passera pas entre la peau du dos et ce fil de fer, mais entre celui-ci et la peau du ventre.

Les *hérons*, les *flamants*, les *tantales*, les *jabirus*, les *grues*, les *cigognes*, et enfin toutes les espèces qui, comme celles-ci, ont un cou très long et très grêle, doivent être bourrés avec quelques modifications, par la raison qu'il serait impossible de le faire comme nous l'avons enseigné. L'oiseau étant ramolli et prêt à être monté, on prépare le fil de fer qu'on doit lui passer dans le cou : on le choisit de la grosseur voulue, et on le coupe d'une longueur convenable. On choisit de la filasse longue, on en couvre le fil de fer en la tortillant autour, et l'on a soin de donner à cette espèce de mannequin une grosseur et une longueur exactement calculées sur celle du cou. On assujettit solidement la filasse autour du fil de fer en la liant avec du fil ; on passe dessus une bonne couche de préservatif, et l'on introduit le tout dans le cou, qui doit, par ce moyen, se trouver bourré d'un seul coup.

Il faut préparer les fils de fer qui doivent servir de charpente à l'oiseau. On les choisit, quant à la grosseur, selon l'indication que nous avons donnée, et nous ferons remarquer ici que nos grosseurs pourraient, sans un grand inconvénient, être diminuées d'un ou même deux numéros, mais non augmentées, dans le plus grand nombre des cas, sans courir la chance de déchirer la peau écailleuse des tarses. On en coupe un d'une longueur convenable pour faire la traverse $b\ d$ (fig. 27), c'est-à-dire un quart plus long que l'oiseau, en le mesurant du bout du bec jusqu'au croupion ; on le redresse le mieux possible, et on l'aiguise en pointe à ses deux extrémités. On coupe deux autres fils de fer de même grosseur pour servir aux jambes, l'un et l'autre de même longueur, *e e*, et on les aiguise d'un côté seulement. La longueur de ces fils de fer doit être calculée de manière à dépasser celle des jambes, à chaque bout, afin que, du côté du corps, on puisse trouver une longueur suffisante pour tordre, et que, du côté des doigts, on en trouve aussi suffisamment pour fixer l'animal sur son juchoir.

Cela fait, on saisit la patte de l'oiseau, on y fait en dessous un trou avec une broche de fer ou une alène droite, de la grosseur à peu près du fil de fer qu'on y doit passer. On introduit dans ce trou un des fils de fer des jambes, et on l'y enfonce en le faisant glisser derrière le tarse jusqu'au talon. Parvenu là, on

Fig. 27.

redresse l'articulation, et l'on continue à enfoncer le fil de fer en lui faisant longer le tibia, que l'on préserve de nouveau en l'enveloppant de filasse, pour rendre à la jambe sa grosseur naturelle. On passe à l'autre patte que l'on traite de la même manière.

Si l'on n'a pas placé le fil de fer de la traverse avant de préparer les jambes, on s'en occupe alors ;

on ploie le fil de fer vers les deux tiers de sa longueur, de manière à former un anneau *c* (fig. 26), par un tour de spirale. On le saisit par le bout le plus court, et on l'enfonce dans le cou en le faisant tourner dans les doigts. La pointe pénètre dans le crâne, et lorsqu'elle est parvenue jusqu'à l'os, on appuie sur la tête avec la main gauche en continuant de tourner le fil de fer jusqu'à ce que la pointe ait percé le crâne, en *b*, et soit sortie en dehors un peu au-dessus du front (au milieu du coronal). Cette traverse doit être proportionnée de manière à ce que le bout supérieur dépasse la tête de quelques millimètres, que l'anneau se trouve placé vers le haut du sternum, et que le bout inférieur, après avoir percé le croupion, vienne sortir en dehors au milieu des pennes de la queue, en *d*, et qu'il les égale en longueur.

Avant de passer le bout inférieur à travers le croupion, on prend les extrémités libres des fils de fer des jambes, on les passe dans l'anneau *c* de la traverse, et, avec des pinces, on saisit ces deux bouts et l'anneau, on les tord ensemble en spirale serrée, de manière à les fixer solidement. Ensuite on prend l'extrémité inférieure de la traverse, que l'on recourbe plus ou moins vers la poitrine pour ramener sa pointe dans le croupion, la lui faire traverser et la faire sortir, comme nous l'avons dit, en la redressant.

3. Queue écartée.

Si l'on voulait monter l'oiseau la *queue écartée*, il faudrait, pour que l'extrémité du fil de fer pût lui servir de support, la plier en un large anneau, ou mieux la rendre fourchue, en y ajoutant un autre fil de fer que l'on tortillerait autour de la traverse près du croupion, et qui formerait, avec le bout de la traverse, deux branches que l'on écarterait plus ou moins suivant le besoin.

Pour donner à la traverse la position qu'elle doit conserver, on appuie fortement dessus, en relevant, au contraire, le fil de fer des jambes, afin de le détacher du corps. Par ce moyen, on donne à son ouvrage toute la solidité désirable. Comme, dans toutes les espèces, le croupion doit être parfaitement bourré c'est-à-dire moitié plus que tout le reste du corps, la traverse étant fixée et bien appuyée, on trouve encore à loger beaucoup de bourre dans tout l'abdomen. On écarte les deux jambes du milieu du corps en les remployant sur les côtés, on achève de bourrer, et l'on fait la couture.

Cette dernière opération est fort délicate, car il faut la pratiquer de manière à ne laisser aucune trace. Aussi allons-nous entrer, à ce sujet, dans tous les détails nécessaires. On aura une aiguille enfilée avec du fil d'une force proportionnée à l'épaisseur et à la dureté de la peau de l'animal. Soit que l'on commence la couture en haut ou en bas de l'incision, on saisira le bord d'un des côtés de la peau, on en écartera les plumes, et l'on implantera l'aiguille en dessous de la peau pour la faire sortir en dessus. On tirera le fil, dont le bout sera fixé à cause du nœud qu'on y aura fait d'avance. On saisira l'autre bord de l'incision, on piquera l'aiguille de dessous en dessus, et, en tirant le fil, on réunira le mieux possible, et sans rien déchirer, les deux bords de la peau. Les plumes qui se trouveraient prises sous le fil seront retirées avec la pointe de l'aiguille ou une petite pince, redressées et remises à mesure dans une bonne position. **On reviendra au premier bord, puis à l'autre, et** ainsi de suite, toujours en piquant de dessous en dessus, en sorte que la couture soit disposée de la même manière que le lacet d'un corset. Arrivé à l'autre bout de l'incision, on fera un bon nœud au fil pour empêcher la couture de se défaire, et on le coupera avec des ciseaux au-dessus de ce nœud.

Il arrive toujours que, pendant cette opération, l'oiseau se déforme plus ou moins par l'effet de la pression que l'on fait éprouver aux matières dont il est bourré. On remédie à cet inconvénient en lui enfonçant dans la peau, et à différentes places, un carrelet fin ou une grosse aiguille, dont on se sert pour remuer et relever toutes les parties affaissées. Cela fait, on place l'oiseau sur le ventre et l'on donne une bonne position à ses ailes, en plaçant les humérus et les avant-bras comme s'ils étaient dans leurs cavités pectorales. On retourne l'animal, et l'on s'occupe des jambes, auxquelles on donne leur longueur naturelle, en les tirant ou poussant sur leurs fils de fer, selon qu'elles sont trop courtes ou trop longues ; il est très essentiel de les rapprocher l'une de l'autre, pour leur donner absolument la même longueur, ce qui se reconnaît le plus ordinairement lorsque les talons sont en face de la naissance de la queue. On donne ensuite la courbure aux talons, en ployant les fils de fer, et en observant que leur saillie doit toujours regarder le dessous de la queue ; ils doivent aussi être beaucoup plus rapprochés l'un de l'autre que l'extrémité inférieure des pattes.

4. Attitude.

C'est alors qu'il faut *donner l'attitude*, ce qui oblige à savoir si l'oiseau *perche* ou *ne perche pas*, c'est à dire s'il doit être fixé sur une branche ou sur une planche représentant la terre.

L'étude de l'Histoire naturelle peut seule faire acquérir des connaissances précises sur cet objet important. Cependant nous allons donner au lecteur quelques notions générales qui lui éviteront les erreurs trop grossières.

Les oiseaux de proie perchent en général, si l'on en excepte les *vautours*, qui peuvent percher ou ne pas percher, à volonté. Dans un tableau, on peut placer, sur un morceau de rocher, les *aigles*, les *vautours*, et la plupart des oiseaux de proie nocturnes.

Parmi les *passereaux*, ceux qui appartiennent à l'ancienne classe des *pies* et *corbeaux* de Linné, perchent tous. Quelques-uns, tels que les *pies*, *corneilles*, peuvent ne pas percher. Les *grimpereaux* peuvent se placer dans une position verticale contre un support perpendiculaire, auquel ils sont comme accrochés par les pattes, tandis qu'ils se soutiennent en s'appuyant sur la queue. Les *pics*, les *sitelles*, etc., peuvent se placer de même.

Les passereaux des autres sections perchent tous, à l'exception de quelques *alouettes* et des *pigeons* domestiques. Les *étourneaux*, les *merles*, etc., peuvent n'être pas perchés dans certaines circonstances.

Les *oies* et les *canards*, et généralement tous les oiseaux qui ont les pieds palmés, c'est à dire les doigts réunis par une membrane, ne perchent pas, à l'exception du *cormoran*.

Les *oiseaux de rivage* ou *échassiers*, et généralement tous les oiseaux qui ont les tarses longs et la **jambe découverte, ne perchent pas.**

Les *gallinacés*, ou oiseaux qui ont de l'analogie

avec la poule, ne perchent pas pour la plupart. Cependant, quelques espèces peuvent se montrer perchées, par exemple les *faisans*, les *tétras*, les *paons* et les *pintades*.

Dans tous les cas, soit que l'oiseau perche ou qu'il ne perche pas, il faudra lui choisir un support proportionné à sa taille.

Ce support sera un petit cylindre posé en travers sur un pied ou une planchette servant de socle. On place l'animal sur son support pour prendre exactement la distance qui doit exister entre ses deux pattes, et, avec une vrille, on fait deux trous aux places déterminées ; on y introduit les fils de fer qui dépassent sous les pattes, on en tire l'extrémité par dessous jusqu'à ce que la patte pose d'une manière naturelle sur le support, et que les doigts saisissent bien le cylindre, si c'en est un ; puis, pour fixer l'oiseau, on roule le fil de fer autour du juchoir. Si l'oiseau ne doit pas être juché, on creuse deux petites rainures sous la planchette, on y couche les extrémités excédantes des fils de fer, puis, au moyen d'un crochet que l'on fait sur les bouts, et que l'on implante dans la planche avec le marteau, on les fixe solidement.

———

Une chose extrêmement essentielle et à laquelle trop peu de préparateurs donnent une attention suffisante, c'est de placer l'oiseau parfaitement d'aplomb, afin qu'il n'ait pas l'air, comme cela arrive souvent, d'être prêt à tomber sur le bec ou sur le derrière : le goût seul devrait suffire pour faire éviter ce défaut. Dans le repos, le corps est toujours en équilibre sur les deux pieds ; dans la marche, il l'est toujours sur un. Il faut donc qu'une patte au moins soit placée sous le corps, de manière qu'une ligne verticale, le coupant en deux parties égales, tombe juste à la naissance des doigts.

Cette règle est de rigueur, quelle que soit d'ailleurs l'attitude plus ou moins inclinée que le corps puisse avoir.

Nous pensions, après avoir fait cette observation dans nos premières éditions, n'avoir pas besoin de recommander que l'oiseau tînt l'équilibre de manière à ne pas tomber sur le côté ; la vue de quelques collections nous a prouvé que nous nous trompions, et, que, pour beaucoup d'oiseaux, les préparateurs ne s'étaient pas donné la peine de placer les pieds de telle manière que l'animal parût ne pas risquer de tomber sur le flanc, à droite ou à gauche. — Voici donc la règle que l'on doit suivre à ce sujet :

Quand un oiseau est placé dans l'attitude du repos, ses pattes sont placées sur la même ligne, ni plus en avant, ni plus en arrière l'une que l'autre. Dans ce cas, son corps est d'aplomb et porte également sur les deux jambes, qui doivent, en conséquence, ne pas s'éloigner plus l'une que l'autre, de la ligne médiane du corps. Pour s'assurer qu'on les a bien placées, on se met devant l'oiseau, et l'on suppose une ligne verticale qui, tombant du milieu du front de l'animal, coupe sa tête, son cou et sa poitrine en deux portions parfaitement égales, et va passer juste entre ses deux pattes et à une distance égale de l'une et de l'autre. Il est entendu que, pour cela, l'oiseau doit encore avoir le bec dirigé en avant et regarder devant lui. S'il a la tête tournée à droite ou à gauche, la vue du dos, de la poitrine et d'une partie du ven-**tre, suffira pour faire trouver la ligne médiane.**

Mais si l'oiseau marche, il en est autrement. Les espèces qui ont les jambes longues, comme tous les *échassiers* et quelques *gallinacés*, croisent les jambes, plus ou moins en marchant, c'est-à-dire qu'en rapportant devant, la jambe qui est derrière, elle décrit un demi-cercle autour de l'autre jambe, et la patte vient se poser directement devant l'autre, sur le milieu de la ligne médiane du corps, d'où il résulte que celui-ci se trouve toujours en équilibre sur les deux pattes à la fois. L'oiseau, pour faire plus aisément ce mouvement, a le soin de fermer à demi les doigts en levant la patte; ainsi donc, on les lui ploiera si on le met dans cette attitude. Cette règle n'est pas générale, car des ordres entiers, par exemple celui des *oiseaux nageurs* ou *à pieds palmés*, y échappent absolument. Les *canards* posent constamment les pieds à droite ou à gauche de la ligne médiane, puis, pour conserver l'équilibre, par un mouvement combiné, ils reportent le corps sur le pied qu'ils posent en avant. C'est à cela qu'ils doivent ce balancement lourd et continuel qui rend leur marche si désagréable. Il en résulte que le naturaliste préparateur qui tiendrait à rendre minutieusement la nature, en posant un oiseau marchant et avec une patte levée portée en avant ou en arrière, devrait toujours lui placer le corps d'aplomb sur la patte qui le porte, quand il s'agit d'un échassier, et dévier un peu de cet aplomb quand il s'agit d'un palmipède.

Dans tous les cas, lorsqu'un oiseau est au repos, et posé sur une seule patte, la ligne médiane doit tomber juste sur sa jambe, au talon, et suivre le long du tarse et de la patte jusqu'à l'ongle du doigt du milieu. Pour cela, il faut que la cuisse et la jambe soient **refoulées un peu en dedans, vers le milieu du corps.**

Lorsque l'oiseau est placé bien d'aplomb, on donne l'attitude à la tête : pour cela on saisit le bout du fil de fer qui dépasse le front, et, pendant qu'on le tire d'une main, on refoule la tête de l'autre, ou bien, si le cou est trop court, on agit en sens contraire. Jamais la tête ne doit être dirigée en avant si l'on veut que l'animal ait un air animé et de la grâce. On doit toujours la tourner un peu à droite ou à gauche, et même quelquefois on peut lui lever légèrement le bec. Du reste, c'est le goût du préparateur qui détermine plus positivement l'attitude qu'il doit donner à chaque individu. S'il veut faire un tableau, il consultera, pour l'expression que les oiseaux sont susceptibles de recevoir des passions, ce que nous en disons plus loin, à l'article *des groupes*.

Le fil de fer qui dépasse le front ne sera coupé que lorsque les yeux seront placés et tout le travail fini, parce que jusque là il est d'une assez grande utilité. Par exemple, pour ne pas déranger l'attitude de la tête pendant qu'on place les yeux et qu'on arrange les paupières, lorsque l'oiseau est desséché, on recourbe ce fil de fer en devant, et on l'appuie contre le côté du bec qui, par ce moyen, se trouve maintenu en position sans pouvoir être dérangé.

Si l'individu est un peu gros, on est obligé de soutenir les ailes avec un morceau de fil de fer, auquel on fait traverser le corps de l'animal, ainsi que les deux ailes auxquelles il sert de principal support ; puis on prend un second fil de fer très fin, on lui fait un crochet que l'on fixe aux grandes pennes de l'aile, on l'arrondit en le courbant de manière à lui faire embrasser le corps de l'animal, et on va fixer l'autre bout aux grandes pennes de l'autre aile par le moyen d'un crochet semblable.

La queue s'arrange sur le support fourni par l'extrémité inférieure de la traverse du corps, et, pour la maintenir, on la serre entre les deux branches d'un fil de fer plié en deux (fig. 28, *a*).

Mais la position des ailes et de la queue peut varier dans certaines attitudes : on peut les maintenir de différentes manières. Lorsqu'un oiseau quitte l'attitude du repos, il ouvre plus ou moins les ailes pour s'apprêter à prendre son vol ; on les maintient alors au moyen d'un fil de fer qui traverse le corps, et dont les extrémités, courbées dans le même sens qu'elles. leur servent de support dans toute leur longueur. Dans le repos absolu, l'animal a les ailes recouvertes plus ou moins par les plumes de la poitrine et du manteau ; dans ce cas, on peut les soutenir par un fil de fer mince, qui, lui passant à travers le corps, viendra se nouer par ses deux bouts sur son dos, et elles se trouveront convenablement appliquées contre le corps. Il en sera de même de la queue, qui peut être plane, voûtée, élevée, abaissée, écartée ; c'est à l'intelligence du préparateur à trouver des moyens pour la fixer dans ces attitudes.

On regarde si les paupières ne sont pas relâchées et fermées ; dans ce cas, on les ouvre et on les arron-

Fig. 28.

dit, comme nous l'avons dit, avec les brucelles, et l'on bourre l'œil avec du coton pour les maintenir pendant leur dessication, et empêcher qu'elles se retirent et se déforment.

Avec un gros pinceau de poil d'écureuil ou de martre, on lisse et unit le plumage sur toutes les parties. Quand une plume fait résistance, on la retourne avec les pinces, et on la met en place. S'il arrivait qu'elle fût récalcitrante, on l'arracherait et on la collerait comme nous le dirons à l'article : *Réparation des Oiseaux*. On tourne et retourne l'oiseau de tous les côtés pour voir s'il n'a pas de défauts ; on comprime avec les doigts les parties qui sont trop saillantes. Au moyen d'une longue aiguille ou d'un carrelet, on pique et soulève la peau dans les endroits trop enfoncés, ayant soin de relever en même temps la filasse qui est dessous, etc., etc. C'est alors que quelques préparateurs placent leurs yeux ; mais nous croyons, avec ceux qui sont les plus habiles, qu'il vaut mieux attendre que l'animal soit sec, parce que, si un retrait de la peau du crâne déplace un peu la paupière, on réparera ce petit accident en plaçant les yeux. On linge l'oiseau (fig. 29), c'est-à-dire qu'on l'enveloppe de bandelettes de toile fine ou de mousseline, pour le laisser se dessécher, sans que les plumes soient exposées à se déranger, et même pour leur faire prendre un bon pli. Pour cela, on choisit trois bandelettes d'une longueur et d'une largeur calculées sur le volume de l'individu ; avec la première on enveloppe la partie inférieure du cou, et l'on en croise les deux extrémités sur le dos, où on les maintient en y implantant une ou plusieurs épingles, selon la largeur de la bande ; la seconde se place vers le milieu du corps, et enveloppe la poitrine, ainsi qu'une bonne partie des ailes ; la troisième enveloppe l'abdomen, et se fixe au-dessus du croupion. Il faut que ces bandes soient suffisamment serrées pour maintenir le plumage sans l'affaisser. Le lendemain on les enlève ; on lisse et on retouche le plumage selon le besoin qu'il en a, et, si on le juge nécessaire, on replace les bandelettes. Ce nombre des bandelettes n'est pas tellement invariable qu'on ne puisse l'augmenter ou le

Fig. 29

diminuer, comme on le voit dans la figure ci-dessus, où l'on en a placé quatre.

On laisse ainsi sécher l'individu plus ou moins longtemps, selon sa grosseur, et, lorsque la dessiccation est parfaite, on ôte les bandelettes, et l'on place les yeux factices.

5. Placement des yeux.

Les yeux doivent être en émail, et exactement de la même couleur que ceux de l'animal vivant. Toutefois, des points noirs suffisent pour les petits oiseaux de la taille du *moineau* et au-dessous; pour ceux de taille moyenne, on choisit des yeux colorés et pleins; mais les grandes espèces, telles que les *autruches* et les *grands-ducs*, exigent des yeux soufflés, et ces derniers sont fort chers.

On commence par ramollir les paupières, ce qui est facile, en enlevant avec des pinces une partie du coton des orbites, et le remplaçant par une bourre de filasse humide. Au bout d'une heure à peu près, on retire cette filasse; avec des brucelles, on élargit l'ouverture des paupières, puis, avec un pinceau, on y introduit de la gomme dissoute dans une très petite quantité d'eau, ou, ce qui vaut beaucoup mieux, de la gomme arabique et du sucre candi fondus ensemble. Alors on place l'œil et, avec la pointe d'une aiguille, l'on en tourne la prunelle de manière à ne pas la faire loucher, si l'oiseau est dans une attitude de repos. Expliquons-nous : il est d'observation que, dans la colère, ces animaux rapprochent leurs prunelles l'une de l'autre, c'est-à-dire du côté du bec; dans le repos, elles sont au milieu du cercle de l'œil; et, dans l'amour, elles s'éloignent l'une de l'autre, c'est-à-dire qu'elles se rapprochent de l'angle externe de l'œil. Enfin, avec la même aiguille, ou de très petites brucelles, on arrange les paupières.

Nous avons vu, dans la collection d'un amateur, des oiseaux dont les yeux avaient tout le brillant et toute l'expression de la vie. Pour obtenir ce résultat, il employait un moyen bien simple : lorsque l'œil était placé dans la paupière et que celle-ci était bien sèche, il passait sur l'émail, sur tout le tour de l'œil, et avec un pinceau très fin, une étroite ligne d'un vernis épais et très transparent. En séchant, ce vernis, qui collait le bord intérieur de la paupière à l'émail, simulait très bien cette humidité lacrymale qu'offrent les yeux de tous les animaux, et qui leur donne une partie de ce brillant qui caractérise la vie.

Quand les yeux sont en place, on enlève les fils de fer qui soutiennent les ailes et la queue; avec des pinces à mors tranchant, on coupe, ras la peau, l'extrémité de la traverse qui passe sur la tête ; on coupe celle de la queue un peu moins près, on implante dans la planche les pointes *a a* (fig. 29), qui la dépassent; on les recourbe au-dessous; enfin, on unit et on lisse le plumage de nouveau.

Il arrive quelquefois que le fil de fer coupé à ras le crâne, sur la tête, s'échappe de l'os sur lequel il est implanté, et où la rouille seule pourrait le retenir. Alors la tête a perdu toute sa solidité et devient vacillante au moindre choc. On pare à cet inconvénient d'une manière fort simple. Avant de couper le fil de fer, on le courbe net et à angle aigu, ras le crâne, en le couchant dessus. Alors, avec la pince, on le coupe de manière à laisser la moitié de son épaisseur former un petit crochet pointu qui se trouve retenu en dehors par l'os du crâne. On peut encore augmenter la solidité de la tête en enfonçant dans le crâne un fil de fer, pour les grandes espèces, ou une longue épingle pour les petites, et en faisant parcourir à ce fil de fer ou à cette épingle le milieu du cou pour aller s'implanter dans le corps.

Après ces diverses opérations, l'animal peut être mis dans la collection. Néanmoins, avant de l'y placer, il sera prudent de prendre encore quelques précautions. Par exemple, on passera une couche de préservatif sous les membranes formant la palmure des doigts, dans la classe des oiseaux nageurs. On se servira, en outre, d'un mélange d'essence de térébenthine et de vernis qu'on appliquera sur les pattes et autour du bec, avec un pinceau, pour les préserver des dermestes. On pourra également employer, avec utilité, pour ce dernier usage, de l'essence pure de térébenthine, mais il faut mettre le plus grand soin à ne pas la laisser couler sur les plumes.

Quelques préparateurs recommandent encore de vernir les pattes et le bec, mais cette méthode, qui change l'aspect de ces parties, est tout-à-fait vicieuse. Dans tous les cas, si l'on y a recours, la composition dont on fera usage devra contenir assez peu de vernis, pour ne pas les rendre luisantes.

La méthode de montage que nous venons de décrire est celle que l'expérience a fait reconnaître la plus avantageuse et la plus exempte d'inconvénients. Malgré cela, M. Théodore Thon, en traduisant en allemand la première édition de notre ouvrage, a cru devoir la rejeter et ressusciter celle du *mannequin* que tous les bons préparateurs français et anglais ont abandonnée depuis plus de trente ans.

§ 3. Difficultés accidentelles.

Nous venons d'exposer comment on doit s'y prendre, dans le plus grand nombre des circonstances, pour préparer et monter un oiseau. Mais il se présente parfois des cas où l'on est obligé de faire quelques changements à notre méthode, pour se prêter aux divers accidents de la nature. Nous allons passer en revue toutes les difficultés que pourrait rencontrer le préparateur et lui indiquer les moyens de les surmonter.

1. Oiseaux à crête, aigrette, huppe.

Il arrive souvent que la tête d'un oiseau est munie d'une *aigrette*, d'une *huppe*, ou d'une *crête*, qui demandent à être ménagées, ou qu'elle est trop grosse pour passer dans la peau du cou, comme dans les *canards*, les *calaos*, certains *corbeaux*, etc.

Dans ces différents cas, il ne faut pas essayer de retourner la peau sur la tête. On fait sur le crâne une incision qui commence près de la huppe ou de la crête, s'il y en a, et qui se prolonge jusque sur les premières vertèbres du cou, ou plus loin, s'il est nécessaire. On dépouille et prépare la tête, comme à l'ordinaire, par cette ouverture; lorsqu'elle est préservée et bourrée, on la fait rentrer dans la peau, et l'on fait une couture comme nous l'avons dit pour le corps. On agit ensuite de la même manière que pour les autres oiseaux.

2. Oiseaux à caroncules.

Quand les oiseaux ont sur la tête une de ces excroissances charnues qu'on appelle *caroncules*, deux méthodes peuvent être employées pour imiter ces parties.

Dans la première méthode, on fait dessécher les caroncules en les maintenant étendues le mieux possible avec des épingles et des fils de fer; puis on leur rend leurs couleurs primitives en les peignant à l'huile, ou mieux avec une couleur au vernis, quelquefois même avec de la cire, et l'on passe ensuite un vernis par-dessus. Cette méthode, peut-être la meilleure lorsque l'on monte des oiseaux pour l'étude, est la moins agréable, parce que les membranes se retirent, se déforment par la dessiccation, et ôtent à l'animal cet air de vie qui en fait le charme.

La seconde méthode consiste à enlever entièrement les appendices, caroncules, etc., et à les remplacer par des appendices artificiels que l'on modèle en mastic, en cherchant à imiter servilement la nature. Pour se procurer le mastic, on prendra deux tiers de blanc d'Espagne très fin et très pur, et un tiers de blanc de céruse; on les jettera dans un mortier de marbre ou de cuivre, et l'on y versera un peu d'huile de noix rendue siccative, c'est-à-dire cuite à la manière des peintres. Si l'on n'en avait pas de préparée ainsi, on pourrait la remplacer par de l'huile de noix ordinaire, mais très vieille. On triture le tout jusqu'à ce que la composition ait acquis de la consistance et un certain degré de finesse. On la laisse alors fermenter pendant vingt-quatre heures au moins, après quoi on recommence à la triturer en y remettant de l'huile. Enfin, quand elle a sous la main la mollesse et la ductilité convenables, c'est-à-dire lorsqu'elle ne s'attache plus aux doigts, l'opération est terminée.

Le mastic préparé comme il vient d'être dit est d'un blanc assez beau. Si on le désire d'une autre couleur, il faut, en le triturant, y mêler du noir de fumée pour l'avoir gris ou noir; du minium pour l'avoir d'une très belle couleur de chair; du vermillon et du cinabre pour imiter les différents rouges des appendices de certains animaux; un peu d'indigo mêlé au rouge précédent pour obtenir le violet des membranes du coq d'Inde; de l'ocre pour le jaune, etc.

On conserve ce mastic dans un vase ou dans un **sac de peau**, et plus il est vieux, meilleur il est, pourvu qu'on ne l'ait pas laissé dessécher. Lorsqu'on veut s'en servir, il ne s'agit que de le pétrir de nouveau avec de l'huile pour lui rendre sa première mollesse.

Il existe un autre moyen de remplacer les crêtes et les caroncules par d'autres factices très ressemblantes. Il consiste à les mouler en plâtre, et à couler de la cire colorée dans les moules. On pourrait aussi se servir de moulages en caoutchouc, en gutta-percha ou en celluloïde colorés. Plus loin, nous reviendrons sur cette méthode.

Le bec des *toucans*, lorsqu'on a ces animaux en chair dans le pays qu'ils habitent, demande, pour conserver ses véritables couleurs, une préparation particulière qu'enseigne le voyageur Waterton ; sans cela, il se fane à la mort de l'oiseau, et trois ou quatre jours après, il a totalement perdu ses couleurs. On ouvre le bec, puis, avec un scalpel ou une petite gouge, on incise et on enlève la partie qui représente le palais à la mandibule supérieure ; enfin, par cette ouverture, on détache toute la substance intérieure du bec, de manière à ne laisser que la légère couche transparente de corne extérieure. En y arrivant, on trouve, appliquée contre cette couche, une membrane ayant des parties jaunes, d'autres bleues, et d'autres noires vers le bout et aux bords des mandibules. Quant à la corne elle-même, elle est rouge et jaune, sa transparence permet de voir la membrane colorée qui est dessous, et c'est à cela que le bec doit la variété de ses teintes. Bientôt après la mort, la membrane se dessèche et passe au noir, d'où il résulte que le bec se trouve décoloré. On enlève donc cette membrane, et on la remplace par une couche des mêmes couleurs, que l'on applique, chacune à leur place, dans l'intérieur du bec. Il nous semble qu'une couleur à l'huile, ou au moins à l'essence de térébenthine, serait plus convenable que celle qu'indique Waterton. Du reste, voici ce que dit ce voyageur : « Broyez de la craie bien pure, et trempez-la d'eau jusqu'à consistance de goudron ; ajoutez-y assez de gomme arabique, pour lui donner de l'adhérence ; prenez ensuite un pinceau et donnez une couche de cette composition à l'intérieur des deux mandibules ; appliquez-en une seconde quand la première est sèche, puis une troisième, et enfin une quatrième pour terminer. La mandibule avait un petit espace bleu dans l'origine ; peignez cet espace en bleu intérieurement. Quand tout sera entièrement terminé, ce bec offrira toutes ses couleurs primitives. »

3. Oiseaux d'eau.

La plupart des *oiseaux d'eau* ont les doigts réunis par une membrane. Lorsqu'ils seront placés sur leur socle, on leur écartera les doigts pour étendre les membranes, et, jusqu'à la dessication, on les maintiendra au moyen d'épingles implantées dans la planche. On passe sur toutes les parties écailleuses des pattes une bonne couche d'essence de térébenthine, pour les préserver et leur conserver tout leur brillant.

4. Oiseaux de grande taille.

Si l'on doit préparer de très grands oiseaux, tels que des *casoars*, des *autruches*, des *aigles*, des *pélicans*, des *vautours*, des *flamants*, des *cygnes*, etc., on rencontre une autre difficulté : c'est que le fil de fer formant leur charpente étant très gros, il devient impossible de tordre les bouts les uns sur les autres pour donner de la solidité à la préparation. Il faut donc employer une autre méthode, et voici comment il convient d'opérer :

Après avoir passé les fils de fer dans les jambes et avoir préservé et bourré vers le tibia, on fait, à chaque extrémité de ces fils de fer, un anneau semblable à celui qui existe dans la traverse. On réunit les

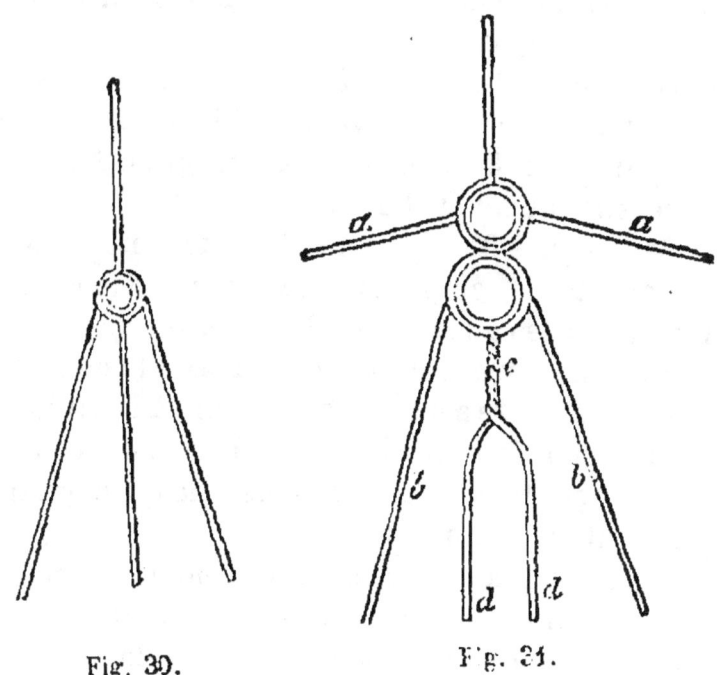

Fig. 30.   Fig. 31.

trois anneaux comme on le voit dans les figures 30 et 31, on les lie solidement les uns aux autres avec une bonne ficelle ou même une petite corde.

Dans les grands oiseaux, les ailes sont lourdes, et pour ne pas être entraînées par leur propre poids lorsque l'on monte les ailes étendues, il leur faut un soutien solide. On leur passe donc un fil de fer comme aux jambes, mais on l'enfonce de dedans en dehors pour avoir plus de commodité. On le fait entrer en longeant l'humérus et les autres os, et on ne le fait percer en dehors que tout à fait au bout de l'aileron ; on contourne son extrémité inférieure en anneau, on en fait autant à l'autre aile, et l'on unit fortement ces deux anneaux à celui de la traverse (fig. 31), de la même manière qu'on a fait pour ceux des jambes. Il ne s'agit plus que de courber les fils de fer pour donner aux ailes étendues l'attitude qu'on veut leur imposer.

La charpente représentée par la fig. 30 est destinée aux oiseaux de moyenne taille, et celle représentée par la fig. 31 aux oiseaux plus gros, dont le poids nécessite plus de solidité.

Cette figure 31 représente la **charpente d'un oiseau de forte taille, empaillé avec les ailes étendues.** $a\,a$, fils de fer des ailes ; $b\,b$, fils de fer des pattes ; c, traverse inférieure, composée de deux fils de fer tordus ensemble, et se séparant en fourche à l'extrémité $d\,d$, pour servir de porte-queue, si l'animal a cette partie grande et étalée, comme dans quelques gallinacés, paon, dinde, tétras, etc.

Pour les grands oiseaux, on emploie encore une autre méthode. On prend un morceau de bois carré, long à peu près comme le tiers de la longueur de l'animal. A une extrémité on fait un trou pour fixer le fil de fer du cou, on l'y attache, puis on le recourbe le long du morceau de bois en l'y fixant avec des pointes, de manière que le fil de fer se prolonge toujours du côté opposé à celui où il a été attaché, ce qui lui donne une grande solidité. En descendant vers l'autre extrémité, on fait deux nouveaux trous dans lesquels on passe les fils de fer des jambes, et que l'on fixe de la même manière ; enfin, on perce un quatrième trou pour le fil de fer de la queue ; et, si on le juge nécessaire, deux autres trous pour les ailes. Une fois cette espèce de squelette monté, on bourre et l'on fait toutes les autres opérations comme nous l'avons dit.

Une troisième méthode a été imaginée et employée par M. Simon ; elle nous paraît avoir de l'avantage sur les deux autres. On prépare pour les pattes deux fils de fer que l'on fait passer par les jambes ; après avoir préservé et bourré vers le tibia, on fait, à chaque extrémité intérieure de ces fils de fer, un anneau aussi grand qu'il est possible de le cacher dans le corps sans nuire au reste de l'opération de l'empaillement. Ces deux anneaux se placent l'un sur l'autre. On passe un troisième fil de fer dans le crâne, le cou et la partie supérieure du corps, de manière à former une demi-traverse antérieure ; on fait, à l'extrémité qui est dans le corps, un anneau semblable en grandeur aux deux précédents, et on les place tous les trois les uns sur les autres. On prend, pour la demi-traverse inférieure du corps, un fil de fer que l'on double et que l'on tord en tire-bouchon dans une partie de sa longueur ; après l'avoir passé dans le croupion, on forme, avec l'extrémité qui est dans le corps, un anneau semblable aux trois précédents, on les applique tous les quatre les uns sur les autres, et on les lie fortement au moyen d'une ficelle que l'on tourne tout autour de manière à couvrir entièrement le fer. Cela fait, on écarte les deux branches du fil de fer qui est sous la queue, de manière à en faire un porte-queue fourchu très commode pour la maintenir dans une position invariable pendant la dessiccation. (Voy. fig. 30, pag. 107).

Cette méthode nous semble offrir à la fois plusieurs avantages réels :

1° Elle donne à un oiseau, quelle que soit sa grandeur, toute la solidité convenable, sans pour cela lui donner de la raideur ;

2° On peut donner à l'animal, dans diverses attitudes, ces légères courbures de corps, nuances presque imperceptibles pour beaucoup de gens, mais que le véritable préparateur sent et comprend assez pour les rendre, et donner ainsi à l'animal la souplesse et la grâce de la vie : le fil de fer, par sa flexibilité, peut seul se prêter à cette perfection de l'art ;

3° Le squelette est plus léger, et la méthode beaucoup plus expéditive que lorsqu'on donne à la charpente un noyau en bois.

Quand il s'agit d'empailler l'oiseau les ailes étendues, on agit à peu près de même, à quelques modifications près, que nous allons indiquer. Après avoir préparé les fils de fer des pattes et de la queue, comme nous l'avons dit, on fait à la demi-traverse supérieure un premier anneau, puis un second immédiatement au-dessus du premier, et de la même grandeur. On passe les fils de fer des ailes selon la méthode ordinaire, et l'on fait un anneau semblable à chaque extrémité placée dans le corps. On les applique tous deux sur le second anneau de la traverse supérieure, et on les lie solidement tous les trois ensemble de la même manière que nous l'avons dit pour les anneaux des jambes. On a par ce moyen des supports très solides pour les ailes, ce qui permet de les maintenir fort aisément dans la position qu'on veut leur donner

§ 4. — RÉPARATIONS.

Les oiseaux présentent souvent des défauts qu'il faut savoir réparer. Nous allons exposer comment on doit s'y prendre.

1. Plumes qui manquent.

Il arrive parfois qu'un oiseau précieux se trouve détérioré sur un ou plusieurs points par la perte d'un plus ou moins grand nombre de plumes. Si le mal n'est pas trop grand, on peut le réparer.

A cet effet, on choisit, sur une partie correspondante, des plumes semblables à celles qui manquent, et on les arrache, mais avec la précaution de ne pas dégarnir assez pour que cela paraisse. Lorsque l'on croit en avoir une quantité suffisante, on les place devant soi, dans une feuille de papier, dont les quatre bords sont relevés et l'on se munit des objets suivants : 1° un petit pot de gomme fondue dans lequel on a mêlé de la farine et un peu de préservatif, afin d'éviter qu'elle s'écaille, ou, ce qui vaut mieux, d'une colle composée de gomme arabique, de préservatif, de sucre candi et d'amidon, celle-ci n'étant jamais ni cassante ni coulante ; 2° un pinceau ; 3° une longue aiguille ; 4° une paire de ciseaux fins.

Ces préparatifs achevés, l'on opère sur l'oiseau monté et placé sur son juchoir ou sur le télégraphe. Après avoir pris une plume avec les brucelles, on coupe d'un coup de ciseau son petit tuyau au ras de la naissance des barbes. On plonge sa base, c'est-à-dire l'endroit où est la coupure, dans la gomme, ou, si on le trouve plus facile, on en met avec le pinceau. Cela fait, on saisit les brucelles de la main droite, et avec la main gauche et une aiguille, on soulève les plumes qui bordent la place nue dans sa partie supérieure, on y ajoute la plume, et on l'y fixe en appuyant légèrement sur sa portion gommée. Il faut qu'elle soit placée de manière à ce que les plumes que l'on a soulevées la cachent aux deux tiers lorsqu'on les laisse retomber. Cela fait, on prend une autre plume, que l'on ajuste de la même manière à côté de la première, et la recouvrant un peu sur le côté ; on en place une troisième, une quatrième et ainsi de suite.

Lorsque le premier rang est placé, on soulève le bout des deux premières plumes collées, et par dessous on en colle une nouvelle qui doit être recouverte aux trois quarts de sa longueur, par les deux côtés des autres ; on en ajuste une seconde, une troisième, et ainsi de suite, puis on recommence un second, un troisième, un quatrième rang, jusqu'à ce que la place nue soit entièrement recouverte.

Au lieu de commencer la réparation par en haut, on peut, si on le veut, la commencer par en bas, et au lieu d'ajuster les plumes les unes sous les autres, les placer les unes sur les autres. Dans les deux cas, on doit les faire recouvrir absolument comme les tuiles d'un toit, et ménager avec adresse celles qui pourraient être restées sur la peau lors de l'accident qui a fait tomber les autres.

Si la place où l'on veut recoller des plumes se trouvait couverte de duvet, on le coucherait sur la peau en passant plusieurs fois dessus le pinceau à préservatif.

S'il arrivait que l'on ne pût trouver assez de plumes sur l'individu même pour regarnir, on tâcherait d'en prendre sur un mauvais oiseau de la même espèce, ou au moins de la même couleur et de la même nature de plumage. C'est pour cette raison qu'un préparateur ne doit jamais laisser perdre aucun débris d'oiseau, parce qu'il sera souvent très content de le retrouver, afin de faire des réparations nécessaires à des individus de prix. Nous n'en exceptons pas les becs, les pattes, les ailes et les queues, qui peuvent fort bien se recoller, comme nous allons le dire plus bas.

2. Peaux brûlées.

On reçoit quelquefois des oiseaux dont les peaux mal préparées ont été *brûlées* dans les étuves, ou par les rayons du soleil où on les a exposées pour les dessécher plus vite, ou enfin par un commencement de putréfaction arrêtée dans ses progrès par une subite dessiccation. Celles qui nous arrivent des Grandes-Indes sont plus souvent dans ce cas que les autres. On les reconnaît à leur couleur d'un roux foncé et surtout à la malheureuse facilité qu'elles ont à se déchirer au moindre attouchement, ce qui les rend impossibles à monter selon la manière ordinaire.

On les débourre avec précaution, et comme ordinairement il en tombe quelques lambeaux dans cette opération, on ramasse exactement les lambeaux et on les place, les plumes en dehors, sur un gros tampon de filasse humide, mais non assez mouillé pour imbiber d'eau les plumes qui se trouvent nécessairement en contact avec lui. On remplit, le mieux que l'on peut, le corps de filasse humide, on en entoure les pattes, et, après avoir couvert le tout de filasse sèche, on le porte à ramollir dans un lieu humide.

Lorsque la peau a regagné quelque souplesse, on se prépare à la monter. Dans la supposition qu'elle

est en plusieurs lambeaux, voici comment on agit :
on prépare d'abord les trois fils de fer qui doivent
former la charpente de l'oiseau, et on les fixe les uns
aux autres de la même manière que nous l'avons dit,
en tortillant les deux extrémités de ceux des jambes
avec l'anneau de la traverse. Autour de cette charpente on tourne de la filasse et l'on fait un mannequin, ou corps factice, de la même grosseur que l'on
suppose avoir été celle de l'oiseau. Quand ce corps
est fait, on prend une patte de l'oiseau, et on la détache de la peau à l'endroit de son insertion au corps
ou à la cuisse ; on la passe dans le fil de fer qui lui
est préparé, et après avoir préservé la peau et le tibia
et avoir enveloppé celui-ci de coton pour remplacer
les chairs de la jambe, on fait glisser la patte le long
du fil de fer jusqu'à la place qu'elle doit occuper près
du corps. On traite de même l'autre patte, puis on les
fixe sur le juchoir comme si l'oiseau était monté.
Alors on place la tête, en l'implantant à la manière
ordinaire sur son fil de fer, et l'on tâche de la mettre
tout de suite en position et à distance du corps, parce
qu'il ne sera plus guère possible de la faire changer
de place ou d'attitude. On entoure le fil de fer, entre
le crâne et le mannequin, avec de la filasse pour former le cou. Nous n'avons pas besoin de dire que
chaque partie doit être passée au préservatif à mesure qu'on la pose. Lorsque les pattes et la tête sont
placées, on ajuste la queue en faisant traverser le
croupion par l'extrémité inférieure du fil de fer de la
traverse, et déjà l'on peut se former une idée assez
exacte des proportions de l'animal pour mettre toutes ses parties aux distances nécessaires.

On s'occupe alors des lambeaux. Avec un peu d'habitude, on reconnaît facilement au premier coup d'œil où chacun d'eux doit s'adapter. On passe d'abord du côté intérieur de la peau une couche de préservatif sur chaque morceau à mesure qu'on le saisit avec les pinces pour le mettre en place, puis, avec un pinceau, on étend un peu de gomme par-dessus le préservatif, et l'on ajuste la pièce à la place qu'elle doit occuper, en la collant sur le mannequin. Nous devons faire observer qu'il faut toujours coller en commençant par la queue et remontant vers la tête. Toutes les petites plumes qui se détachent pendant cette opération se mettent à part, et servent ensuite à réparer les places qui se trouvent en manquer. On doit commencer à coller les parties qui doivent recouvrir la queue, puis on remonte en recouvrant le dos, les côtés et le ventre ; on détache les ailes, si elles tiennent à un lambeau, pour les placer seules à la fin de l'opération ; enfin, on couvre tout le corps et le cou.

Il s'agit ensuite de placer les ailes. Pour plus grande facilité, si le manteau (ou couverture des ailes) est bien entier sur les deux côtés du dos, on peut retrancher aux ailes toute la partie formant l'avant-bras, c'est-à-dire qu'on coupe avec des ciseaux à l'articulation de l'humérus avec le radius et le cubitus : cette partie manquante ne fera pas paraître l'oiseau défectueux, par la raison que, lorsqu'elle existe, elle est cachée sous le manteau. On mettra une bonne quantité de gomme dans l'endroit coupé et un peu à la base et au côté intérieur de l'aile, puis on soulèvera le manteau et l'on ajustera l'aile dessous, de manière à ce qu'elle soit bien à sa place et dans une position naturelle. On maintiendra les ailes au moyen d'un fil de fer passé dans l'épaisseur du corps et caché par les plumes dans les endroits où elles y seront accrochées.

Cela fait, il reste à réparer toutes les places défectueuses en y collant les plumes qui se sont détachées pendant l'opération, et les ajustant comme nous l'avons dit au n° 1 de cet article. On linge, on fait sécher et l'on place les yeux comme pour un oiseau monté à la manière ordinaire.

Au premier coup d'œil, il paraît que cette méthode de monter et de réparer les oiseaux est extrêmement difficile ; mais il ne faut pas que cela décourage le préparateur, car, avec un peu d'habitude, les difficultés disparaîtront, et il n'aura pas préparé de cette manière trois ou quatre peaux, qu'il sera étonné lui-même de sa réussite et de son habileté.

Si l'on avait deux peaux d'une même espèce, mais que toutes les deux fussent endommagées dans certaines parties, il faudrait voir si des deux on ne pourrait faire un bon oiseau, en prenant à l'une ce qui manquerait à l'autre, et l'ajustant de la même manière que nous venons de dire ; mais, pour cela, il faut que les deux individus soient de même sexe et à peu près de même âge, c'est-à-dire ou jeunes, ou adultes, ou vieux : on s'en assurera en les comparant.

Pour coller les différentes pièces d'un oiseau, les ailes, les plumes, etc., Naumann recommande de se servir d'une autre composition que la gomme pure. Cette composition est formée de :

Coloquinte......................	30 gram.
Gomme arabique................	61 —
Amidon ou poudre à poudrer......	92 —

On fait cuire dans un demi-litre d'eau la coloquinte coupée en petits morceaux ; on passe cette eau dans un filtre ; on ajoute la gomme pulvérisée, et l'on expose le mélange à un feu doux jusqu'à ce qu'il ait suffisamment épaissi. Si, au moment de s'en servir, on le trouve trop épais, on y met un peu d'eau ou d'eau-de-vie.

Le même naturaliste propose encore le mélange suivant comme plus solide :

A 185 grammes de coloquinte on ajoute 30 grammes de colle-forte que l'on fait fondre dans une suffisante quantité d'eau. On y incorpore peu à peu 90 à 100 grammes de poudre à poudrer, jusqu'à ce que le mélange soit suffisamment épais. S'il le devenait trop, on y ajouterait de l'eau chaude de coloquinte. Si cette pâte s'est trop desséchée dans le vase, on la rend liquide en la délayant avec de l'eau et de l'eau-de-vie. Sèche, elle se conserve plusieurs années.

Nous ne donnons ici ces compositions de Naumann que pour mettre nos lecteurs à même d'apprécier les progrès de l'art en Allemagne comme en France, car nous pensons que la gomme employée seule en dissolution est préférable, en ce qu'elle n'attire pas les insectes. Sa solidité est peut-être un peu moindre, mais, puisqu'elle est suffisante, nous ne voyons pas pourquoi on lui en désirerait davantage.

3. Bec et pattes décolorés ou ternis.

Souvent le bec et les pattes d'un oiseau, surtout dans la classe des *échassiers*, sont parés d'assez brillantes couleurs, mais qui se ternissent ou disparaissent tout à fait par suite d'une mauvaise préparation et d'une dessiccation trop lente lorsqu'on a mis en peau. Il ne reste qu'un seul moyen de réparer ce défaut, c'est de les peindre ; mais, pour cela, il faut employer une couleur très fine et préparée au vernis.

ou à la cire, avec autant de soin qu'en mettent les peintres de tableaux ; on passe ensuite sur la couleur un vernis transparent.

4. Pattes ou tarses pelés.

Un oiseau en peau, préparé depuis très longtemps a quelquefois perdu quelques parties de l'épiderme écailleux qui lui recouvrait les pattes ou les tarses. Il est fort difficile de faire disparaitre cette défectuosité; cependant on y parvient jusqu'à un certain point, en taillant de petits morceaux de baudruche que l'on colle les uns sur les autres avec de la gomme, et, autant qu'on le peut, dans la même disposition qu'avaient les écailles ; on peint ensuite, et l'on applique une couche de vernis.

C'est ce que font souvent les préparateurs lorsque le fil de fer a déchiré la peau des tarses. Si, comme il arrive quelquefois, il y a un trou à boucher le long de la partie écailleuse de la patte, on se sert de carton mâché, réduit en pâte et mêlé avec de l'eau gommée ou d'une cire ainsi composée :

Cire à modeler..................	500 gram.
Poix de Bourgogne.............	125 —
Térébenthine de Venise........	250 —
Saindoux.....................	125 —

Si cette composition collait aux doigts, pour lui donner de la solidité, on y mêlerait de l'os de sèche pulvérisé.

5. Ailes mal placées.

Lorsque l'on possède une peau dont les *ailes* se trouvent avoir été *mal placées* lors de la première préparation, soit parce qu'on a négligé de lier les os dans le corps comme nous avons dit, soit qu'on ne les ait pas assez rapprochés en liant, il devient extrêmement difficile de les remettre dans une bonne attitude, surtout lorsqu'elles sont trop basses ou trop hautes, ce qui, malheureusement, est le plus ordinaire. Dans ce cas, après avoir essayé de les lier dans l'intérieur, lorsque la peau a été ramollie, si on n'a pas réussi parfaitement à les remettre en bonne position, on les coupe ras le corps; on en retranche le bras dans toute la longueur de l'humérus, et on les remplace comme nous l'avons dit pour un oiseau monté par lambeaux.

6. Sujet mal préparé.

Si l'on reçoit un oiseau *mal monté*, et surtout si l'on craint qu'il ait été *mal préservé*, on le découd, on le débourre, et on le remonte comme une peau ordinaire. Toutefois, avant d'opérer, il faut s'assurer si la chose est possible, et voir :

1° Si l'oiseau est fait de toutes pièces, comme nous avons dit ci-dessus, à *peaux brûlées* ;

2° S'il y a plusieurs coutures à la peau ;

3° S'il y avait des places nues qui aient été recouvertes de plumes collées et rajustées; dans ces trois cas, l'opération n'est pas praticable ;

4° Enfin, s'il est mannequiné, et alors on peut essayer de le remonter; mais la difficulté d'enlever le corps factice sans nuire à la peau rend la réussite douteuse et presque toujours incomplète.

7. Peau déchirée.

Lorsque l'on n'a pas encore beaucoup d'habitude, il arrive fréquemment qu'en écorchant l'oiseau on fait à la peau quelques déchirures.

Si les déchirures sont petites, et que la filasse

hachée dont on bourrera ne puisse pas passer au travers, on négligera de les boucher; mais si elles étaient grandes, la première chose à faire, après avoir entièrement détaché la peau du corps, serait de fermer les trous au moyen d'une couture que l'on ferait aisément en dedans de la peau, selon la méthode enseignée page 90-91 ; à chaque point de suture on regarderait en dehors pour voir si le passage du fil ne dérange pas quelques plumes de leur direction naturelle, auquel cas on les replacerait tout de suite avec les pinces.

§ 5. — PROCÉDÉS DIVERS.

1. Préparation des jeunes oiseaux.

Il peut quelquefois être utile de placer dans une collection des jeunes oiseaux pris sous la mère avant qu'ils aient des plumes; c'est surtout pour former des groupes et des tableaux qu'il faut que le préparateur sache tirer parti de ces jeunes individus. Nous allons puiser dans le naturaliste allemand Naumann quelques détails de manutention qui nous paraissent utiles à connaître, ne fût-ce que pour mettre le préparateur sur la voie.

« Avant tout, dit ce savant, je dois dire que j'en« tends par *jeune oiseau* celui qui est encore nu,
« sans plumes, ou couvert d'un duvet ressemblant à
« du poil ou à de la laine, ou enfin à celui dont les
« plumes ne sont pas encore totalement développées.

« La préparation de tels oiseaux n'est pas d'une
« bien grande utilité; mais il ne laisse pas que d'être
« fort agréable de les voir dans une collection, placés
« dans un nid sur lequel veillent le père et la mère.
« Cela est d'ailleurs instructif, car les jeunes passe-

« reaux ont une toute autre livrée que les jeunes
« oiseaux de proie du même âge ; les jeunes pigeons
« diffèrent de même des jeunes gallinacés, des palmi-
« pèdes, etc. Dans ce premier âge, aucun ne ressem-
« ble à ses parents pour le plumage ; leur bec et
« leurs pattes méritent d'être observés avant leur
« développement.

« Cette différence est encore plus sensible dans les
« oiseaux aquatiques. Quelle singulière figure ont les
« jeunes cigognes, les poules d'eau, les bécasses, les
« vanneaux, les plongeons, les râles, les canards et
« les autres oiseaux analogues !

« On dépouille ces petits oiseaux comme les gros,
« et comme ils ont les os du crâne mous et flexibles,
« on parviendra toujours assez aisément à faire pas-
« ser leur tête par le cou, quoiqu'il arrive quelque-
« fois qu'ils l'ont très grosse.

« On les empaille comme les autres ; mais, comme
« ils ont toujours le ventre fort gros, on le bourre en
« conséquence. Chez les sujets qui ont du duvet, on
« peut aisément cacher la couture de la poitrine, et
« comme ceux qui sont encore nus ne quittent pas
« le nid, elle se trouve naturellement cachée par la
« position qu'ils y occupent. Pour bourrer ces petits
« animaux, il ne faut se servir que de coton que l'on
« teint en rouge, parce que la peau des jeunes oiseaux
« est molle et transparente, et que de cette manière
« on leur rend la couleur et l'apparence de la vie. Au
« reste, on donne aisément une couleur de chair au
« coton en le roulant dans du cinabre commun. On
« peut encore peindre les veines les plus grosses et
« les plus apparentes, après que la peau est sèche,
« avec une couleur liquide. Il en est de même de
« l'intérieur du bec et de ses coins.

« Pour placer ces oiseaux dans le nid, on se sert
« d'un fil de fer qui traverse la tête et le cou ; celui
« des pattes est inutile. Ceux de ces oiseaux qui doi-
« vent se tenir debout, se montent, quant au reste,
« comme les vieux. »

Nous ajouterons à ces observations que, même lorsqu'un jeune oiseau, tel que *caille*, *perdrix*, etc., est entièrement couvert d'un duvet léger, il faut encore le bourrer avec du coton coloré en rouge, si l'on veut conserver à ce duvet son vrai ton de couleur, et à l'animal l'apparence de la vie. Ceci résulte d'un reflet de la peau qui est très sensible pour les yeux d'un peintre, mais que les autres personnes voient sans le comprendre.

Le même naturaliste donne une méthode fort curieuse pour réparer un oiseau dont les plumes, le bec et les pattes ont été mangés par les insectes. Il dit fort longuement qu'on refait un bec en cire, qu'on rajuste les doigts d'une autre espèce, et qu'on rétablit les membranes, quand il y en a, avec de la vessie ou du boyau de mouton, probablement de la baudruche. Enfin, il raconte que, pour rétablir un *anas histrionica* mâle, il a pris les plumes qui recouvrent la queue sur un *anas fuligula*, les pennes du *podiceps cristatus*, les plumes de la poitrine d'un *vanellus cristatus* et d'un *corvus frugilegus*, celles de la tête d'un *anas clangula*, etc., etc. Ceci nous ferait croire que la taxidermie est encore dans l'enfance en Allemagne, mais que l'art du plumassier y est assez avancé. Un naturaliste de Paris qui vendrait à un amateur une pièce semblable comme objet d'histoire naturelle, serait certainement déshonoré sous le **rapport de son art.**

2. Oiseaux en Saint-Esprit.

Si l'on ne tient à une collection que pour l'étude, on peut réunir un grand nombre d'individus dans un très petit espace, en les préparant *en Saint-Esprit*. Voici comment on agit : on écorche l'oiseau, comme nous l'avons dit, par la méthode ordinaire, mais on n'y laisse aucune partie osseuse : on coupe le crâne le plus près possible de la base des mandibules, en laissant celles-ci intactes. Si l'oiseau est petit, on peut laisser les os des tarses ; mais, dans les grandes espèces, il faut absolument les enlever.

On dégraisse parfaitement la peau en la raclant à l'intérieur avec le côté tranchant du scalpel, et on l'enduit d'une couche légère, et étendue bien également, de préservatif.

Lorsqu'elle est aux trois quarts sèche, on la place sur une feuille de papier gris sans colle, et on l'arrange absolument dans la même attitude que les peintres donnent à la colombe par laquelle ils représentent le Saint-Esprit, c'est-à-dire que l'on étend les ailes à droite et à gauche, ainsi que les pieds, que l'on rejette un peu sur les côtés.

On place du coton dans la tête pour lui donner la même épaisseur qu'au bec, et l'on met des yeux d'émail, que l'on choisit un peu plats, s'il est nécessaire. Après avoir lissé les plumes avec le pinceau et les brucelles, on étend sur le tout quelques feuilles de papier semblables à la première; on en ajoute aussi quelques-unes dessous, et l'on met en presse entre deux planches que l'on charge légèrement. Chaque jour, on changera le papier s'il est humide, on replacera convenablement les plumes qui se seraient dérangées, et l'on remettra en presse jusqu'à ce que la dessiccation soit parfaite.

L'oiseau étant sec, on le pose sur une feuille de carton, et on l'y fixe au moyen de très minces fils de fer qui le saisissent par le cou, les pattes et les ailes, et vont se nouer par-dessous le carton. On pose sur son plumage une feuille de papier mince, et une autre plus épaisse par-dessus celle-ci. Lorsque l'on possède un bon nombre d'oiseaux préparés de cette manière, on peut les réunir en espèces de cahiers fort intéressants. De temps à autre, on les visitera avec grand soin pour voir si les insectes ne s'y mettent pas, et, si cela arrivait, on passerait, sur toutes les plumes de l'individu attaqué, une bonne quantité de la liqueur de Smith, page 43. On ferait sécher et on replacerait dans le cahier.

Cette méthode n'offre certainement pas l'agrément de la première que nous avons décrite, mais elle a, sur toutes, le double avantage d'être moins dispendieuse et de former des collections que l'on peut transporter facilement et qui occupent peu de place.

3. Oiseaux en demi-bosse.

Sur un carton épais, ou même une petite planche de 2 millimètres d'épaisseur, on colle un mannequin de liége dans les proportions justes du corps d'un oiseau dont on aurait enlevé la moitié sur l'un des côtés. Après avoir dépouillé un oiseau selon la méthode ordinaire, on coupe sa peau en deux parties égales avec des ciseaux très fins. On commence à couper à côté de la queue, qui doit rester entière dans la portion de la peau à employer ; on suit le **long du dos, du cou** ; on se détourne un peu de côté **pour arriver au bec**, et celui-ci doit aussi rester entier après la peau. On fait la même opération en dessous, en suivant exactement la ligne du milieu du corps, et l'on vient finir au même point où l'on a commencé. Avec une petite scie, faite avec un ressort de montre, on partage le crâne en deux, en commençant vers le milieu du trou occipital, et sciant un peu de travers pour finir vers le côté du bec ; on conçoit que c'est la partie la plus grande qui doit rester attachée à la peau.

Lorsque tout est ainsi préparé, on donne à la peau une couche de préservatif, et l'on remplit le crâne avec la pâte gommeuse dont nous avons donné la composition au chapitre des *Préservatifs*, page 32-33. On bourre la cuisse selon la manière ordinaire, on applique sur toute la peau une couche épaisse de pâte gommeuse, recouvrant entièrement celle du préservatif, et l'on colle le plus proprement possible sur le mannequin. Alors on remplit le cou de coton haché, puis on pose la tête dans une bonne attitude. Elle se trouvera naturellement un peu tournée du côté du spectateur, ce qui donnera de la grâce à l'animal. Cela fait, on s'occupe de placer la queue et la patte, qui, toutes deux, sont restées pendantes, et on les fixe, l'une le long du fond, au moyen de deux ou quatre épingles, l'autre sur un petit juchoir implanté ou collé sur le fond comme une cheville. Si l'oiseau appartenait à une espèce qui ne perchât pas, on collerait contre le fond, au lieu d'un juchoir, un petit morceau de liège gommé et saupoudré de sable fin, pour représenter un terrain. On prend la patte qui reste attachée au morceau de peau inutile, on la coupe et on la colle contre le fond, derrière l'autre, qui doit en être plus ou moins écartée. On fixe l'aile avec des épingles, on lisse et arrange les plumes, on place l'œil de la manière ordinaire, et l'opération est finie. Il ne reste plus qu'à placer l'oiseau dans l'armoire, ou à lui faire faire un cadre vitré, si l'on veut le conserver isolé.

Observation. — Ce mode de préparation ne doit se pratiquer que dans un seul cas, c'est lorsqu'un oiseau précieux et très difficile à se procurer, se trouve tellement gâté d'un côté qu'on ne peut le monter à la manière ordinaire.

4. Oiseaux en Tableaux.

On se procure un carton très blanc, très mince et très fin ; on dessine dessus, au crayon de mine de plomb, le profil d'un oiseau, et l'on passe sur toute la surface du dessin une bonne couche de gomme. On applique d'abord, une à une, les plumes de la queue, puis successivement celles des couvertures, du corps et des ailes. Ici l'on a deux manières d'opérer : on peut ne coller que les pennes des ailes, ou, si l'on veut, l'aile entière, dépouillée des os et des muscles.

On coupe les mandibules du bec par le milieu de leur longueur, et on les ajuste sur le carton, contre lequel on applique aussi les pattes, dont on n'a conservé que la peau écailleuse et les ongles. La plupart des personnes qui s'adonnent à ce genre de tableaux se contentent même de peindre le bec, les pattes, les yeux, ainsi que la terre ou la branche sur laquelle l'oiseau est censé posé. Il ne reste plus qu'à faire encadrer ces compositions insignifiantes, dont tout le mérite consiste à faire valoir la patience et l'adresse de celui qui les a faites.

5. Procédés de M. Simon.

M. Simon, préparateur bien connu, est l'auteur de plusieurs procédés qui permettent de rendre aux oiseaux d'une manière excessivement remarquable, toute la grâce et la vérité de la vie. Nous allons les décrire d'après le mémoire qu'il a bien voulu rédiger pour nous. Peut-être objectera-t-on qu'ils occasionnent une petite perte de temps, mais nous les avons vu appliquer et nous pouvons assurer qu'avec un peu d'habitude ils sont presque aussi expéditifs que les procédés usuels. D'ailleurs, il faut se pénétrer d'une vérité générale : c'est que vite et bien se rencontrent rarement ensemble.

« Quand il s'agit de mettre un oiseau en peau, au lieu de l'ouvrir depuis l'œsophage jusqu'au ventre, le long du sternum, on l'ouvre depuis l'anus jusqu'à la moitié du sternum ; ensuite, quand il s'agit de recoudre la peau après l'avoir bourrée, on commence la couture par en bas en remontant le long du ventre. On y trouve l'avantage de pouvoir beaucoup plus aisément bourrer le bas-ventre, et de donner à l'extrémité postérieure de l'oiseau cette forme ovale d'œuf, qui permet de placer le bout des ailes, et principalement la queue, dans l'attitude gracieuse qu'elles ont pendant la vie. Il en résulte encore que le bas des jambes et les talons de l'oiseau, principalement quand la peau se trouve un peu infiltrée et que les plumes s'en détachent aisément, ne sont pas exposés à un frottement aussi répété par la main du préparateur, et se dépouillent moins fréquemment de leurs plumes.

« Lorsqu'on écorche les pattes, on laisse le tibia, ou os de la jambe, attaché au talon et au tarse, et le fémur, ou os de la cuisse, attaché au corps, c'est-à-dire que l'on coupe la jambe au genou. On dissèque parfaitement le tibia, on bourre la jambe de manière à lui rendre sa grosseur naturelle, puis on la retire et on la met à sa place. S'il ne s'agit que de mettre en peau, on bourre la peau comme à l'ordinaire.

« Cependant il faut arranger les ailes par un procédé particulier. On prend avec un compas, sur le corps dépouillé de l'oiseau, la largeur exacte du dos entre les deux ailes, puis on attache les ailes dans la peau, comme nous le montrons (fig. 31). Pour cela

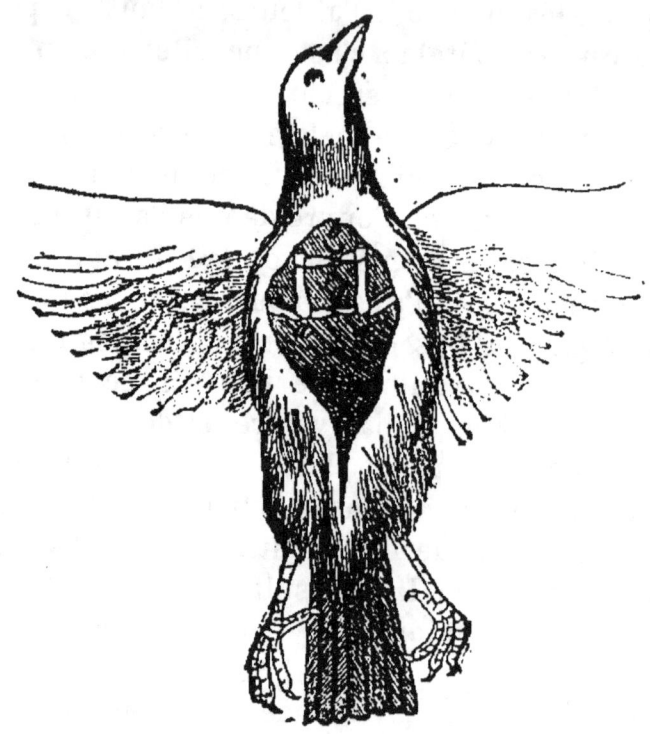

Fig. 31.

on passe un fil entre le radius et le cubitus de chaque bras, en *a a*, puis on attache, en laissant entre les deux ailes une distance égale à celle qu'on a mesurée sur le dos; ensuite, pour les contraindre à conserver une bonne attitude, on attache de même les deux humérus ou os du bras, comme nous le montrons en *b* de la même figure. Cela fait, on place un léger tampon d'étoupe entre les os des deux ailes, sur les ligatures, avec le soin de le faire plat suffisamment pour ne pas rendre bossu le dos de l'oiseau. On tire ensuite les deux ailes en dehors, de manière à ce que les humérus soient moitié en dehors et moitié en dedans. Il résultera de ceci, que lorsque l'oiseau sera monté, les ailes se trouveront à leur place naturelle et que les coudes de l'oiseau seront en dehors du corps comme ils le sont dans la nature vivante; les ailes n'auront pas l'air de moignons sortant gauchement du corps où ils sont implantés, comme elles en avaient trop souvent l'apparence dans l'ancienne méthode. Elles ne remontent pas vers le cou, par conséquent, on n'est pas obligé de tirailler ce dernier pour l'allonger et lui rendre ses dimensions ordinaires. En outre, elles tombent assez bas sur les côtés pour couvrir entièrement les parties nues ou décolorées, de manière qu'on n'est pas obligé de relever et déplacer les plumes du ventre souvent parées de taches dont on détruisait ainsi l'ordre et la symétrie naturelle. Enfin, l'oiseau a un dos proportionné, et non formé par les scapulaires rapprochés et hors de leurs places ordinaires.

« En bourrant la peau, il faut surtout ne pas négliger la tête, car c'est principalement à cette partie que les yeux de l'observateur s'attachent pour retrouver les apparences de la vie. Avec du coton haché que l'on introduira par les yeux, on bourrera surtout les joues, de manière à ce qu'elles restent pleines après la dessiccation, sans cependant paraître gonflées. Il faut cependant un terme moyen, car sans cela l'animal joufflu aurait un air fort désagréable, ou bien un enfoncement le ferait paraître décharné et laisserait soupçonner les formes de la boîte osseuse du crâne, comme dans une momie desséchée au soleil, ce qui n'est pas moins désagréable.

« Après avoir bourré et cousu l'oiseau, pour le conserver en peau, on saisit la jambe vers le talon, on la repousse vers la poitrine de manière à replacer la cuisse dans sa position naturelle, c'est-à-dire se rapprochant de la pointe du sternum par son extrémité, ou, si vous voulez, par le genou, et saillant en partie hors du corps. Avec un morceau de fil et une aiguille, on l'attache dans cette attitude à la peau du corps, par un point de suture.

« Quand il s'agit de *monter l'oiseau*, il nous reste à dire comment on doit faire la carcasse du fil de fer, qui doit lui rendre ses attitudes naturelles en mettant à leur véritable place toutes les parties de l'animal. (Ici, pour faire parfaitement comprendre la méthode de M. Simon, nous avons été obligé de multiplier les figures, que le lecteur doit avoir, constamment sous les yeux en lisant cet article.)

« On prend d'abord un fil de fer beaucoup plus long que selon la méthode ordinaire (fig. 32), on le divise idéalement en trois parties d'une longueur égale, $a\ b\ c$, et l'on recourbe le tiers inférieur $b\ c$, comme on voit dans cette figure 32 et ensuite dans la figure 33 ; avec une pince on saisit le fil de fer en d, puis avec une autre pince en e, alors on donne quatre ou cinq tours de torsion de manière à former en e une sorte de boucle. On rabat ensuite les deux bouts de fil de fer (fig. 34) comme en $f\ g$, de manière à les placer en ligne droite perpendiculaire à la boucle e.

« Avec un compas, on mesure exactement la largeur du dos entre les deux cuisses, sur le corps dépouillé de l'oiseau, puis on divise cette largeur en deux parties égales, et l'on ouvre le compas sur une de ces parties. On porte une de ses pointes en *k*, figure 34, puis l'autre en *i* et en *h*, et l'on courbe le fil de fer à ces points *i h*, comme on le voit à la figure 35 ; il en résulte que la distance totale d'*h* en *i* est égale à la largeur du dos de l'animal, vers le sacrum, entre les deux articulations des fémurs. Cependant, il faut donner à cette largeur 5 ou 7 millimètres de moins que dans la nature, afin d'avoir

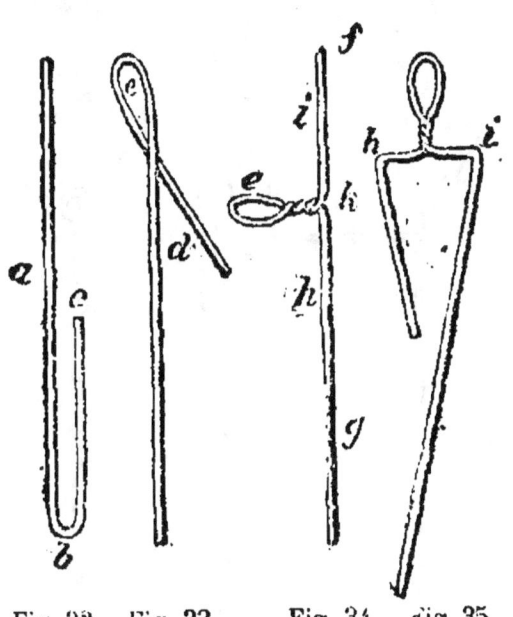

Fig. 32.   Fig. 33.   Fig. 34.   Fig. 35.

un peu de marge pour bourrer sans faire l'oiseau plus large qu'il doit être. Ici, nous ferons une observation.

« Quand il s'agit de monter un oiseau en peau dont on n'a pas le corps en chair pour prendre ses mesures, il faut bien s'en passer et faire *à peu près* : mais quand on aura un peu l'habitude de la nouvelle méthode, la grosseur de l'oiseau, l'ordre et le genre auxquels il appartiendra, mettront bien vite sur la voie des proportions, et le préparateur les trouvera approximativement, à très peu de chose près. Mais, quand il mettra un oiseau en peau, il aura soin, avant de jeter le corps, de prendre les deux mesures du dos entre les ailes et entre les cuisses, il le marquera avec la pointe de son compas sur un morceau de papier qu'il conservera pour retrouver ces dimen-

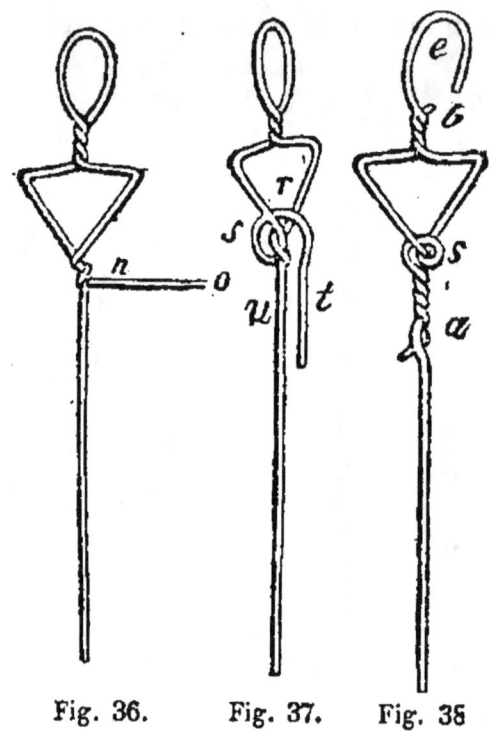

Fig. 36.   Fig. 37.   Fig. 38.

sions plus tard lorsqu'il montera l'animal. Revenons-en à la carcasse de fil de fer.

« Lorsque les deux branches du fil de fer seront recourbées aux points *h i*, comme dans la figure 35, on passera les deux fils l'un sur l'autre de manière à former un triangle à peu près équilatéral, puis, avec les pinces plates, on fera faire aux fils de fer deux ou trois tours de torsion comme on le voit en *n*, fig. 36. Alors on saisira l'extrémité *o* du fil de fer le plus

PRÉPARATION DES OISEAUX.   133

court, puis, en le recourbant, on le fera passer dans le triangle, comme en *r* de la figure 37, de manière à former un petit anneau. Avec les pinces on saisira à

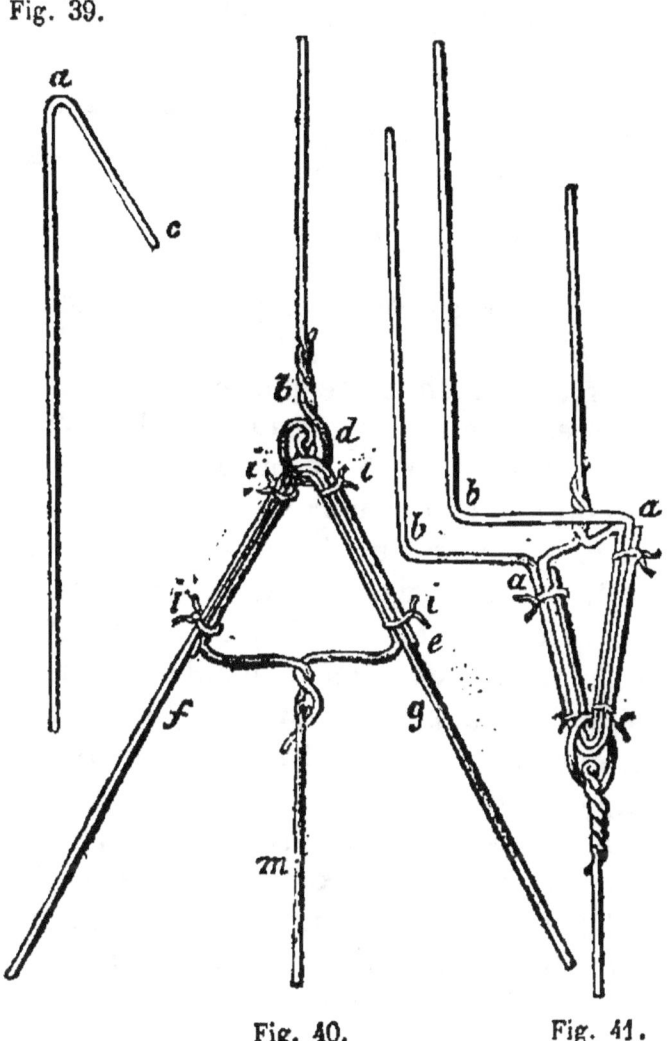

Fig. 39.

Fig. 40.   Fig. 41.

la fois les deux fils *t u*, et on les tordra solidement ensemble (fig. 38), en *a*, au-dessus de l'anneau *s*.

Nous avons obtenu le triangle remplaçant le sacrum dans la charpente de l'animal; en coupant la

Naturaliste, II.   8

boucle *e*, en *b* (fig. 38) et en étendant le fil de fer qui formait le triangle, nous obtiendrons le porte-queue comme en *m* de la figure 40.

La fig. 42 représente la traverse inférieure d'un oiseau avec un porte-queue, pour les espèces qui ont

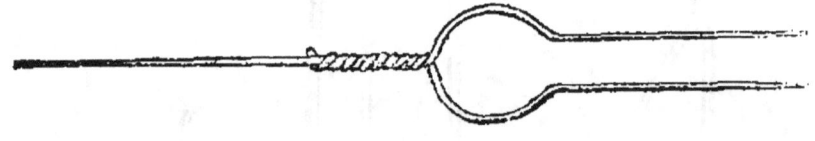

Fig. 42.

cette partie du corps très longue et cependant très étroite.

« Il s'agit maintenant de placer les fils de fer des pattes. On en prend un morceau d'une longueur convenable (fig. 39), et on le recourbe à son extrémité, en *a*; il faut que la longueur du crochet d'*a* en *c* soit égale à la longueur du côté du triangle *d e*, de la fig. 40. On fait passer ce crochet dans l'anneau *b*, et on le place comme on le voit placé en *c d f*, même fig. 40. On prépare de la même manière un second fil de fer que l'on fait passer dans l'anneau du côté opposé, et que l'on place de même, de manière que l'on a les supports des deux pattes, *f g*. Alors on a de la ficelle bien cirée avec de la cire jaune, et l'on attache fortement la charpente aux quatre points *i i i i*.

« Voilà une charpente faite pour un oiseau dans l'attitude du repos. Il ne s'agit plus que de relever les fils de fer des cuisses, comme nous le montrons en *a a*, de la figure 41, que nous avons dessinée un peu de profil. Ensuite on donne une seconde courbure en *b b*, à la place du genou, après avoir donné au fil de fer, d'*a* en *b*, juste la longueur du fémur de la cuisse. La courbure du talon ne se donne lorsque l'on pose l'oiseau sur sa planchette ou sur son juchoir. »

Depuis la rédaction des lignes ci-dessus, M. Simon a apporté à ses procédés des modifications que nous devons mettre sous les yeux de nos lecteurs en lui laissant de nouveau la parole.

« Avant de monter un oiseau, il est bon d'observer que l'on doit garnir les humérus, en leur donnant la forme de fuseaux, avec du coton, si l'oiseau est petit, avec des étoupes, s'il est gros. Par ce moyen, on remplace les chairs enlevées aux humérus, et ils se soutiennent plus aisément sur le dos, qui doit être rond. Il ne faut donc plus lier les ailes en passant un fil entre le cubitus et le radius, méthode qui empêche ces deux os de rentrer dans leurs fourreaux; ceux-ci, restant dans le corps, forcent les ailes à remonter vers le cou, tandis que, dans la nature vivante, ils sont tout à fait en dehors du corps. Il faut donc attacher aux extrémités de chacun de ces os un bout de fil ou de ficelle: on lie ces deux bouts ensemble, avec le soin de laisser entre les deux un intervalle mesuré au compas, égal à la largeur que le dos avait en cet endroit, puis on rentre les ailes entièrement dans leurs fourreaux, le plus en dehors possible; on garnit en dedans, entre les deux humérus, avec un petit tampon de coton ou d'étoupe, pour les empêcher de se rapprocher, et l'on passe toutes ces parties au préservatif. Ensuite on tourne l'oiseau la tête en avant; on renverse la peau de manière à ce que les pattes et la queue viennent couvrir l'ouverture par laquelle on avait sorti le corps de l'oiseau. Par ce moyen on laisse à découvert, en dehors, les deux articulations du cubitus et du radius; alors on passe une aiguillée de fil dans la filasse tournée au bas de l'humérus, et on laisse le même espace que dans l'opération faite au dedans du corps, à la tête de ces mêmes os. On fait un nœud, on coupe le fil, et l'on remet la queue et les pattes en place. En opérant ainsi, les humérus dépassent de toute leur longueur en dehors de l'oiseau ; il n'y a plus en dedans que la tête de ces os, dont l'écartement est le même que s'ils étaient encore implantés dans le corps; et les ailes se trouvent tout naturellement placées, sans difficulté, avec toutes les grâces de la vie, sans qu'il soit besoin de les barder d'épingles ou de fil de fer pour les tenir en place.

« Je mettrai sous les yeux des amateurs une amélioration toute rationnelle que j'ai fait subir à la charpente intérieure d'un oiseau quand je le monte; je suis parvenu à donner à mes oiseaux une position plus gracieuse, plus naturelle et avec plus de facilité. La nouvelle charpente que j'emploie offre au moins autant de solidité que l'ancienne, et elle se trouve plus en harmonie avec l'anatomie de l'oiseau, outre que les pattes sont placées tout de suite où elles doivent être, c'est-à-dire à leur centre de gravité. Avec mon ancienne méthode, on risquait, en repoussant les pattes vers la poitrine, de faire remonter le triangle de la charpente, et, dans ce cas, la pointe se trouvant arrivée à la naissance du cou, on était gêné pour relever celui-ci et lui donner la courbure nécessaire. On rencontrait encore un autre inconvénient que voici : les deux angles opposés à la pointe du triangle de fil de fer se faisaient sentir des deux côtés de l'extrémité du corps de l'oiseau vers le croupion, tandis que, par ma nouvelle méthode, le triangle se trouvant renversé, c'est-à-dire la pointe vers le croupion, selon la forme naturelle de l'oiseau, le corps conserve parfaitement la forme d'un œuf.

« Je vais donner maintenant la forme de ma nouvelle charpente, et la manière de préparer les fils de fer. Le premier fil de fer (fig. 43) indique comment on doit commencer à le plier, sans avoir besoin d'autre explication. Avec des pinces on le tord en *a*, comme on le voit dans la figure 44, et avec l'extrémité *b* on forme l'anneau *c*, destiné à recevoir les fils de fer des jambes. On tord ensuite cette extrémité *b* avec la traverse, comme on le voit en *d*, fig. 45, puis on coupe le fil de fer en *e*, fig. 46, on étend les deux parties coupées *f g*.

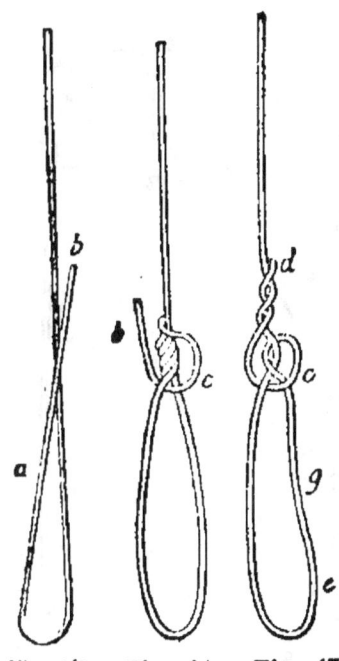
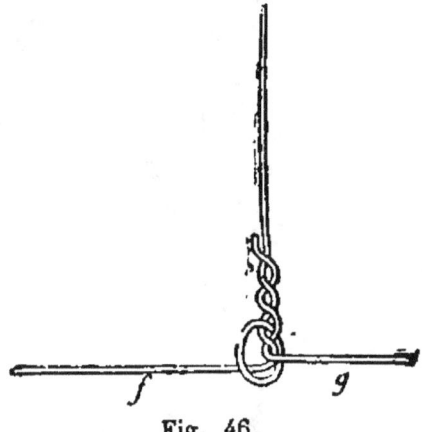

Fig. 43.   Fig. 44.   Fig. 45.   Fig. 46.

comme on le voit dans la figure 46; *f* servira à former une partie du triangle, et fournira en outre le porte-queue. Pour cela, on croise l'un sur l'autre les fils de fer *f* et *g*, figure 47, en leur faisant faire un triangle dont le côté *h*, *i*, est égal à la partie du corps de l'oiseau. Entre les deux cuisses, et avec des pinces, on tord les deux fils de fer au point *k*, comme dans la figure 48, et l'on étend le porte-queue *l*.

8.

« La traverse ou charpente principale ainsi disposée, il ne s'agit plus que de poser les fils de fer des jambes, ce qui est très facile. On en prend un, fig. 49, d'une longueur convenable, et on le plie comme on le voit dans notre dessin. On le passe, par le bout *m*, dans l'anneau de la figure 48, de manière à ce que l'extrémité *m* vienne s'attacher en *n*, avec un mor-

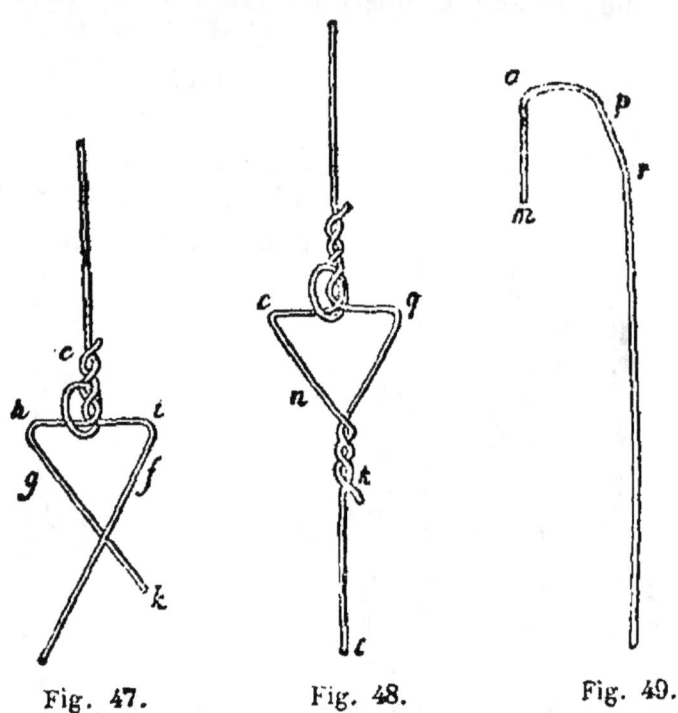

Fig. 47.   Fig. 48.   Fig. 49.

ceau de fil; on attache de même l'angle *o* à l'anneau *c*, et l'on fait un troisième lien qui maintient l'angle *p* à l'angle *q*. La distance entre *p* et *r* représente la longueur du fémur que l'on a mesurée au compas, et la distance *o p* représente la moitié de la largeur du dos entre les deux cuisses. Nous n'avons pas besoin de dire qu'un autre fil de fer est ajusté de la même manière pour servir à l'autre jambe. On voit aisément qu'en suivant cette méthode pour monter la charpente d'un oiseau, les jambes se trouvent naturellement placées comme elles le sont dans la nature vivante, pourvu qu'on ait rigoureusement mesuré sur l'animal la largeur du dos que représente h, i, du triangle fig. 47, et la longueur du fémur représentée par $p\ r$, de la figure 49. »

Ici nous ferons remarquer combien la méthode de M. Simon a de supériorité sur les autres, du moins à notre avis. Pour juger *tout à fait* bien la pose d'un oiseau, il faut avoir eu la patience d'étudier ces animaux dans la campagne, sans les effaroucher, pendant des heures, des journées entières, ou bien être très bon dessinateur et un peu anatomiste, et très peu d'amateurs possèdent ces conditions; on juge en général très superficiellement, et l'on trouve *bien*, des préparations qui souvent révoltent l'œil de l'homme qui a étudié sérieusement la nature. Il en résulte encore que nos collections d'histoire naturelle les plus riches ne peuvent pas fournir (en objets empaillés) *un seul* modèle qui puisse être utile à un peintre ou à un dessinateur. ni pour les formes, ni, souvent, pour les couleurs. Que l'on montre à un artiste un animal dessiné exactement d'après l'empaillé, et c'est à peine s'il reconnaîtra dans ce dessin l'animal qui cependant, vivant, aura cent fois frappé sa vue dans la campagne. C'est en grande partie à cela qu'il faut attribuer l'inextricable confusion qui règne en histoire naturelle, dans la synonymie des espèces. Les parties les plus généralement estropiées dans les oiseaux, par certains préparateurs, sont les ailes et les pattes, qui n'ont jamais ni avant-bras, ni cuisses. La jambe sort directement du corps où elle est fichée comme un bâton, de manière que lorsque l'oiseau est représenté marchant, l'inflexion du genou n'existant pas, le préparateur, pour pouvoir poser à terre les deux pieds de l'animal, est obligé de lui faire une jambe très longue et l'autre très courte. Pour s'assurer de ce fait, que l'on prenne un oiseau monté selon la méthode ordinaire, qu'on l'ôte de dessus sa planchette, et qu'on rapproche ses pattes l'une de l'autre, on verra qu'il a une jambe, celle hors de la ligne d'aplomb du corps, beaucoup plus longue que l'autre, et d'autant plus longue qu'elle en sera plus éloignée. Cela vient de ce que l'oiseau vivant baisse et avance ou recule la cuisse plus ou moins en étendant le genou pour faire toucher terre au pied qui s'éloigne de l'axe vertical de son corps, tandis que, par un mouvement contraire, il déploie en même temps le genou de la patte qui le soutient.

Or, dans un oiseau empaillé qui manque de cuisse, et par conséquent de genou, ces mouvements sont tout aussi impossibles qu'ils le seraient à un homme cul-de-jatte dont les genoux seraient immédiatement articulés à la hanche.

« On ne peut guère employer cette carcasse faite en triangle, que pour les oiseaux de la grosseur d'une corneille, et pour tous ceux au-dessous de cette grandeur. Pour ceux qui dépassent la taille d'une corneille, on fera la carcasse selon l'ancienne méthode, mais ainsi modifiée : l'anneau a (fig. 50) sera d'un diamètre égal à la distance qui existe, mesurée sur le corps dépouillé de l'oiseau, entre les articulations des cuisses. Les deux fils de fer des pattes $b\ b$, se trouveront par ce moyen comme fixés aux deux pointes $c\ d$ du triangle fictif, que nous avons représenté par des points en $c\ d\ e$. On courbera les fils de fer en ii et en oo, selon la grandeur de la cuisse, et tout le reste de l'opération pourra se faire comme par la méthode de la carcasse triangulaire.

« S'il s'agit de monter un oiseau les ailes étendues, il faut bien se donner de garde, quand on l'écorche, de dépouiller les ailes jusqu'aux grandes plumes.

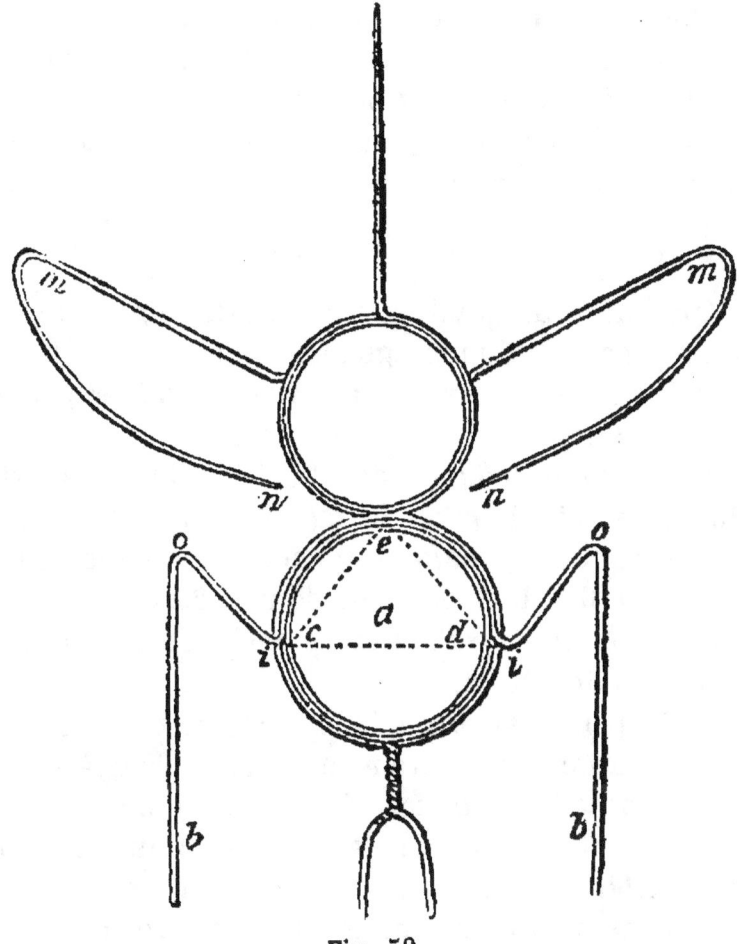

Fig. 50.

Celles-ci sont enchâssées solidement dans les os, presque comme les dents dans leurs alvéoles; et, si on les en retirait, il serait extrêmement difficile de leur rendre ensuite leur véritable attitude. Dans ce cas, on renverse l'aile sur la table, on fend la main de l'oiseau, ou l'aileron dans toute sa longueur en dessous, on le dissèque parfaitement, et on prépare la peau au préservatif. Quand il s'agit de monter l'animal, on passe un fil de fer dans l'aile, et l'on fait ressortir son extrémité par le bout de l'aileron ; on la courbe ensuite comme nous le montrons en *m m* (même fig.); on la fait passer sous l'aile dont elle est destinée à soutenir les plumes, et l'on enfonce dans le corps de l'oiseau, pour donner de la solidité, le bout apointi *n, n*. »

6. Procédé Révil.

On doit à M. Révil, successeur de Simon, un nouveau procédé de montage que nous devons décrire. Voici quelques-uns des avantages que présente ce procédé :

1° Les ailes n'étant pas attachées dans l'intérieur du corps, ainsi qu'on le faisait autrefois, avec des morceaux de fil, mais simplement soutenues par un fil de fer flexible, on peut donner à l'oiseau, même longtemps après qu'il a été monté, toutes les attitudes que l'on désire.

2° On peut, par exemple, lui ouvrir et étendre les ailes à sa fantaisie, lors même que la première fois il a été monté les ailes fermées, et *vice versâ*.

3° Sa carcasse de fil de fer, représentant exactement le squelette de l'oiseau, laisse à l'animal tous les mouvements libres comme dans la nature, et, sous ce rapport, nous ne pouvons mieux le comparer qu'à ces mannequins dont les peintres se servent, et dont toutes les articulations sont mobiles.

4° Les ailes se placent naturellement dans leurs **cavités pectorales**, sans qu'on ait besoin de couper **aucun os du bras** ou de **l'avant-bras**, ni de lier ensemble les bras des deux ailes, ce qui donne toujours à l'oiseau une attitude guindée.

5° Les plumes du manteau, si difficiles à bien placer par l'ancienne méthode, viennent elles-mêmes reprendre leur place naturelle. Il en est de même pour les scapulaires, les couvertures de la queue, etc.

6° On hausse ou baisse l'animal sur ses pattes sans le moindre inconvénient.

6° Le cou, étant bourré avant le corps, et toujours également, conserve en même temps sa forme gracieuse et toute sa flexibilité, de manière qu'on peut toujours changer l'attitude de la tête de l'oiseau, la lever ou la baisser, la tourner à droite ou à gauche, sans donner une mauvaise attitude à ses plumes.

8° Mais l'avantage le plus grand à nos yeux, que cette méthode fournira aux amateurs de goût, c'est de pouvoir constamment réparer les défauts ou les mauvaises poses que pourrait avoir un oiseau mal monté, sans le débourrer pour recommencer un nouveau montage. Il ne s'agira, quand il aura été préparé selon la méthode Révil, que de le faire légèrement ramollir à l'humidité, et l'on réparera ses défauts, ou on lui donnera une nouvelle pose, avec la plus grande facilité et sans le moindre inconvénient.

Il nous reste maintenant à décrire le procédé dans tous ses détails.

On dépouille l'oiseau selon la méthode ordinaire, si ce n'est que l'on s'abstient de couper aucune fraction ni partie des os des ailes, ainsi que l'observe M. Simon. On passe ensuite la peau au préservatif, on bourre le cou, etc., etc.

Passons à la partie essentielle, qui est la charpente en fil de fer, ou squelette artificiel.

On prend un premier fil de fer (fig. 43), que l'on commence à plier comme on le voit dans la figure. Avec des pinces on le tord en *a*, et avec l'extrémité *b*, on forme l'anneau *c* de la fig. 44, destiné à recevoir les fils de fer des jambes. On tord ensuite cette extrémité *b* avec la traverse, comme on le voit en *d*, fig. 45. Ensuite on coupe le fil de fer en *e*, même fig. On étend les deux parties coupées, *f g*, comme dans la fig. 46; *f* servira à former une partie du triangle, et fournira en outre le porte-queue. Pour cela, on croise l'un sur l'autre les fils de fer. fig. 47, en leur faisant faire un triangle dont le côté *h i*, est égal à l'épaisseur du corps de l'oiseau, entre les deux cuisses; et, avec les pinces, on tord les deux fils de fer, au point *k*, comme dans la fig. 48, et l'on étend le porte-queue *l*.

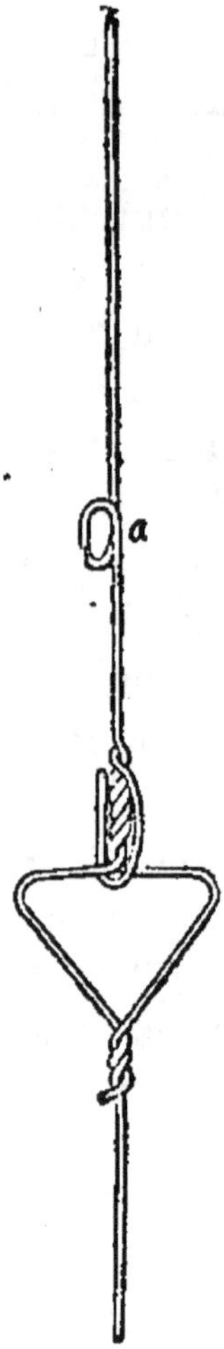

La traverse ou charpente principale ainsi disposée, il ne s'agit plus que d'y faire un anneau, fig. 51, *a*. Cet anneau doit être à la hauteur, sur la traverse, des deux avant-bras de l'oiseau. Cette hauteur est égale à la hauteur de l'avant-bras, à partir du triangle.

Fig. 51.

Il s'agit maintenant de préparer la charpente des ailes. On prend deux fils de fer de la longueur des ailes de l'oiseau, plus quatre ou cinq centimètres qui doivent les dépasser, fig. 49 et 52. On passe l'extrémité pointue d'un des fils de fer le long du bras; on la fait glisser le long de l'humérus

PRÉPARATION DES OISEAUX.

et du radius, et on la fait sortir par l'extrémité du métacarpe. On en fait autant à l'autre aile, avec l'autre morceau de fer. On attache d'abord avec du fil à coudre le fil de fer à l'os de l'avant-bras, comme en *a a*, fig. 52.

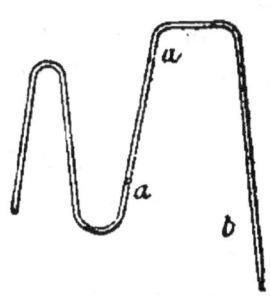

Fig. 52.

On introduit alors la traverse dans le corps de l'animal, on la fait sortir par le crâne; puis on revient aux ailes.

On passe le crochet *b*, fig. 52, dans l'anneau *a* de la traverse, et l'on en fait autant du crochet de l'autre aile. Alors, avec une pince ronde, on saisit l'anneau et les deux crochets; avec une autre pince plate, on prend l'extrémité des deux crochets, on les tord ensemble, on les couche le long de la traverse, et l'on vient les attacher sur la traverse, plus ou moins près de l'anneau du triangle, comme dans la fig. 53.

C'est alors que l'on met une bonne bourre de filasse dans le corps, en ayant soin de bien garnir sous la traverse avant de placer le porte-queue, que l'on passe ensuite.

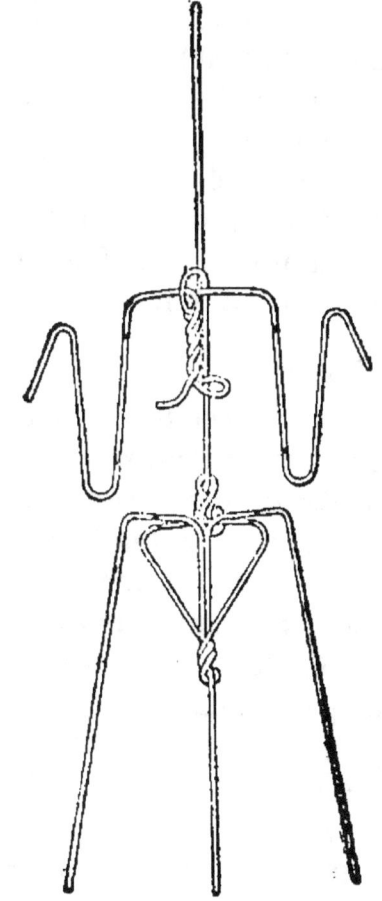

Fig. 53.

Naturaliste, II.

Il s'agit maintenant de poser les fils de fer des jambes, ce qui est très facile, comme le montre la fig. 53. Pour cela, on prend un fil de fer égal à la longueur de l'oiseau mesuré du bout du bec au bout de la queue, et on le plie comme on l'a vu, fig. 49 (page 138) et qu'on le voit fig. 54 ci-jointe. On passe par le bout *m*, dans l'anneau *c* de la fig. 48 (page 138), de manière à ce que cette extrémité *m* vienne s'attacher en *n*, avec un morceau de fil. On attache de même l'angle *o* à l'anneau *c*, et l'on fait un troisième lien qui maintient l'angle *p* (fig. 49) avec l'angle *q* (fig. 48). La distance entre *p* et *r* représente la longueur du fémur que l'on a mesuré au compas, et la distance *o p*, représente la moitié de la largeur du dos entre les deux cuisses. On agit de même pour l'autre jambe, et l'opération se termine selon la méthode de M. Simon.

Fig. 54.

M. Révil, toujours zélé pour avancer les progrès de son art, a bien voulu nous communiquer le tableau suivant, qui certainement sera d'un grand secours aux amateurs, et, surtout, leur évitera de la perte de temps. Nous le publions tel qu'il nous a été donné, sans y rien changer, en regrettant néanmoins qu'il y ait quelques articles incomplets que cet habile taxidermiste n'a pas eu le temps de finir.

Ce tableau se compose de six colonnes, savoir :

Première colonne, noms des oiseaux ;

Deuxième colonne, indication, en millimètres, des dimensions des socles plats qui conviennent à chaque espèce d'oiseaux non perchants ;

Troisième colonne, numéros des juchoirs;

Quatrième colonne, couleur de l'iris, pour servir de guide dans le choix des yeux d'émail qui conviennent à chaque oiseau;

Cinquième colonne, longueur du fémur en millimètres, par conséquent de la cuisse; elle est d'une utilité extrême, nous pouvons même dire indispensable, quand on ne possède pas l'animal en chair;

Sixième colonne, numéro du fil de fer qui convient à chaque oiseau.

Nous ferons remarquer que le tableau de M. Révil contient le plus grand nombre des oiseaux de France, et, parmi les espèces étrangères, celles qui peuvent le plus communément tomber entre les mains des amateurs qui commencent une collection.

TABLEAU POUR LE MONTAGE DES OISEAUX

Donnant, pour chaque espèce, la grandeur du socle plat ou du juchoir qui lui est nécessaire, la couleur des yeux, la longueur du fémur, et la grosseur du fil de fer qui doit être employé, par M. RÉVIL.

NOMS DES OISEAUX	Grandeur des socles plats.	Numéros des juchoirs.	COULEUR DES YEUX	Longueur du fémur.	Numéros du fil de fer.
	millimètres.			millimètres.	
Aigle moyen, ou de Bonnelli	»	25	d'un blanc jaunâtre	68	21
— à tête blanche	»	25	d'un blanc jaunâtre	68	21
— balbuzard	»	25	d'un jaune d'or	74	18
— pygargue	»	26	brun clair	102	22
— Jean-le-blanc	»	22	jaunes	74	19
— impérial	»	26	jaune blanchâtre	92	21
— royal	»	26	bruns	102	20
— criard	»	20	jaune blanchâtre	68	17
— botté	»	20	bruns	68	17
Autour	»	20	jaune brillant	81	16
Alouette-calandre	88 sur 34	»	noirs	16	4
— lulu	74 34	»	noirs	14	3
Avocette	122 81	»	brun rougeâtre	41	11
Bec croisé	»	7	brun foncé	20	5
Barge à queue noire	115 sur 61	»	bruns	41	12
— rousse	115 74	»	bruns	41	12
Bécasse	108 74	»	brun foncé	41	12
Bécassine sourde	61 54	»	bruns	23	7
Bécasseau cul-blanc	61 54	»	bruns	25	7
Bec-fin rouge-gorge	»	5	noir brillant	16	5
— pouillot	»	5	noir foncé	11	5
— fauvette tête noire	»	4	noirs	16	3
Bécasseau cocorlis	81 sur 47	»	bruns	27	6
Bouvreuil commun	»	5	brun foncé	14	4
Bergeronnette lavandière	»	5	brun foncé	18	3
Bruant de neige	»	5	brun très foncé	14	3
— jaune	»	5	brun très foncé	14	3
Bécassine variable	61 sur 41	»	bruns	»	6
— ordinaire	88 47	»	bruns	27	9
Buzard Saint-Martin	»	16	jaune	68	13
— harpaye	»	20	jaune rougeâtre	68	14
Buse commune	»	20	bruns	68	16
— pattue	»	20	bruns	81	16
Caille	61 sur 41	»	brun noisette	34	7
Canard pilet	149 95	»	brun clair	45	16
— nyroca	142 108	»	blancs	41	14
— sauvage	176 115	»	brun rougeâtre	54	17
— garrot	140 95	»	jaune brillant	41	14
— siffleur	142 95	»	bruns	41	15

NOMS DES OISEAUX	Grandeur des socles plats.	Numéros des juchoirs.	COULEUR DES YEUX	Longueur du fémur.	Numéros du fil de fer.
	millimètres.			millimètres.	
Canard macreuse	176 sur 122	»	bruns	54	16
— souchet	135 95	»	jaunes	43	16
— tadorne	176 115	»	bruns	61	17
— morillon	149 95	»	jaune brillant	41	14
— sarcelle d'hiver	115 95	»	bruns	34	11
— sarcelle d'été	115 95	»	brun clair	34	11
— marchand	169 122	»	blancs	41	16
— kasarka	169 122	»	brun jaunâtre	41	17
— siffleur huppé	169 122	»	rouge vif	43	15
— milouin	169 122	»	orangés	47	16
Casse-noix	»	13	bruns	95	10
Chevalier-guignette	81 sur 47	»	noirs	27	6
— gambette	108 61	»	bruns	27	10
— cul-blanc	81 47	»	noirs	23	6
Chevêche	»	13	beau jaune	36	11
Chouette hulotte	»	16	bleu noirâtre	54	14
— effraie	»	16	noirs	47	14
— chevêchette	»	13	jaune brillant	47	8
Cigogne blanche	379 sur 203	»	bruns	95	20
Colombe-colombin	»	16	rouge-brun	36	13
— ramier	»	16	jaune blanchâtre	45	14
Colombe biset	»	16	rouge jaunâtre	36	13
— tourterelle blanche	»	16	orangés	27	10
— tourterelle à collier	»	16	orangés	27	10
Combattant	115 sur 61	»	brun foncé	34	10
Coq (très fort)	210 135	»	orangés	88	17
Coucou (mâle)	»	13	jaunes	27	9
Cormoran	217 sur 203	»	verts	74	18
Courlis cendré	122 176	»	bruns	74	16
— corlieu	88 74	»	bruns	61	14
Corbeau noir	»	17	blanc et brun cendré	81	16
— choucas	»	17	blancs	34	12
— freux	»	17	gris-blanc	74	14
— corneille noire	»	17	noisette	56	15
— — grise ou mantelée	»	17	bruns	56	15
Dindon sauvage	379 sur 203	»	brun foncé	126	20
Epervier (mâle)	»	13	jaunes	45	10
— (femelle)	»	13	jaunes	54	11
Etourneau ordinaire	»	9	brun très foncé	27	7
— unicolore	»	9	brun très foncé	27	7
Faisan doré	156 sur 95	»	jaune aurore	74	15
— argenté	196 122	»	bruns	95	17
— ordinaire	203 129	»	jaunes	88	17
Flamant d'Europe	365 217	»	blancs	81	20
Faucon pèlerin	»	13	beau jaune	59	15
— cresserelle (mâle)	»	13	jaunes	41	10
— cresserelle (femelle)	»	13	jaunes	41	11

NOMS DES OISEAUX.	Grandeur des socles plats.	Numéros des juchoirs.	COULEUR DES YEUX	Longueur du fémur.	Numéros du fil de fer.
	millimètres.			millimètres.	
Faucon hobereau	»	13	bruns	41	10
— cresserellette	»	13	jaunes	47	9
— émerillon	»	13	jaunes	47	10
— à pieds rouges ou ko-bez	»	13	bruns	27	10
Fou de Bassan	271 sur 217	»	jaune paille	74	20
Foulque macroule	95 61	»	cramoisis	61	15
Ganga cata	81 34	»	bruns	27	12
Geai	»	13	bleus	36	10
Glaréole à collier	88 sur 54	»	rouge-brun	27	8
Goëland à manteau bleu	189 122	»	jaune paille	54	17
Grèbe castagneux	115 74	»	brun rougeâtre	27	10
— cornu	189 122	»	rouge vif	47	16
— jou-gris	189 122	»	brun rougeâtre	36	16
Gros-bec pada ou fascié	»	5	brun très foncé	14	3
— verdier	»	5	brun très foncé	14	3
— chardonneret	»	5	brun très foncé	12	2
— bouvreuil	»	5	noirs	14	3
— linotte	»	5	noirs	12	3
— moineau	»	5	brun foncé	14	3
— friquet	»	5	brun foncé	11	3
Guillemot à capuchon	126 sur 88	»	bruns	41	15
Gypaëte barbu	»	26	orangés	108	23
Harle rose	189 sur 122	»	brun rougeâtre	61	17
— piette	135 95	»	bruns	34	14
— huppé	162 108	»	rouges	50	15
Héron aigrette	311 149	»	jaune brillant	74	18
— garzette	203 95	»	jaune brillant	54	16
— blongios	115 68	»	jaunes	47	11
— crabier	115 68	»	jaunes	47	11
— bihoreau	135 81	»	rouges	81	12
— butor	345 142	»	jaunes	95	18
— pourpré	338 149	»	jaune orangé	88	18
— cendré	311 176	»	jaunes	95	19
Hibou grand duc	»	22	orangé vif	95	19
— moyen duc	»	16	rougeâtres	47	14
— petit duc ou scops	»	9	jaunes	27	8
— brachyote	»	16	beau jaune	47	14
Hirondelle de cheminée	»	5	brun foncé	16	3
— de fenêtre	»	5	brun foncé	16	3
— de rocher	»	5	aurore	11	3
— de rivage	»	5	noisette	11	2
— de mer, pierre-garin	129 sur 81	»	noirs	23	10
— (petite)	115 81	»	noisette	23	7
Huitrier	135 81	»	cramoisis	41	14
Huppe	»	9	bruns	23	7
Ibis falcinelle	203 sur 102	»	bruns	65	15

NOMS DES OISEAUX.	Grandeur des socles plats.	Numéros des juchoirs.	COULEUR DES YEUX	Longueur du fémur.	Numéros du fil de fer.
	millimètres.			millimètres.	
Ibis rouge.............	203 202	»	blancs	65	15
Jaseur de Bohême	»	9	brun noisette......	14	7
Loriot.................	»	9	rouge cerise foncé..	27	8
Martinet de muraille.......	»	7	brun foncé........	18	5
— à ventre blanc.......	»	7	noisette	18	5
Martin-pêcheur	»	7	brun très foncé....	16	5
Merle noir...............	»	9	noirs.............	27	8
— à plastron blanc......	»	9	gris noisette.......	32	8
— bleu...............	»	9	noirs	27	7
— grive..............	»	9	gris noisette.......	27	7
— litorne	»	9	gris noisette.......	41	8
— mauvis.............	»	9	gris noisette.......	25	7
— draine.............	»	9	gris noisette.......	32	8
Mésange à moustache......	»	5	brun jaune........	14	2
— charbonnière	»	5	noirs.............	16	3
— tête bleue..........	»	5	noirs.............	11	2
Milan royal..............	»	20	gris noirâtre.......	61	16
Moqueur	»	7	brun très foncé....	20	5
Mouette tridactyle	129 sur 88	»	bruns.............	34	14
— blanche ou sénateur..	115 81	»	bruns.............	36	14
— à capuchon.........	115 81	»	bruns.............	34	14
Œdicnème criard	135 81	»	jaune brillant......	47	14 ou 15
Oie sauvage.............	176 sur 129	»	bruns.............	68	18
— hyperborée	176 129	»	gris-brun	68	18
— rieuse	176 129	»	bruns.............	68	18
— bernache	176 129	»	brun noirâtre......	68	18
— cravant............	176 129	»	brun noirâtre......	68	18
Outarde barbue (mâle)....	379 203	»	orangés	162	23
— (femelle)...........	345 142	»	orangés	108	20
— canepétière	162 95	»	orangés	61	17
— houbara	203 142	»	rouges	81	18
Pélican................	406 325	»	rougeâtre très vif..	108	22
Perdrix rouge............	129 81	»	rouge brique	56	14
— grise	122 74	»	brun noisette......	56	13
— bartavelle	122 68	»	rouge brique......	63	15
— gamba............	122 74	»	rouge brique	54	12
Perroquet à tête grise......	»	15	bruns.............	32	12
— gris	»	15	blanc jaunâtre	72	12
— à ailes bleues et rouges	»	15	orangés	29	12
— à ventre vineux......	»	15	orangés	38	12
— à tête bleue........	»	15	jaunes............	47	12
— à épaulettes rouges...	»	15	jaunes	38	12
— à tête rouge.........	»	15	blancs	47	15
Perruche à collier.........	»	7	blancs	27	8
— inséparable.........	»	7	bruns.............	16	7
Pétrel échasse	74 sur 41	»	bruns.............	36	6
Pic-vert................	»	12	blancs	36	9

NOMS DES OISEAUX.	Grandeur des socles plats.		Numéros des juchoirs.	COULEUR DES YEUX	Longueur du fémur.	Numéros du fil de fer.
	millimètres.				millimètres.	
Pic-vert épeiche............	»		12	rouges............	25	8
— moyen ou mar....	»		12	bruns.............	23	8
— épeichette........	»		12	rouges...........	14	4
— cendré...........	»		12	rouge clair........	36	9
— noir.............	»		12	blanc jaunâtre.....	47	9
Pie ordinaire...............	»		13	très noirs.........	41	11
Pie-grièche grise..........	»		8	brun foncé........	27	7
— écorcheur........	»		9	brun foncé........	20	5
— à poitrine rose....	»		8	brun foncé........	20	5
— à tête rousse......	»		8	brun foncé........	18	5
Pingouin macroptère.......	135 sur	81	»	rouge brique......	41	15
Pinson royal...............	»		7	brun noisette......	16	6
— des Ardennes......	»		5	brun foncé........	16	3
— ordinaire..........	»		5	brun foncé........	16	3
Pintade	176 sur	122	»	bruns.............	81	17
Pigeon.....................	»		15	blanchâtres.......	41	12
— ramier............	»		16	jaune blanchâtre ..	47	14
Plongeur cat-marin........	189 sur	129	»	bruns.............	34	17
— imbrim............	298	149	»	bruns.............	61	18
Pluvier doré...............	95	61	»	bruns.............	34	11
— à collier..........	68	47	»	bruns.............	18	5
Pluvier guignard...........	61 sur	54	»	bruns.............	27	9
Poule d'eau marouette......	95	54	»	rouge brique......	41	11
— de genêt..........	108	68	»	orangés...........	41	9
— ordinaire, très jeune..	95	61	»	rouge brique......	27	9
— (vieux mâle)........	162	95	»	cramoisis.........	45	11
Pyrrhocorax choquard.....	»		17	bruns.............	34	12
— coracias..........	»		17	bruns.............	34	12
Râle d'eau.................	122 sur	95	»	orangés...........	38	9
— de genêt..........	108	68	»	orangés...........	41	9
Roitelet couronné..........	»		5	noirs.............	9	1
Sitelle torchepot...........	»		5	brun foncé........	19	4
Spatule blanche............	311 sur	176	»	bruns.............	102	19
Stercoraire pomarin........	108	81	»	bruns.............	34	13
— parasite..........	108	81	»	bruns.............	34	13
Tétras, queue fourchue.....	162	122	»	bruns.............	81	14
— auerhan ou grand coq de bruyère.......	284	203	»	brun clair.........	108	19
— rouge et lagopède	108	81	»	bruns.............	54	13
— des saules........	108	81	»	bruns.............	54	13
— ptarmigan.........	108	81	»	bruns.............	54	13
Torcol.....................	»		5	brun noisette	19	4
Tournepierre	88 sur	47	»	brun foncé........	27	10
Traquet ou motteux........	»		5	brun foncé........	14	5
Vanneau huppé............	122 sur	61	»	noirâtres..........	45	11
— pluvier...........	122	61	»	noirâtres..........	45	11
Vautour griffon............	»		26	noisette...........	102	21

7. Procédé Waterton.

Le chevalier Waterton, dans la relation qu'il nous a donnée de ses voyages en Amérique (*Excursions dans l'Amérique méridionale*, etc. Paris, 1833), indique une nouvelle méthode pour monter les oiseaux et la croit bien supérieure à la nôtre, que, du reste, il connaît parfaitement. « J'ai enseigné cet art, dit-il, aux naturalistes du Brésil, de Cayenne, de Démerary, de l'Orénoque ; à ceux de Rome et des cabinets de Turin et de Florence. Un accident grave m'a empêché de le communiquer, *suivant ma promesse*, au cabinet de Paris. » Nous ignorons l'accident qui a pu empêcher M. Waterton de tenir *sa promesse*, mais il est certain que, s'il eût été dans le cas de la tenir, l'accident qu'il eût éprouvé eût été un refus très rationnel. Malgré l'empirisme de cette annonce, voyons le procédé de ce voyageur, ne fût-ce que pour le comparer aux nôtres.

1º M. Waterton emploie pour tout préservatif une forte dissolution de sublimé dans l'alcool. 2º Il monte les oiseaux sans employer de fils de fer. « Le fil de fer, dit-il, est tout à fait inutile et même très nuisible, car, lorsqu'on l'emploie il dérange la symétrie et cause une raideur désagréable. » 3º Il n'emploie le plâtre dans aucune circonstance, mais du coton pour nettoyer, bourrer, etc. 4º Enfin, il se sert fort peu d'instruments et de matériaux pour faire ses préparations. « Pour empailler, dit-il, il faut du coton, une aiguille et du fil, un petit bâton de la grosseur d'une aiguille ordinaire à tricoter, des yeux de verre, une solution de sublimé corrosif, et une boîte quelconque pour renfermer momentanément l'oiseau. »

Nous commencerons par un extrait de ce que M. Waterton a dit de mieux.

« Si vous voulez être en ornithologie ce que Michel-Ange était en sculpture, il faut que vous ayez une connaissance parfaite de l'anatomie des oiseaux ; que vous fassiez une attention minutieuse à leurs formes et à leurs attitudes, et que vous connaissiez exactement la proportion des courbes, de l'extension, de la contraction et de l'expansion de chaque partie à l'égard du corps ; en un mot, il faut que vous ayez la hardiesse de Prométhée, pour introduire le feu céleste de la vie, pour ainsi dire, dans vos individus conservés. Rendez-vous dans les lieux habités par les oiseaux, dans les plaines et les montagnes, les forêts, les marais et les lacs, et consacrez votre temps à examiner les habitudes des différentes sortes d'oiseaux. Alors vous placerez votre Aigle dans une attitude imposante ; votre Pie paraîtra rusée et prête à prendre son vol, comme si elle craignait d'être surprise dans un malicieux larcin ; votre Moineau conservera sa pétulance ordinaire, si vous placez sa queue un peu élevée, en courbant légèrement son cou ; votre Vautour montrera ses habitudes nonchalantes, en ayant le corps presque parallèle à la terre, les ailes un peu tombantes et leurs extrémités sous la queue, au lieu d'être dessus, expression d'une ignoble indolence. Votre Colombe, d'un air d'innocence, simple et calme, vous regardera avec douceur, le cou ni trop allongé, comme si elle était dans une position gênée, ni trop rentré dans les épaules, comme pour éviter d'être vue, mais d'une longueur modérée, perpendiculaire, soutenant horizontalement la tête, ce qui placera avec plus d'avantage la poitrine qui doit être large. »

Pour mettre l'oiseau en peau, M. Waterton agit à peu près comme nous, à cette différence près qu'il ouvre l'oiseau depuis l'anus jusqu'au commencement du sternum. « Une très petite partie du crâne, c'est-à-dire depuis le devant des yeux jusqu'au bec, doit rester, quoique ce ne soit pas même absolument nécessaire ; une partie des os des ailes, les mâchoires et la moitié des os des cuisses (la jambe) restent aussi ; il faut enlever tout le reste, chair, graisse, yeux, os, cervelle et tendons. » Pendant cette opération, il a soin d'humecter la peau et les os qui y restent, avec la solution de sublimé, et pour cela, il se sert du petit bâton au bout duquel il a attaché un morceau de chiffon. « Enlevez toute la chair de l'articulation qui reste à l'aile, et attachez un fil long de 108 millimètres à son extrémité ; touchez tout avec la solution, et remettez l'os de l'aile à sa place. Ensuite dépouillez la cuisse jusqu'au genou, enlevez toute la chair et les tendons, et laissez l'os. Formez autour une cuisse artificielle avec du coton, appliquez la solution, et ramenez la peau sur la cuisse artificielle; faites-en autant à l'autre. (Il est évident que M. Waterton, qui recommande si emphatiquement d'apprendre l'anatomie des oiseaux, fait lui-même une grossière erreur d'anatomie en prenant la jambe pour la cuisse, comme il prend ailleurs le talon pour le genou.)

« Emplissez modérément le corps avec du coton. Vous devez vous rappeler que la moitié de la cuisse, ou, en d'autres termes, une jointure de l'os de la cuisse (l'articulation du genou), a été coupée : or, comme cet os (la cuisse) n'était jamais placé perpendiculairement au corps, mais, au contraire, dans une position oblique, il est naturel qu'aussitôt qu'il est enlevé, **la partie restante de la cuisse et la jambe n'ayant plus rien pour les soutenir obliquement,** tombent perpendiculairement ; voilà pourquoi les jambes paraissent beaucoup trop longues. Pour corriger ce défaut, prenez une aiguille et du fil, attachez-en le bout autour de l'os intérieurement, et poussez l'aiguille à travers la peau vis-à-vis. Regardez à l'extérieur, et, après avoir trouvé l'aiguille au milieu des plumes, cousez la cuisse sous l'aile par plusieurs points solides, cela raccourcira la cuisse, et la rendra capable de soutenir le poids du corps sans l'aide du fil de fer. Cela fait, retirez tout le coton, excepté celui des cuisses artificielles, et ajustez les os des ailes qui sont joints par le fil, de la manière la plus égale possible, en sorte qu'une articulation ne paraisse pas plus basse que l'autre.

« Il est temps maintenant d'introduire le coton, pour faire le corps artificiel, au moyen d'un petit bâton. (L'auteur recommande de donner à l'oiseau un peu plus de grosseur que dans la nature, pour réparer ce qu'il perdra en séchant). Sans autres aides et matériaux que ce petit bâton et du coton, vos connaissances doivent produire ces gonflements et ces cavités, cette juste proportion, cette élégance et cette harmonie de l'ensemble, tant admirés dans la nature animée, et si peu observés dans les individus conservés. Après avoir introduit le coton, cousez l'ouverture que vous avez faite d'abord au ventre, en commençant du côté de la queue, et de temps en temps, jusqu'à ce que vous arriviez au dernier point: ajoutez un peu de coton, afin qu'il n'y ait pas de vide.

« Lorsque la tête et le cou sont remplis de coton, fermez le bec, et un petit morceau de cire à la pointe tiendra les mandibules à leur place. Il faut enfoncer perpendiculairement une aiguille dans la mandibule inférieure : on en verra bientôt l'usage. Réunissez aussi les pieds par une épingle, et passez un fil au travers des genoux (des talons) ; par ce moyen, vous pourrez les rapprocher autant que vous le jugerez convenable. Il ne reste à ajouter que les yeux. Avec le petit bâton, faites un creux dans le coton à la place de l'orbite, et introduisez les yeux de verre par l'ouverture ; ajustez l'orbite (la paupière) autour des yeux ; il n'est pas nécessaire de les fixer autrement ; pour que l'œil ne soit pas trop gros, resserrez l'orbite (la paupière) au moyen d'une aiguille très fine enfilée dans la partie qui est le plus loin du bec. » Il s'agit maintenant de donner l'attitude.

« Procurez-vous une boîte quelconque ; remplissez-en un côté, jusqu'aux trois quarts de sa hauteur, avec du coton, formant un plan incliné ; faites-y un creux peu profond pour recevoir l'oiseau ; prenez alors l'oiseau dans vos mains, et, après avoir arrangé les ailes, posez-le dans le coton, les jambes placées comme s'il reposait. La tête tombera : ne vous en inquiétez pas. Prenez un bouchon, et enfoncez trois épingles dans le bout comme un trépied, placez-le sous le bec de l'oiseau, et enfoncez l'aiguille que vous y aviez fixée dans la tête du bouchon ; cela soutiendra admirablement la tête de l'oiseau. Si vous voulez allonger le cou, élevez le bouchon en mettant plus de coton dessous. Si vous voulez faire avancer la tête, approchez le bouchon du bout de la boîte ; si elle doit être reportée sur les épaules, reculez le bouchon. En séchant, le derrière du cou se resserrera plus que le devant, et portera ainsi le bec plus haut que vous ne le voulez ; prévenez ce défaut en attachant un fil au bec et en le fixant au bout de la boîte avec une épingle. » Enfin, M. Waterton dit qu'en plaçant du coton sous les ailes, en les attachant au haut de la boîte avec un fil, on peut les élever, les étendre, etc. On fait sécher l'oiseau dans sa boîte, loin de l'influence du soleil, de l'air et du feu, le plus lentement possible. On en retire l'animal une fois chaque jour pour le retoucher, le corriger, etc. Au bout de trois ou quatre jours, lorsque les pieds commencent à se raidir, « il est temps de donner aux jambes l'angle que vous voudrez, et d'arranger les doigts pour que l'oiseau soit posé, ou même de les courber sur votre doigt. Si vous voulez poser l'oiseau sur une branche, percez un petit trou sous chaque pied, de manière à pénétrer un peu dans la jambe (le tarse), et, ayant fixé deux pointes proportionnées sur la branche, vous pouvez en un moment y transporter l'oiseau de votre doigt, ou le reprendre à volonté. Lorsque l'oiseau est tout à fait sec, retirez le fil des genoux, ôtez l'aiguille qui est sous le bec, et tout est fini. »

Telle est la méthode du chevalier Waterton, méthode qui a trouvé des admirateurs en Angleterre et en Amérique, quoique mauvaise. Nous ne retracerons pas ici ses nombreux inconvénients, puisqu'un seul suffit pour la faire rejeter : c'est le manque absolu de solidité dans les individus ainsi préparés.

8. Embaumement des oiseaux.

Au lieu de préparer les oiseaux comme nous l'avons dit, il est peut-être quelquefois utile de procéder autrement, par exemple en les injectant avec de l'éther. Cependant, il vaut mieux opérer comme ci-après, parce que, tout en conservant de même le squelette pour l'étude, on peut monter l'animal et lui donner quelque grâce.

Après avoir placé l'oiseau sur le dos, on écarte les

plumes, puis, avec le scalpel, on lui fait une incision depuis le cou jusqu'à l'anus. Saisissant alors les bords de la peau avec des brucelles, on écorche le plus possible sur les côtés, sans couper ni désarticuler les ailes et les pattes.

Lorsque la peau est bien renversée sur les côtés, on enlève les entrailles, les muscles et généralement toutes les parties molles, en ménageant les ligaments des articulations. On arrache les yeux avec beaucoup de précaution, pour ne pas les crever et épancher l'humeur vitrée sur les plumes; puis, par un des orbites, on vide la cervelle au moyen d'un cure-oreilles; on nettoie l'intérieur du bec de toutes ses parties molles, la langue, le larynx, et enfin on met l'oiseau dans un état presque entier de squelette.

Lorsqu'il est ainsi préparé, on enduit la peau et les os d'une bonne quantité de préservatif, et l'on s'occupe de placer les fils de fer qui doivent le maintenir en attitude; on en aiguise un premier par les deux bouts, et on le fait glisser le long du cou, pénétrer dans la cavité du crâne, percer l'os et ressortir par le front; on plie l'autre extrémité en crochet, que l'on implante dans le sternum ou os de la poitrine. On prépare deux autres fils de fer pour les jambes, en les aiguisant par un bout seulement; on les enfonce dans les pattes en leur faisant longer le derrière du tarse, le tibia, le fémur, et on vient les fixer au sacrum par le moyen d'un crochet implanté de la même manière que le fil de fer l'est au sternum.

Cela fait, on saupoudre toutes les parties de l'oiseau, et l'on fait pénétrer partout la poudre préparée, comme nous l'avons dit pages 34 et suivantes.

Il faut que toutes les parties en soient absolument couvertes. On remplit le cerveau de coton haché, on bourre le corps avec de la filasse, on coud la peau, on donne l'attitude, on place les yeux et on lisse les plumes à la manière ordinaire.

Le seul avantage qu'offre l'embaumement des oiseaux, c'est de conserver le squelette, qui peut servir à l'étude de l'anatomie lorsque l'animal est gâté par les insectes ou le temps, mais ce mince mérite ne balance guère les inconvénients attachés à cette mauvaise préparation. Du reste les personnes qui désireraient en savoir davantage sur ce sujet, peuvent consulter le *Journal physique de la société royale de Londres*, le *Mémoire* de M. Kuchkan et le *Voyageur naturaliste*, de John Coakley Lellsom.

§ 6. ATTITUDE A DONNER AUX OISEAUX

Dans plusieurs parties de cet ouvrage, nous avons donné quelques avis sur la manière de placer un oiseau dans l'attitude qui convient à son espèce; mais nous l'avons fait d'une manière trop concise pour être d'une grande utilité aux commerçants préparateurs, et surtout à ceux qui, habitant des villes, n'ont pas eu l'occasion d'étudier la nature vivante.

Nous allons donc revenir sur ce chapitre du plus haut intérêt, en tâchant de généraliser, autant que possible, les règles que nous allons donner, règles qui, ainsi qu'on le conçoit aisément, offrent des exceptions que l'expérience seule peut faire connaître.

C'est surtout dans la longueur à donner aux jambes des oiseaux que beaucoup de préparateurs sont dans un grand embarras; aussi est-ce la chose que nous traiterons avec le plus d'exactitude. Pour arriver à la plus grande précision possible en pareille matière, nous avons indiqué quatre principales positions des jambes, ainsi qu'il suit :

1º *Bas sur jambes*, quand les plumes du ventre cachent la jambe jusqu'au-dessus du talon seulement ;

2º *Très bas sur jambes*, lorsque les plumes du ventre recouvrent le tarse jusqu'aux phalanges ;

3º *Haut sur jambes*, lorsque les plumes du ventre ne cachent que les deux tiers supérieurs du tibia ;

4º *Très haut sur jambes*, lorsque les plumes du ventre ne cachent que le tiers supérieur du tibia. Il est entendu que nous ne parlons ici que des plumes du ventre, et non de celles qui peuvent se trouver sur le tibia, le tarse et les phalanges.

Quant aux ailes, elles peuvent être :

1º *Couvertes*, cachées dans les plumes de la poitrine, et dans celles des côtés du corps, qui se relèvent de bas en haut et de devant en arrière ;

2º *Découvertes*, quand les plumes de la poitrine et celles du côté du corps ne conservent pas les contours de leurs bords inférieurs ;

3º *Rapprochées* du corps, quand elles sont reçues dans des cavités pectorales ;

4º *Ecartées*, quand elles ne sont pas logées dans ces cavités.

Ces particularités connues, on devra monter :

OISEAUX DE PROIE DIURNES.

1º Bas ou hauts sur jambes ; perchés ou non perchés ;

2º Talons découverts et écartés ;

3º **Jambes légèrement fléchies et les tarses parallèles ;**

4° Ailes découvertes et légèrement écartées du corps, ou rapprochées du corps et couvertes au tiers. Elles sont croisées à leurs extrémités dans quelques espèces au vol léger ;
5° Corps allongé, oblique ;
6° Dos aplati ou arrondi ;
7° Queue un peu abaissée, écartée en **voûte plus** ou moins ;
8° Poitrine arrondie ;
9° Cou raccourci, légèrement fléchi en **arrière** ;
10° Yeux grands et saillants.

OISEAUX DE PROIE NOCTURNES.

1° Talons couverts ou découverts, écartés ;
2° Jambes droites ou fléchies, à tarses parallèles ;
3° Ailes couvertes au tiers ou aux deux tiers, rapprochées du corps, quelquefois croisées ;
4° Corps raccourci, oblique ou vertical ;
5° Dos arrondi ;
6° Queue abaissée ou très abaissée, un peu écartée en voûte ;
7° Poitrine légèrement arrondie ;
8° Cou raccourci, légèrement fléchi en **arrière, ou** droit ;
9° Tête arrondie ;
10° Yeux très grands et très saillants.

PIES-GRIÈCHES.

1° Basses sur jambes et perchées ;
2° Talons découverts et légèrement rapprochés ;
3° **Jambes fléchies, rapprochées aux talons** et écartées vers les doigts ;

4° Ailes couvertes au tiers et rapprochées du corps; non croisées;
5° Corps allongé, oblique;
6° Dos légèrement arrondi;
7° Queue légèrement abaissée, écartée en voûte;
8° Poitrine arrondie;
9° Cou raccourci, légèrement fléchi en arrière;
10° Tête arrondie;
11° Yeux assez grands, saillants.

PERROQUETS.

1° Bas ou très bas sur jambes, perchés ou cramponnés;
2° Talons couverts ou découverts, écartés;
3° Jambes fléchies ou très fléchies, à tarses parallèles;
4° Ailes couvertes au tiers et rapprochées du corps;
5° Corps allongé, oblique ou vertical;
6° Dos arrondi;
7° Queue abaissée, légèrement écartée en voûte;
8° Poitrine effacée;
9° Cou raccourci, fléchi en arrière;
10° Tête aplatie sur les côtés.
11° Yeux petits et saillants.

TOUCANS.

1° Bas sur jambes et perchés;
2° Talons découverts et légèrement rapprochés;
3° Jambes fléchies, à talons rapprochés, écartés vers les doigts;
4° Ailes découvertes et légèrement écartées du corps;

5° Corps allongé, oblique;
6° Dos arrondi;
7° Queue abaissée, écartée en voûte;
8° Poitrine arrondie;
9° Cou raccourci, fléchi en arrière;
10° Tête arrondie, portée en avant;
11° Yeux petits, peu saillants.

CALAOS.

1° Hauts sur jambes et perchés;
2° Talons découverts, un peu rapprochés;
3° Jambes fléchies, rapprochées au talon, écartées vers les doigts.
4° Ailes découvertes et écartées du corps, ou couvertes et rapprochées;
5° Corps allongé, oblique;
6° Dos arrondi;
7° Queue un peu abaissée, en voûte;
8° Poitrine arrondie;
9° Cou allongé, fléchi en arrière;
10° Tête arrondie;
11° Yeux petits et peu saillants.

CORBEAUX.

1° Bas sur jambes, perchés ou non perchés;
2° Talons découverts et écartés;
3° Jambes légèrement fléchies, à tarses parallèles;
4° Ailes découvertes et écartées du corps, ou couvertes au tiers et rapprochées du corps;
5° Corps allongé, oblique;
6° Dos légèrement aplati;
7° Queue un peu abaissée, écartée en voûte;
8° Poitrine arrondie;

9° Cou allongé, fléchi en arrière ;
10° Tête arrondie ;
11° Yeux assez grands et saillants.

PIES.

1° Basses ou hautes sur jambes, perchées ou non perchées ;
2° Talons découverts et rapprochés ;
3° Jambes légèrement fléchies, rapprochées aux talons, écartées vers les doigts ;
4° Ailes découvertes et écartées du corps, ou couvertes au tiers ou aux deux tiers, et rapprochées ;
5° Corps raccourci, oblique ;
6° Dos arrondi ;
7° Queue abaissée, écartée en voûte, ou très relevée quand l'animal saute ;
8° Poitrine arrondie ;
9° Cou raccourci, fléchi en arrière ;
10° Tête arrondie ;
11° Yeux assez grands et saillants.

GEAIS, ROLLIERS, CASSE-NOIX.

1° Bas sur jambes et perchés ;
2° Talons découverts et rapprochés ;
3° Jambes légèrement fléchies, rapprochées aux talons et écartées vers les doigts ;
4° Ailes couvertes au tiers ou aux deux tiers, rapprochées du corps ;
5° Corps raccourci, oblique ;
6° Dos arrondi ;
7° Queue un peu relevée, écartée en voûte ;
8° Poitrine arrondie ;

9° Cou raccourci, fléchi en arrière ;
10° Tête arrondie ;
11° Yeux grands et saillants ;

LORIOTS.

1° Bas sur jambes et perchés ;
2° Talons découverts et rapprochés ;
3° Jambes fléchies, rapprochées aux talons, écartées vers les doigts ;
4° Ailes découvertes et écartées du corps, ou couvertes aux deux tiers et rapprochées ;
5° Corps allongé, oblique ;
6° Dos aplati ;
7° Queue un peu abaissée, écartée en voûte ;
8° Poitrine arrondie ;
9° Cou un peu allongé et fléchi en arrière ;
10° Tête arrondie ;
11° Yeux arrondis et saillants.

BARBUS.

1° Bas sur jambes et perchés ;
2° Talons découverts et légèrement écartés ;
3° Jambes un peu fléchies, à tarses parallèles ;
4° Ailes couvertes au tiers et rapprochées du corps ;
5° Corps raccourci, oblique ;
6° Dos arrondi ;
7° Queue un peu abaissée, en voûte ;
8° Poitrine arrondie ;
9° Cou raccourci, fléchi en arrière ;
10° Tête arrondie ;
11° Yeux assez grands et saillants.

COUCOUS.

1° Bas ou très bas sur jambes et perchés ;
2° Talons couverts ou découverts, rapprochés ;
3° Jambes fléchies ou très fléchies, rapprochées aux talons, éloignées vers les doigts ;
4° Ailes couvertes au tiers ou aux deux tiers, rapprochées du corps ;
5° Corps allongé, horizontal ou oblique ;
6° Dos aplati ;
7° Queue abaissée, écartée en voûte ;
8° Poitrine arrondie.
9° Cou raccourci, fléchi en arrière ;
10° Tête arrondie, portée en avant ;
11° Yeux assez grands et peu saillants.

TORCOLS.

1° Bas sur jambes, perchés ou non perchés ;
2° Talons découverts et un peu écartés ;
3° Jambes fléchies, à tarses parallèles ;
4° Ailes couvertes au tiers et rapprochées du corps ;
5° Corps allongé, horizontal ou oblique ;
6° Dos arrondi ;
7° Queue abaissée en voûte ;
8° Poitrine arrondie ;
9° Cou raccourci ou allongé, très fléchi en avant ou en arrière, ou sur les côtés ;
10° Tête arrondie, portée en avant ou en arrière ;
11° Yeux petits et peu saillants.

PICS, ÉPEICHES.

1° Bas ou très bas sur jambes, et cramponnés ;
2° Talons couverts, ou découverts et écartés :

3° Jambes très fléchies, également écartées latéralement aux talons et à la naissance des doigts;
4° Ailes découvertes et écartées du corps;
5° Corps allongé, vertical;
6° Dos aplati;
7° Queue très abaissée, écartée et appuyée contre le tronc d'arbre ou la branche;
8° Poitrine arrondie;
9° Cou allongé, fléchi en arrière;
10° Tête arrondie, portée en avant;
11° Yeux assez grands et peu saillants.

SITTELLES.

1° Basses ou très basses sur jambes, perchées ou cramponnés;
2° Talons couverts ou découverts, écartés;
3° Jambes fléchies quand elles perchent, ou très fléchies quand elles sont cramponnées; également éloignées aux talons et à la naissance des doigts;
4° Ailes couvertes au tiers et rapprochées quand l'oiseau perche, ou découvertes et écartées quand il est cramponné;
5° Corps raccourci, oblique ou **vertical**;
6° Dos aplati;
7° Queue abaissée ou très abaissée, en **voûte**;
8° Poitrine arrondie;
9° Cou raccourci, fléchi en arrière;
10° Tête arrondie, portée en avant;
11° Yeux petits et saillants.

TODIERS et MARTINS-PÊCHEURS.

1° Très bas sur jambes et perchés;

2° Talons couverts et écartés ;
3° Jambes très fléchies, à tarses parallèles ;
4° Ailes découvertes et écartées du corps, ou couvertes au tiers et rapprochées du corps ;
5° Corps raccourci, oblique ;
6° Dos arrondi, relevé à la partie postérieure ;
7° Queue abaissée, légèrement écartée ;
8° Poitrine arrondie ;
9° Cou raccourci, légèrement fléchi en arrière ;
10° Tête effilée sur les côtés, portée en avant ;
11° Yeux petits et peu saillants.

GUÊPIERS.

1° Bas sur jambes et perchés ;
2° Talons découverts et écartés ;
3° Jambes fléchies, à tarses parallèles ;
4° Ailes découvertes et écartées du corps, ou couvertes au tiers et rapprochées ;
5° Corps allongé, oblique ;
6° Dos arrondi ;
7° Queue un peu abaissée, en voûte ;
8° Poitrine arrondie ;
9° Cou un peu allongé, fléchi en arrière ;
10° Tête arrondie ;
11° Yeux petits et peu saillants.

HUPPES.

1° Basses sur jambes et perchées ;
2° Talons découverts et écartés ;
3° Jambes un peu fléchies, à tarses parallèles ;
4° Ailes découvertes et écartées du corps, ou couvertes au tiers et rapprochées ;
5° Corps allongé, horizontal ou oblique ;

6° Dos arrondi ;
7° Queue un peu abaissée, en voûte ;
8° Poitrine arrondie ;
9° Cou raccourci, un peu fléchi en arrière ;
10° Tête arrondie ;
11° Huppe abaissée et légèrement entr'ouverte ;
12° Yeux assez grands et saillants.

GRIMPEREAUX.

1° Bas ou très bas sur jambes, et cramponnés ;
2° Talons couverts ou découverts, et écartés ;
3° Jambes très fléchies ;
4° Ailes découvertes et écartées du corps ;
5° Corps raccourci, vertical ;
6° Dos arrondi ;
7° Queue très écartée et abaissée ;
8° Poitrine arrondie ;
9° Cou raccourci, fléchi en arrière ;
10° Tête arrondie ;
11° Yeux petits et peu saillants.

COLIBRIS, OISEAUX-MOUCHES.

1° Bas ou très bas sur jambes et perchés ;
2° Talons découverts ou couverts, écartés ;
3° Jambes fléchies ou très fléchies, à tarses parallèles ;
4° Ailes couvertes au tiers, rapprochées du corps, ou découvertes et écartées ;
5° Corps allongé, horizontal ou oblique ;
6° Dos arrondi ;
7° Queue un peu relevée, en voûte ;
8° Poitrine arrondie ;
9° Cou raccourci, fléchi en arrière ;

10° Tête effilée sur les côtés, portée en avant;
11° Yeux petits et peu saillants.

CYGNES, OIES, CANARDS, SARCELLES, HARLES.

1° Bas sur jambes et non perchés;
2° Talons découverts ou très écartés;
3° Jambes légèrement fléchies, à tarses parallèles;
4° Ailes couvertes au tiers et aux deux tiers, rapprochées du corps;
5° Corps raccourci ou allongé, horizontal ou oblique;
6° Dos légèrement arrondi;
7° Queue légèrement abaissée et écartée;
8° Poitrine arrondie;
9° Cou allongé, fléchi en avant au sommet et à sa naissance, en arrière à son milieu;
10° Tête aplatie sur les côtés;
11° Yeux assez petits et peu saillants.

PÉLICANS, CORMORANS, FOUS, ANHINGAS.

1° Bas sur jambes, perchés ou non perchés;
2° Talons découverts et très écartés;
3° Jambes légèrement fléchies, à tarses parallèles;
4° Ailes découvertes et écartées du corps, ou couvertes au tiers et rapprochées;
5° Corps allongé, oblique;
6° Dos arrondi;
7° Queue un peu abaissée, en voûte;
8° Poitrine arrondie;
9° Cou allongé, fléchi en avant à sa base et à son sommet, en arrière au milieu;
10° Tête aplatie sur les côtés (dans les Pélicans),

cylindrique (dans les Anhingas), effilée, portée en avant ;
11° Yeux assez grands et saillants (petits dans les Pélicans).

MACAREUX, PINGOUINS, MANCHOTS.

1° Bas sur jambes et non perchés ;
2° Talons découverts et écartés ;
3° Jambes droites ou légèrement fléchies, à tarses parallèles ;
4° Ailes découvertes, pendantes et écartées du corps ;
5° Corps allongé, vertical ;
6° Dos légèrement arrondi ;
7° Queue un peu écartée, abaissée ou relevée ;
8° Poitrine arrondie ;
9° Cou allongé, droit ;
10° Tête aplatie sur les côtés, portée en avant ;
11° Yeux petits et peu saillants.

PLONGEONS, GRÈBES, CASTAGNEUX.

1° Bas sur jambes et non perchés ;
2° Talons découverts et écartés ;
3° Jambes droites ou légèrement fléchies, à tarses parallèles ;
4° Ailes couvertes au tiers et rapprochées du corps ;
5° Corps allongé, vertical ;
6° Dos légèrement arrondi ;
7° Queue très courte (nulle dans quelques-uns), abaissée ou relevée ;
8° Poitrine arrondie ;
9° Cou allongé, droit ;

10° Tête effilée, portée en avant ;
11° Yeux petits et saillants.

GOELANDS, MOUETTES, PÉTRELS, HIRONDELLES DE MER.

1° Bas sur jambes et non perchés ;
2° Talons découverts et écartés ;
3° Jambes légèrement fléchies, à tarses parallèles ;
4° Ailes couvertes au tiers, rapprochées du corps, croisées à leur extrémité ;
5° Corps allongé, oblique ;
6° Dos arrondi ;
7° Queue un peu abaissée, en voûte ;
8° Poitrine arrondie ;
9° Cou raccourci, fléchi en arrière ;
10° Tête arrondie ;
11° Yeux assez grands et saillants.

FLAMANTS.

1° Très haut sur jambes et non perché ;
2° Talons très découverts, un peu rapprochés ;
3° Jambes un peu fléchies, rapprochées aux talons et éloignées vers les doigts ;
4° Ailes découvertes et écartées du corps, ou couvertes au tiers et rapprochées ;
5° Corps allongé, oblique ;
6° Dos aplati vers la partie antérieure, et arrondi ailleurs ;
7° Queue abaissée, fermée, en partie cachée par les extrémités des ailes ;
8° Poitrine arrondie ;
9° Cou allongé, fléchi en avant au sommet et à la base, en arrière dans son milieu ;

10° Tête arrondie, portée en avant;
11° Yeux assez grands et saillants.

GRUES, CIGOGNES.

1° Très hautes sur jambes, perchées ou non perchées;
2° Talons très découverts, un peu rapprochés;
3° Jambes légèrement fléchies, éloignées vers les doigts;
4° Ailes découvertes, un peu éloignées du corps, ou couvertes au tiers et rapprochées;
5° Corps raccourci et horizontal dans les Grues, allongé et oblique dans les Cigognes;
6° Dos arrondi à la partie postérieure, aplati en devant;
7° Queue un peu abaissée, fermée et en partie cachée par l'extrémité des ailes;
8° Plumes de dessous l'aile et du croupion très relevées, et tombant en panache dans les grues;
9° Poitrine arrondie;
10° Cou allongé, fléchi en avant au sommet et à sa base, en arrière au milieu;
11° Tête arrondie, portée en avant;
12° Yeux grands et saillants.

HÉRONS, AIGRETTES, CRABIERS, BUTORS, BIHOREAUX.

1° Hauts ou très hauts sur jambes, perchés ou non non perchés;
2° Talons très découverts, un peu rapprochés;
3° Jambes légèrement fléchies, à tarses rapprochés au talon et éloignés vers les doigts;
4° Ailes découvertes et écartées du corps dans les

Hérons et les Aigrettes, ou couvertes au tiers et rapprochées dans les Crabiers, les Butors, et les Bihoreaux ;

5° Corps légèrement allongé, oblique ;
6° Dos aplati en devant, arrondi au milieu et en arrière ;
7° Queue un peu abaissée, fermée ;
8° Poitrine arrondie ;
9° Cou allongé, fléchi en avant à son sommet et à sa naissance, en arrière vers son milieu ;
10° Tête effilée, portée en avant ;
11° Yeux grands et saillants.

COURLIS.

1° Très haut sur jambes et non perché ;
2° Talons très découverts et un peu rapprochés ;
3° Jambes légèrement fléchies, à tarses éloignés vers l'origine des doigts ;
4° Ailes découvertes et écartées du corps ;
5° Corps un peu allongé, oblique ;
6° Dos arrondi ;
7° Queue un peu abaissée, fermée :
8° Poitrine très arrondie ;
9° Cou allongé, fléchi en avant à son sommet et à sa base, en arrière au milieu ;
10° Tête arrondie, portée en avant ;
11° Yeux assez grands et saillants.

BÉCASSES, BÉCASSINES.

1° Hautes sur jambes et non perchées ;
2° Talons découverts et légèrement rapprochés ;
3° Jambes un peu fléchies, à tarses éloignés ;
4° Ailes découvertes et écartées du corps, ou couvertes au tiers et rapprochées ;

5° Corps un peu allongé, horizontal ou oblique ;
6° Dos légèrement arrondi ;
7° Queue un peu abaissée, fermée ;
8° Poitrine arrondie ;
9° Cou allongé, légèrement fléchi en arrière ;
10° Tête arrondie, portée en avant ;
11° Yeux assez grands, saillants, haut placés.

BARGES, CHEVALIERS.

1° Très hauts sur jambes et non perchés ;
2° Talons très découverts et légèrement rapprochés ;
3° Jambes un peu fléchies, à tarses éloignés à la naissance des doigts ;
4° Ailes découvertes et écartées du corps, ou couvertes au tiers et rapprochées ;
5° Corps allongé, oblique ;
6° Dos arrondi ;
7° Queue légèrement abaissée, fermée ;
8° Poitrine arrondie ;
9° Cou allongé, fléchi en avant à la base et au sommet, en arrière vers le milieu ;
10° Tête arrondie, portée en avant ;
11° Yeux grands et peu saillants.

COMBATTANTS, MAUBÊCHES.

1° Très hauts sur jambes et non perchés ;
2° Talons très découverts et un peu rapprochés ;
3° Jambes légèrement fléchies, à tarses éloignés à l'origine des doigts ;
4° Ailes découvertes, et légèrement écartées du corps, ou quelquefois couvertes au tiers et rapprochées ;

5° Corps horizontal ou oblique, raccourci dans les Maubêches, allongé dans les Combattants ;
6° Dos arrondi ;
7° Queue légèrement abaissée, fermée ;
8° Poitrine arrondie ;
9° Cou allongé, légèrement fléchi en avant ;
10° Tête arrondie, portée en avant ;
11° Yeux petits et assez saillants.

VANNEAUX.

1° Hauts sur jambes et non perchés ;
2° Talons découverts et un peu rapprochés ;
3° Jambes un peu fléchies, à tarses éloignés vers l'origine des doigts ;
4° Ailes découvertes, un peu écartées du corps, croisées à leur extrémités ;
5° Corps légèrement allongé, oblique ;
6° Dos aplati en devant, arrondi postérieurement ;
7° Queue un peu relevée, en voûte ;
8° Poitrine arrondie ;
9° Cou allongé, un peu fléchi en arrière ;
10° Tête arrondie, portée en avant ;
11° Aigrette légèrement relevée, à brins courbes à leur extrémité de derrière en avant ;
12° Yeux grands et saillants.

PLUVIERS.

1° Hauts sur jambes et non perchés ;
2° Talons découverts et un peu rapprochés ;
3° Jambes légèrement fléchies, à tarses éloignés vers l'origine des doigts ;
4° Ailes découvertes et un peu écartées du corps ;

5° Corps raccourci, horizontal ou oblique;
6° Dos arrondi;
7° Queue un peu abaissée et fermée;
8° Poitrine très arrondie;
9° Cou raccourci, fléchi en arrière;
10° Tête arrondie, portée en avant;
11° Yeux très grands et saillants.

ÉCHASSES, AVOCETTES.

1° Très hautes sur jambes et non perchées;
2° Talons très découverts et un peu rapprochés;
3° Jambes un peu fléchies, à tarses éloignés à la naissance des doigts;
4° Ailes découvertes, écartées du corps, un peu croisées à leur extrémité;
5° Corps raccourci, horizontal ou oblique;
6° Dos arrondi;
7° Queue un peu abaissée, fermée;
8° Poitrine arrondie;
9° Cou allongé, fléchi en avant en haut et en bas, en arrière au milieu.
10° Tête arrondie, portée en avant;
11° Yeux grands et saillants.

GLARÉOLES.

1° Hautes sur jambes et non perchées;
2° Talons découverts et un peu rapprochés;
3° Jambes légèrement fléchies, à tarses éloignés vers l'origine des doigts;
4° Ailes découvertes et écartées du corps, croisées à leur extrémité;
5° Corps raccourci, oblique;
6° Dos arrondi;

7° Queue un peu abaissée, en voûte;
8° Poitrine très arrondie;
9° Cou raccourci, un peu fléchi en avant;
10° Tête arrondie, portée en avant;
11° Yeux assez grands et saillants.

POULES D'EAU, FOULQUES.

1° Hautes sur jambes et non perchées;
2° Talons découverts et légèrement rapprochés;
3° Jambes un peu fléchies, à tarses éloignés vers l'origine des doigts;
4° Ailes couvertes au tiers ou aux deux tiers, et rapprochées du corps;
5° Corps allongé dans les Poules d'eau, raccourci dans les Foulques, oblique ou vertical;
6° Dos arrondi;
7° Queue un peu abaissée, fermée;
8° Poitrine arrondie;
9° Cou allongé, fléchi en arrière;
10° Tête arrondie, portée en avant;
11° Yeux assez grands et peu saillants.

RALES.

1° Hauts sur jambes et non perchés;
2° Talons découverts et un peu rapprochés;
3° Jambes légèrement fléchies, à tarses éloignés à l'origine des doigts;
4° Ailes couvertes au tiers, et rapprochées du corps;
5° Corps allongé, oblique;
6° Dos arrondi;
7° Queue légèrement abaissée, fermée;
8° Poitrine arrondie;

9° Cou allongé, légèrement fléchi en **arrière**;
10° Tête effilée, portée en avant ;
11° Yeux assez grands et saillants.

AUTRUCHES, NANDOU.

1° Très hauts sur jambes et non perchés ;
2° Talons très découverts et écartés ;
3° Jambes légèrement fléchies, à tarses **parallèles** ;
4° Ailes couvertes au tiers, et rapprochées du corps, ou découvertes, abaissées ou écartées ;
5° Corps raccourci, horizontal ;
6° Dos aplati en devant, arrondi en arrière ;
7° Queue relevée, écartée, les plumes en partie recourbées à leur extrémité ;
8° Poitrine arrondie ;
9° Cou allongé, fléchi en avant à la base et au sommet, en arrière au milieu ;
10° Tête arrondie, portée en avant ;
11° Yeux grands et saillants.

OUTARDES.

1° Hautes sur jambes et non perchées ;
2° Talons découverts et écartés ;
3° Jambes un peu fléchies, à tarses parallèles ;
4° Ailes couvertes aux deux tiers et rapprochées du corps ;
5° Corps raccourci, horizontal ;
6° Dos un peu aplati en devant, arrondi postérieurement ;
7° Queue légèrement abaissée, en voûte ;
8° Poitrine très arrondie ;
9° Cou allongé, légèrement fléchi en **arrière** ;
10° Tête arrondie ;

11º Barbes, dans les mâles, écartées et portées de dedans en dehors, et de devant en arrière;
12º Yeux grands et saillants.

PAONS.

1º Hauts sur jambes, perchés ou non perchés;
2º Talons découverts et rapprochés;
3º Jambes un peu fléchies, à tarses éloignés vers l'origine des doigts;
4º Ailes couvertes aux deux tiers, rapprochées du corps;
5º Corps allongé, oblique;
6º Dos aplati en devant, arrondi postérieurement;
7º Queue abaissée, fermée;
8º Poitrine arrondie;
9º Cou allongé, fléchi en avant au sommet et à la base, en arrière au milieu;
10º Tête arrondie;
11º Aigrette relevée et légèrement écartée;
12º Yeux grands et saillants.

DINDONS.

1º Hauts sur jambes, perchés ou non perchés;
2º Talons découverts et écartés;
3º Jambes un peu fléchies, à tarses parallèles;
4º Ailes couvertes au tiers ou aux deux tiers, rapprochées du corps;
5º Corps raccourci, horizontal ou oblique;
6º Dos aplati en devant, arrondi postérieurement;
7º Queue un peu abaissée, en voûte;
8º Poitrine très arrondie; crins de la poitrine légèrement écartés;

9° Cou fléchi en avant à la base et au sommet, en arrière au milieu ;
10° Tête arrondie ;
11° Caroncules charnues, placées de droite à gauche, pendantes ;
12° Peau du dessous de la gorge un peu plissée ;
13° Yeux grands et peu saillants.

HOCCOS.

1° Hauts sur jambes, perchés ou non perchés ;
2° Talons découverts et écartés ;
3° Jambes un peu fléchies, à tarses parallèles ;
4° Ailes couvertes aux deux tiers et rapprochées du corps ;
5° Corps un peu allongé, horizontal ou oblique ;
6° Dos arrondi ;
7° Queue légèrement abaissée, en voûte ;
8° Poitrine arrondie ;
9° Cou allongé, fléchi en avant ;
10° Tête arrondie ;
11° Huppe légèrement relevée, frisée ;
12° Yeux assez grands et peu saillants.

COQS, POULES.

1° Hauts ou bas sur jambes, perchés ou non perchés ;
2° Talons découverts et écartés ;
3° Jambes un peu fléchies, à tarses parallèles ;
4° Ailes couvertes au tiers ou aux deux tiers, et rapprochées du corps ;
5° Corps raccourci, oblique dans les mâles, horizontal dans les femelles ;
6° Dos un peu aplati en avant, arrondi en arrière ;

7° Queue très relevée, comprimée sur les côtés; les deux plumes intermédiaires recourbées en cercle de bas en haut; de dedans en dehors, et pendantes à leur extrémité (dans le Coq);
8° Poitrine très arrondie;
9° Cou un peu raccourci, fléchi en arrière;
10° Tête arrondie;
11° Crêtes relevées;
12° Caroncules ou barbes pendantes et concaves extérieurement;
13° Yeux assez grands et saillants.

FAISANS.

1° Hauts sur jambes, perchés ou non perchés;
2° Talons découverts et écartés;
3° Jambes un peu fléchies, à tarses parallèles;
4° Ailes couvertes aux deux tiers et rapprochées du corps;
5° Corps légèrement allongé, horizontal ou oblique;
6° Dos aplati en devant, arrondi postérieurement;
7° Queue légèrement abaissée, en voûte;
8° Poitrine arrondie;
9° Cou raccourci, un peu fléchi en arrière;
10° Tête arrondie;
11° Huppe légèrement relevée et entr'ouverte;
12° Manteau du cou un peu étendu et relevé, développé (dans le Faisan doré);
13° Yeux assez grands et saillants.

PINTADES.

1° Hautes sur jambes, perchées ou non perchées;

2º Talons découverts et écartés;
3º Jambes légèrement fléchies, à tarses **parallèles;**
4º Ailes couvertes aux deux tiers et **rapprochées** du corps;
5º Corps raccourci, horizontal;
6º Dos arrondi en devant et au milieu, **très** arrondi postérieurement;
7º Queue très abaissée, un peu écartée;
8º Poitrine très arrondie;
9º Cou raccourci, fléchi en arrière;
10º Poils du cou relevés;
11º Tête aplatie sur les côtés;
12º Tubercule de la tête relevé et porté en **arrière;**
13º Caroncules du bec pendantes et **concaves;**
14º Yeux assez grands et peu saillants.

TÉTRAS.

1º Hauts sur jambes, perchés ou non perchés;
2º Talons découverts et écartés;
3º Jambes un peu fléchies, à tarses parallèles;
4º Ailes couvertes aux deux tiers et rapprochées du corps;
5º Corps raccourci, horizontal;
6º Dos aplati en devant, arrondi postérieurement;
7º Queue un peu relevée, en voûte;
8º Poitrine arrondie;
9º Cou raccourci, fléchi en arrière;
10º Tête arrondie;
11º Yeux grands et saillants.

GÉLINOTTES.

1º Basses sur jambes, perchées ou **non perchées;**
2º Talons découverts et écartés;

3° Jambes un peu fléchies, à tarses parallèles ;
4° Ailes couvertes au tiers ou aux deux tiers, rapprochées du corps ;
5° Corps légèrement allongé, horizontal ou oblique ;
6° Dos aplati en devant, arrondi en arrière ;
7° Queue un peu abaissée, en voûte ;
8° Poitrine arrondie ;
9° Cou raccourci, droit ou un peu fléchi en arrière ;
10° Tête arrondie ;
11° Yeux assez grands et peu saillants.

PERDRIX, CAILLES.

1° Basses sur jambes et non perchées ;
2° Talons découverts et écartés ;
3° Jambes un peu fléchies, à tarses parallèles ;
4° Ailes couvertes aux deux tiers et rapprochées du corps ;
5° Corps raccourci, horizontal ou oblique ;
6° Dos arrondi en devant et au milieu, très arrondi postérieurement ;
7° Queue très abaissés, un peu écartée ;
8° Poitrine très arrondie ;
9° Cou raccourci, droit ou un peu fléchi en avant ;
10° Tête arrondie ;
11° Yeux assez grands et peu saillants.

PIGEONS, TOURTERELLES.

1° Bas sur jambes, perchés ou non perchés,
2° Talons découverts et légèrement rapprochés ;
3° Jambes fléchies, éloignées à l'origine des doigts ;

PRÉPARATION DES OISEAUX.   191

4° Ailes découvertes, ou couvertes au tiers et rapprochées du corps.
5° Corps raccourci ou allongé, horizontal ou oblique ;
6° Dos légèrement arrondi ;
7° Queue un peu abaissée, en voûte;
8° Poitrine très arrondie ;
9° Cou raccourci, un peu fléchi en arrière ;
10° Tête arrondie ;
11° Yeux petits et peu saillants.

ALOUETTES.

1° Basses sur jambes, perchées ou non perchées ;
2° Talons découverts et écartés ;
3° Jambes fléchies, à tarses parallèles ;
4° Ailes couvertes au tiers et rapprochées du corps, ou découvertes et écartées ;
5° Corps raccourci ou allongé, oblique ;
6° Dos arrondi ;
7° Queue légèrement abaissée, en voûte;
8° Poitrine arrondie ;
9° Cou raccourci, fléchi en arrière ;
10° Tête arrondie ;
11° Yeux petits et peu saillants.

ETOURNEAUX, GRIVES, MERLES.

1° Bas sur jambes et perchés ;
2° Talons découverts et rapprochés ;
3° Jambes fléchies, à tarses éloignés à l'origine des doigts ;
4° Ailes couvertes au tiers ou aux deux tiers, rapprochées du corps.

5° Corps allongé (Grives et Étourneaux), ou raccourci (Merles), oblique;
6° Dos arrondi;
7° Queue légèrement abaissée, en **voûte**;
8° Poitrine arrondie;
9° Cou raccourci, fléchi en arrière;
10° Tête arrondie;
11° Yeux assez grands et saillants.

GROS-BECS, BOUVREUILS.

1° Bas sur jambes et perchés;
2° Talons découverts et écartés;
3° Jambes fléchies, à tarses parallèles;
4° Ailes couvertes aux deux tiers et rapprochées;
5° Corps raccourci, oblique;
6° Dos arrondi;
7° Queue légèrement abaissée, en voûte;
8° Poitrine arrondie;
9° Cou raccourci, un peu fléchi en arrière;
10° Tête arrondie;
11° Yeux petits et peu saillants.

ORTOLANS, BRUANTS, VEUVES, PINSONS, CHARDONNERETS, SERINS, LINOTTES, BENGALIS, SÉNÉGALIS, MOINEAUX.

1° Bas sur jambes et perchés;
2° Talons découverts et un peu rapprochés;
3° Jambes fléchies, rapprochées de la queue, à tarses éloignés vers l'origine des doigts;
4° Ailes couvertes au tiers ou aux deux tiers, et rapprochées du corps;
5° Corps oblique, raccourci dans les uns, allongé dans les autres;

PRÉPARATION DES OISEAUX.   193

6° Dos arrondi ;
7° Queue un peu abaissée, en voûte ;
8° Poitrine arrondie ;
9° Cou raccourci, un peu fléchi en arrière ;
10° Tête arrondie ;
11° Yeux petits et peu saillants.

GOBE-MOUCHES, TRAQUETS, MOTTEUX.

1° Hauts sur jambes et non perchés ;
2° Talons découverts et un peu rapprochés ;
3° Jambes fléchies, à tarses éloignés vers l'origine des doigts ;
4° Ailes découvertes, pendantes et écartées du corps, ou couvertes au tiers et rapprochées ;
5° Corps raccourci, oblique ;
6° Dos arrondi ;
7° Queue légèrement relevée, en voûte ;
8° Poitrine arrondie ;
9° Cou raccourci, un peu fléchi en avant ;
10° Tête arrondie, portée en avant ;
11° Yeux petits et peu saillants.

LAVANDIÈRES, BERGERONNETTES, ROSSIGNOLS, FAUVETTES.

1° Hauts sur jambes, perchés ou non perchés ;
2° Talons découverts, un peu rapprochés ;
3° Jambes fléchies, à tarses éloignés vers l'origine des doigts ;
4° Ailes découvertes et écartées du corps, ou couvertes au tiers et rapprochées du corps, ou pendantes et plus basses que la queue ;
5° Corps allongé, oblique ;
6° Dos arrondi ;

7° Queue relevée, en voûte;
8° Poitrine très arrondie;
9° Cou allongé, fléchi en avant;
10° Tête effilée, portée en avant;
11° Yeux petits et peu saillants.

MÉSANGES.

1° Basses ou très basses sur jambes, perchées ou cramponnées;
2° Talons couverts ou découverts, écartés;
3° Jambes fléchies ou très fléchies, à tarses parallèles;
4° Ailes couvertes au tiers et rapprochées du corps, ou découvertes et écartées;
5° Corps raccourci, oblique ou vertical, ou même renversé;
6° Dos arrondi;
7° Queue abaissée ou très abaissée, écartée;
8° Poitrine arrondie;
9° Cou raccourci, droit ou fléchi en avant ou en arrière;
10° Tête arrondie, portée en avant;
11° Yeux petits et peu saillants.

HIRONDELLES, MARTINETS.

1° Très bas sur jambes perchés ou non perchés, ou cramponnés;
2° Talons couverts ou écartés;
3° Jambes très fléchies, à tarses parallèles;
4° Ailes couvertes au tiers et rapprochées du corps, ou découvertes et écartées, croisées à leur extrémité;
5° Corps allongé ou raccourci, oblique ou vertical;

6° Dos aplati ;
7° Queue abaissée ou très abaissée, en voûte;
8° Poitrine arrondie ;
9° Cou raccourci, un peu fléchi en arrière;
10° Tête aplatie au sommet;
11° Yeux petits et peu saillants.

ENGOULEVENTS.

1° Très bas sur jambes, perchés ou non perchés;
2° Talons couverts et écartés ;
3° Jambes très fléchies, à tarses parallèles ;
4° Ailes couvertes au tiers et rapprochées du corps, croisées à leur extrémité.
5° Corps allongé, horizontal ou oblique;
6° Dos aplati ;
7° Queue légèrement abaissée, en voûte;
8° Poitrine arrondie ;
9° Cou raccourci, fléchi en avant;
10° Tête aplatie au sommet, portée en avant;
11° Yeux grands et très saillants.

Nous avons extrait ce tableau, dont nous ne donnons qu'une analyse succincte, mais qui cependant nous paraît suffisante, de l'ouvrage de M. Mouton-Fontenille, sur l'art d'empailler les oiseaux. Cet auteur, qui considérait la taxidermie sous un point de vue tout à fait philosophique, était parvenu, malgré les procédés vicieux employés de son temps pour la préparation et le montage, à donner à ses oiseaux, grâce aux principes de pose dont nous venons de faire un extrait, une attitude vraie et un air de vie que nous n'avons jamais retrouvés dans d'autres collections que la sienne. Nous savons fort bien que ce tableau est loin d'être complet, mais il servira du moins, à ceux qui le consulteront, à faire éviter les fautes grossières que font trop souvent les préparateurs marchands et amateurs.

§ 7. NIDS ET ŒUFS

Une collection de *nids* et d'*œufs* est le complément indispensable d'un cabinet d'histoire naturelle. Occupons-nous d'abord des premiers.

1. Nids.

Certaines précautions doivent être prises pour se procurer les nids. Voici comment il convient de procéder pour être bien assuré de l'espèce d'oiseau à laquelle ils appartiennent :

Quand on trouvera un nid, on devra s'assurer s'il contient des œufs. S'il n'y en a pas, on attendra qu'il s'en trouve garni, et il sera du plus grand intérêt de constater l'intervalle de temps qui s'écoulera entre la ponte de chaque œuf. En général, les oiseaux de même espèce choisissent ou les mêmes plantes ou des lieux semblables pour asseoir leurs nids; et, dans la même contrée, ces derniers sont souvent faits avec les mêmes matériaux. Parfois, cependant, les nids diffèrent entre eux, soit par les matériaux que fournissent les diverses localités, soit par leur complication et leur volume, toujours en rapport avec le nombre des couvées qu'ils ont déjà contenues, soit par leur position ou le choix de la plante qui les porte, soit enfin sous beaucoup d'autres rapports.

Dans tous les cas, il faudra s'assurer de l'espèce d'oiseau à laquelle le nid appartient, ce qui n'est pas toujours facile. On fera des observations attentives pour surprendre le père et la mère à leur entrée et à leur sortie du nid, pour les voir sur leurs œufs, et si l'on n'y réussit pas, on essaiera des moyens que nous allons indiquer. Pour les petits oiseaux, on peut fixer des gluaux autour et au-dessus du nid, mais très près. Probablement, on verra s'y prendre les propriétaires du nid, et on accourra pour empêcher qu'ils ne gâtent rien en se débattant, si toutefois les gluaux étaient assez près pour cela. Pour les grosses espèces d'oiseaux, on peut employer les lacets et autres pièges.

Les auteurs de la couvée reconnus, on enlève le nid avec ses supports naturels, chaque fois que la chose est possible. On ne conserve néanmoins que les branches indispensables, et l'on élague les autres. On fixe la base dans une planchette qui devra tenir la branche debout et porter l'étiquette annonçant l'espèce d'oiseau à laquelle le nid appartient. En dessous on mettra une note indiquant, s'il se peut, l'époque à laquelle le nid a été commencé, la durée de sa construction, le lieu où il se trouvait, l'époque à laquelle a commencé la ponte, le temps qu'elle a duré, le nombre d'œufs qu'elle a fournis, etc., etc. Pour les nids placés à terre, on les posera directement sur la planchette. Une soucoupe en verre, collée sur cette planchette, serait bien préférable : elle devrait avoir à peu près la forme de l'extérieur du nid, qu'elle soutiendrait alors très bien.

Les nids sont fort difficiles à conserver, à cause des matières animales qui les composent souvent. Dans tous les cas, avant de les placer dans la collection, il faut les nettoyer de toutes les matières étrangères qui peuvent y adhérer, puis les tenir, pendant quelque temps, dans une étuve assez chaude pour faire périr les insectes qui s'y trouvent toujours en quantité plus ou moins considérable. Nous conseillerions, en outre, de les imbiber avec la liqueur de Smith, ou avec une solution d'acide arsénieux, ou enfin avec une décoction de noix vomique. Pour ceux qui sont composés d'une matière blanche, on pourrait se servir d'une solution de strychnine. On apportera beaucoup d'attention pour préserver ceux qui sont cimentés de terre, afin de ne pas délayer celle-ci. Enfin, on les laissera bien sécher, et on les placera dans la collection, avec le soin de mettre dans chaque nid l'un des œufs qu'il contenait : les autres seront dans la collection d'œufs.

2. Œufs.

Les moyens de détermination des œufs étant peu nombreux et souvent très difficiles à appliquer, le mieux est, pour ne pas se tromper, de les prendre au nid, quand la chose est possible. Dans tous les cas, on effectue la préparation de la manière que nous allons dire.

Avec un petit carrelet, à pointe fine, que l'on roule entre les doigts, on pratique, à l'un des bouts de l'œuf, un très petit trou, dans lequel on introduit une aiguille arrondie. Avec l'aiguille, on perce le jaune et on le mêle avec le blanc, en ayant soin de ne pas rencontrer les parois de la coquille, ce qui la raierait. On bouche ensuite le trou avec le doigt, et l'on secoue fortement l'œuf pour bien mêler son contenu. Alors on introduit dans le trou, la pointe d'un chalumeau en verre, effilé à la lampe d'émailleur assez finement pour qu'il ne bouche que la moitié du trou. On souffle fort avec la bouche et le liquide reflue et sort par la partie de l'ouverture restée libre.

On peut aussi faire deux trous, l'un à chaque pôle de l'œuf, puis, après avoir mêlé le jaune avec le blanc, chasser le contenu par l'un des trous en soufflant par le trou opposé.

Enfin, si l'œuf a les parois tellement minces que l'air insufflé pourrait les faire éclater, on ne perce qu'un trou, et l'on opère le vide en introduisant dans ce trou la pointe d'un petit tube muni vers le milieu d'un renflement, et à l'extrémité extérieure duquel on aspire avec la bouche.

Dans tous les cas, quand l'œuf est vide, on y introduit de l'eau, soit avec une petite seringue, soit avec le tube à renflement, puis, après agitation, l'on en fait sortir le liquide par aspiration ou autrement. L'eau, en s'échappant, entraîne avec elle le reste du jaune et du blanc, et l'on répète l'opération jusqu'à ce que l'eau sorte bien claire.

Quand l'œuf a été couvé, au lieu d'eau pure, on introduit dedans une forte dissolution de soude ou de potasse ; on laisse agir l'alcali quelques heures, on vide ce qui peut sortir, et l'on recommence jusqu'à ce que le fœtus soit entièrement décomposé ; on rince ensuite à l'eau pure.

Lorsque les œufs offrent quelque solidité, cette opération étant très longue, on peut s'y prendre autrement. Avec la pointe bien aiguë d'un canif, on trace un cercle ou un ovale sur l'un des flancs de l'œuf ; on y revient longtemps en le creusant, jusqu'à ce que la coquille, entièrement coupée, il s'en détache une espèce de couvercle ou opercule. Par ce trou, qui, d'ailleurs, peut être assez grand, on extrait facilement le fœtus, que l'on peut conserver dans l'alcool. On rince, et lorsque l'œuf est complètement sec, on prend de la gomme dissoute mêlée d'un peu de farine, on en met un peu sur les bords de l'ouverture, et l'on replace le morceau, qui s'y attache très bien. On peut, si cela paraît nécessaire, peindre ce raccord à l'aquarelle, en préparant la gomme qui sert à coller l'opercule avec un peu de couleur.

Les œufs sont blancs ou colorés, ou plus ou moins tachés, ou enfin recouverts d'une couche calcaire plus ou moins épaisse et solide; leur coquille est ou rude, ou mate et à pores très lâches, ou lustrée et à pores très serrés. Dans tous les cas, avec de l'eau froide et une petite brosse, on lavera les œufs en ayant soin de frotter moins fort ceux qui sont tachés et viennent d'oiseaux champêtres, parce que leurs taches sont quelquefois moins solides que celles des oiseaux aquatiques. On ne devra jamais enlever les couches calcaires dont sont enduits les œufs des Flamants, des Grèbes, des Cormorans, des Fous, etc.; elles sont caractéristiques, et d'ailleurs naturelles. Jamais, non plus, on ne devra *vernir* les œufs, le plus ou moins de luisant étant souvent le seul caractère distinctif, surtout dans les œufs blancs.

Plusieurs méthodes sont employées pour disposer les œufs dans une collection.

1° On les place sur du coton, dans des petites cases en carton, qui, chez quelques personnes, sont vitrées.

2° On les colle sur le flanc percé, sur une petite planchette de carton blanc, soit en long, soit en travers, en laissant en bas une place pour l'étiquette.

3° Après avoir vidé l'œuf par le bout, on perce l'autre bout d'un très petit trou; on prend une épingle à insecte (il y en a qui ont jusqu'à 8 et 11 centimètres de longueur) ; on enfile d'abord dans la longueur de l'épingle un petit billot de moelle de sureau, puis l'œuf de part en part par les deux petits trous, et enfin un second billot de moelle de sureau. On pique alors l'épingle sur une planchette, on met un peu de gomme entre chaque billot et l'œuf, et l'on serre celui-ci entre ses deux supports de moelle de sureau, après l'avoir fait tourner jusqu'à ce qu'il soit bien fixé d'aplomb. Enfin, on laisse sécher, et tout est fait. On peut mettre sur la même planchette plusieurs variétés de la même espèce. C'est une erreur de croire que les œufs ont des caractères spécifiques aux bouts.

Il arrive quelquefois qu'un œuf qui mérite d'être conservé se trouve cassé. Dans ce cas, et lorsque cela est possible, on gomme les bords de la fracture et on les rapproche, en tenant avec précaution l'œuf serré entre deux billots de liége, au moyen d'une épingle qui traversera la coquille. S'il y manque des morceaux, ou qu'on ne puisse rapprocher les bords de la cassure, on prend de la baudruche très fine et très transparente, on en colle une bande sur les morceaux rapprochés; on laisse sécher, puis, avec un scalpel très tranchant, on coupe de cette bande tout ce qui est inutile, en suivant la fracture et laissant seulement un petit liséré de la bande de chaque côté. La colle que l'on emploie se fait avec de la farine, et l'on y ajoute très peu de gomme. Si l'on a employé de la baudruche très fine, elle se distingue à peine sur la coquille de l'œuf; mais, à la rigueur, on peut la peindre.

Quelques mots maintenant sur la manière de faire voyager une collection d'œufs.

Au fond d'un boîte légère, on pose un lit épais de coton cardé, sur lequel on place les plus gros œufs, avec la précaution qu'ils ne se touchent pas, et l'on garnit de coton les vides qui se trouvent entre eux. On place dessus un nouveau lit de coton, et, sur celui-ci, d'autres œufs plus petits ; on regarnit de coton, et l'on continue ainsi lits par lits, jusqu'à ce que la boîte soit pleine.

Quelques personnes emballent dans la sciure de bois ou de son. Cette méthode est très mauvaise. Ces matières, formant une poudre plus ou moins fine, pénètrent toujours dans les œufs, ce qui occasionne des vides dans la boîte ; elles sont lourdes et appuient fâcheusement sur les coquilles, qui se brisent. Outre cela, il devient presque impossible d'en débarrasser les œufs entièrement, en sorte que la collection se trouve toujours poudreuse et salie.

Comme toutes les autres collections zoologiques, les œufs doivent être abrités dans une armoire vitrée, mais il est encore plus essentiel pour eux que pour toute autre collection, de tenir les armoires couvertes d'un rideau de couleur sombre, parce que la lumière les décolore très promptement.

Nous ne conseillerons jamais de mettre dans les mêmes armoires les collections de nids, d'œufs et d'oiseaux, parce que cela est dangereux pour la conservation, et ne se classe jamais bien. Ces trois collections doivent donc être séparées. On ne saurait trop, non plus, se défier des marchands, car la fraude est facile, surtout pour les œufs blancs et pour ceux de la famille des *canards.* Du reste, ceux même qui sont les plus *authentiques* diffèrent souvent beau**coup entre eux dans la même espèce.**

CHAPITRE II

Préparation des Mammifères.

Cette classe, renfermant tous les animaux qui ont des mamelles, et qui, par conséquent, allaitent leurs petits, devrait se trouver avant les oiseaux, si nous avions adopté l'ordre naturel établi par les naturalistes. Mais, comme on en fait moins souvent des collections, et que, sur vingt amateurs, il y en a dix-neuf qui ne s'en occupent que très peu, ils ont moins d'importance dans l'art du préparateur que les oiseaux.

§ 1. MISE EN PEAU

Quand on se propose de monter un quadrupède de petite taille, il faut, avant de penser à l'écorcher, prendre ses mesures pour n'avoir pas besoin de faire macérer sa peau dans un bain composé; car les espèces qui n'offrent pas de plus grandes dimensions que les *souris*, *rats* et *écureuils*, se conservent très bien sans cette macération.

Aussitôt qu'on s'est procuré un de ces petits quadrupèdes, il faut visiter exactement sa robe, afin d'en enlever toutes les taches, et de la nettoyer parfaitement, jusqu'à ce qu'elle ait repris tout son lustre. Pour y parvenir, il suffit de laver les taches de sang ou autres avec de l'eau pure, et de les dessécher avec du plâtre en poudre. On aura soin de remuer le poil jusqu'à ce que le plâtre s'en soit parfaitement séparé; sans cela, il s'attacherait aux poils, se durcirait, et deviendrait fort difficile à enlever sans endommager la fourrure.

Pour de plus grands animaux, tels que les *renards*, les *chiens*, les *loups*, etc., que l'on monte sans les mettre au bain, on peut en dégraisser les poils par la même méthode qu'emploient les fourreurs. On prend du plâtre, de l'amidon et du grès bien pulvérisé, et l'on frotte les poils, continuellement avec ce mélange jusqu'à ce qu'il ne s'y attache plus. On répète plusieurs fois l'opération, si cela est nécessaire. En procédant ainsi, on parvient aisément à rendre à une fourrure tout le brillant qu'elle avait pendant la vie de l'animal.

Ce mode d'opérer est utile pour les *grands animaux*, parce que, pour assurer leur conservation, il faut toujours plonger la peau dans le bain **amer, et** l'y laisser macérer quelques jours. Si le pelage se trouve sali ou taché, ce bain sert de lavage et suffit pour lui rendre tout son lustre après qu'on l'aura peigné convenablement après l'avoir monté.

La première chose à faire quand on s'est procuré un animal, quelle que soit sa grosseur, c'est de lui rendre sa souplesse en faisant mouvoir et tiraillant les membres dans tous les sens, en mettant en mouvement toutes les articulations. Il est entendu qu'on ne doit pas l'écorcher aussitôt qu'il est mort, car le sang n'ayant pas eu le temps de se coaguler, se répandrait sur le pelage et nécessiterait un lavage qu'on doit éviter quand on le peut.

L'animal étant devenu souple, on commence, s'il ne doit pas aller au bain, par lui tamponner les narines, la gueule et l'anus, afin d'éviter les écoulements de matière. Après cela, on le pose sur le dos, la tête placée du côté du préparateur ; s'il est de petite taille, on lui écarte les jambes, puis on fait une incision tout le long du ventre, en commençant vers le haut du sternum et la prolongeant le long de la poitrine et de l'abdomen, jusqu'à 27 ou 54 millimètres de l'anus, plus ou moins, selon qu'il est plus ou moins gros. Pendant que la main droite incise la peau, la main gauche écarte le poil sur la route que doit suivre le scalpel. Il faut avoir la plus grande attention de ne couper que la peau, afin d'éviter tout épanchement de liqueurs ou de matières, et l'on saupoudrera avec du plâtre, pour dessécher promptement les liquides qui se portent vers les bords de la peau.

L'incision étant faite, on procède au dépouillement. A cet effet, avec le manche du scalpel et les ongles, on détache la peau de dessus le corps, en gagnant, autant que possible, de chaque côté, vers le dos de l'animal et vers ses parties inférieures. Lorsque la peau est détachée, que l'on est parvenu vers le dos et que les cuisses sont dégagées, on coupe celles-ci à leur articulation supérieure, c'est-à-dire entre le fémur et les os du bassin, avec la précaution de parfaitement découvrir la peau, et l'on continue à écorcher en se rapprochant de la queue.

Il arrive très souvent qu'en parvenant près de l'aîne, on coupe l'artère fémorale, et qu'il sort une grande quantité de sang : cet accident n'est que d'une très petite importance, car on réussit aisément à l'étancher au moyen d'une certaine quantité de plâtre. Enfin, on parvient à l'anus, que l'on détache du rectum, et, si l'on craint un épanchement de matières, on introduit dans ce dernier un tampon d'étoupes saupoudré de plâtre.

Arrivé a la queue, on dégage les deux ou trois premières vertèbres de leur fourreau, et on la coupe entre la première vertèbre et le sacrum.

La queue étant séparée du corps, on achève d'écorcher le dos, et l'on renverse la peau vers la tête de l'animal, ce que l'on doit faire jusqu'à ce que le corps en soit entièrement dégagé. On arrive ainsi au train de devant; on découvre les épaules, on les dégage et on les sépare du tronc en coupant l'articulation de l'humérus avec l'omoplate. On renverse la peau sur la tête pour écorcher le cou, puis, lorsqu'on est parvenu à la base du crâne, on coupe la tête entre le trou occipital et la première vertèbre. La peau se trouve alors entièrement séparée du corps, ce qui donne beaucoup de facilité pour le dépouillement des membres.

Avant de renverser la peau de la tête, on arrache les yeux, au moyen d'une pince que l'on introduit entre l'orbite et le globe de l'œil, pour aller saisir le nerf optique qui l'attache au fond ; on nettoie parfaitement l'orbite, on le saupoudre de plâtre pour éviter tout épanchement. Dans cette opération, il faut avoir grand soin de ne pas endommager les paupières, car cette partie est très délicate, et l'on aurait de la peine à cacher un semblable défaut, lorsque l'animal est entièrement monté.

On revient à dépouiller la tête, en renversant toujours la peau, la tirant à soi, et la détachant avec les ongles. Nous remarquerons ici qu'il faut employer le moins possible le tranchant du scalpel lorsqu'on écorche un animal, parce qu'il est, dans ce cas, très difficile de ne pas attaquer la membrane enveloppant **les muscles, ce qui laisse à la peau des lambeaux de chair fort peu aisés à détacher ensuite.**

Quand on est arrivé aux oreilles, il faut arracher le sac membraneux qui en tapisse la conque, ou au moins le couper le plus profondément possible. Dans le premier cas, praticable sur les petits animaux, on le saisit très près de son point d'attache, dans le trou du crâne, et en tirant avec précaution pour ne pas le rompre ni le déchirer.

On continue à écorcher, toujours en renversant la peau, jusqu'à ce qu'on soit parvenu à la région des yeux. Là, on redouble de soin pour ne pas gâter les paupières ; on tire un peu la peau, et, lorsqu'on voit les ligaments qui attachent les paupières aux orbites bien tendus, on les coupe avec de légers coups de scalpel.

On continue à écorcher jusqu'aux mâchoires ; mais ici, on a deux manières d'opérer, selon que l'animal est grand et petit.

S'il est grand, afin de mieux nettoyer l'intérieur de la tête, on détache la mâchoire inférieure de la supérieure, en tranchant les ligaments de leurs articulations. On arrache les muscles, la chair, et l'on nettoie le mieux possible les os de toutes les parties molles qui peuvent s'y trouver. On donne un coup de marteau sur la partie du crâne qui répond au palais, afin d'en enfoncer la table, ce qui donne un passage plus grand pour enlever la cervelle, et donne plus de facilité pour passer le fil de fer qui doit soutenir la tête.

Si l'animal est très petit, on peut se dispenser de séparer les mâchoires, et c'est en cela seulement que l'opération est différente.

Dans tous les cas, on agrandit beaucoup le trou occipital, soit avec une scie à main, si l'animal est gros, soit avec le scalpel, s'il est petit. On extrait la cervelle, on nettoie parfaitement le crâne, et l'on introduit dedans du plâtre, que l'on renouvelle, afin d'en sécher les parois autant que l'on peut.

Quand tous les os sont bien disséqués, parfaitement nettoyés, il faut rattacher la mâchoire inférieure à la supérieure, à leur articulation. A cet effet, on perce les os avec une alène, on les ajuste à leurs places respectives, et on les y maintient au moyen de fils de fer. On perce ensuite un trou au crâne, sur le front, pour livrer passage au fil de fer quand on montera l'animal. Nous n'avons pas besoin de dire que la peau ne doit tenir aux os de la tête que par le bout des mâchoires. On ramène la peau sur le crâne et les oreilles à leur place ; pour rendre à ces dernières une position naturelle, on les recoud à une petite portion de cartilage que l'on a eu soin de laisser attachée à l'entrée du canal auditif.

Si la peau doit aller dans le bain, on en reste là pour la tête, et, après avoir fait rentrer les os dans la peau, on passe aux membres.

On commence par les jambes de devant que l'on refoule en dehors en détachant la peau avec le scalpel, et l'on écorche jusqu'à la plante des pieds. On examine attentivement la forme de la jambe, sa grosseur ; on prend des mesures ; enfin on emploie toutes les précautions que l'on peut s'imaginer pour pouvoir la rendre avec les formes naturelles quand on montera. Cela fait, on nettoie, autant qu'on le peut, les os de tous leurs muscles, de leurs nerfs et de leurs tendons ; mais on ménage les ligaments qui les tiennent réunis, afin de ne pas les désarticuler. Si la plante des pieds est épaisse et charnue, on y fait une incision par laquelle on extrait les chairs et la graisse qui s'y trouvent.

Chez presque tous les quadrupèdes, excepté chez les singes, il est fort difficile de dépouiller les pieds jusqu'aux doigts : lorsque la peau ne doit pas aller au bain, on se contente d'introduire du préservatif dans l'ouverture, on le fait glisser le mieux possible jusqu'aux doigts, puis on remplit la cavité avec de la filasse hachée, et l'on recoud l'incision à point de suture. Nous avons cependant vu des préparateurs, M. Simon entre autres, qui écorchent même les doigts dans les animaux de la grosseur d'un petit chien et au-dessus, et qui remplacent le peu de chair qu'ils enlèvent par une bande de mousseline fine, dont ils font deux ou trois tours autour des phalanges mises à nu. Il en résulte que l'animal une fois monté n'offre pas à l'œil cette patte maigre et desséchée qui contraste si désagréablement avec le reste du corps. Si, au contraire, la peau doit être mise en macération, on ne fait cette opération qu'au moment où on la retire du bain. Après avoir frotté les os de la jambe avec du plâtre, on les fait rentrer dans la peau, puis on traite de même l'autre jambe, et l'on passe à celles de derrière.

On dépouille et l'on nettoie les jambes de derrière en opérant comme pour celles de devant, mais en conservant le tendon d'Achille, qu'on débarrasse des parties charnues qui peuvent y être attachées.

Il faut ensuite dépouiller la queue : on dégage le commencement en retournant la peau et écorchant le plus loin possible, tant qu'on ne court point la chance de la rompre ou de déchirer la peau ; mais, lorsque les difficultés augmentent, ce qui arrive toujours quand on approche de son extrémité, voici comment l'on procède : On prend un morceau de bâton long de 25 à 40 centimètres, et qu'on fend dans une partie de sa longueur; on fait entrer dans cette fente la partie écorchée ou noix de la queue, et on la pince assez fortement; saisissant alors le bâton de la main droite, et faisant tenir la noix par quelqu'un, ou bien la pinçant dans un étau fixé à l'établi, on tire fortement à soi, en faisant glisser le bâton le long des vertèbres jusqu'à l'extrémité. Si l'on agit avec adresse, sans donner de secousses, l'on parvient assez aisément à l'extraire en entier de son fourreau.

Dans quelques animaux, surtout dans ceux qui ont beaucoup de graisse, la queue tient fortement à son fourreau. Si elle offrait trop de résistance, à cause de son intime adhérence avec la peau, il vaudrait mieux changer de méthode que de s'exposer à la casser. Dans ce cas, on la fendrait par dessous dans toute sa longueur, et on l'écorcherait de la même manière que le reste du corps. On en serait quitte pour la recoudre tout de suite, ou même seulement quand on monterait l'animal.

Dans tous les cas, il est indispensable qu'il ne reste jamais dans le fourreau aucune partie de la noix, tant petite soit-elle, sous peine de voir la portion de la queue où elle serait perdre ses poils peu de temps après que l'animal serait monté. Si, en agissant avec le bâton fendu, la noix venait à casser, il faudrait donc fendre la cassure jusqu'à l'extrémité, et l'écorcher comme nous venons de le dire.

———

Lorsque la peau est ainsi dépouillée de toutes les principales parties du corps, que la tête et les membres sont disséqués proprement, il reste encore à lui faire subir une opération consistant à la *dégraisser*, soit qu'elle doive macérer dans un bain, soit qu'on doive la monter tout de suite. Si l'animal est gras, le tissu graisseux a beaucoup d'épaisseur ; mais s'il est maigre, il a beaucoup plus d'adhérence avec la peau ; du reste, presque tous les animaux sont pourvus de ce tissu.

Si le tissu en question est léger et qu'il n'existe que dans quelques parties de la peau, on coupe la graisse et les membranes charnues avec des ciseaux, le plus près possible, mais avec la plus grande attention, afin de ne pas entamer le tissu cutané. S'il a de l'épaisseur et qu'il recouvre une grande partie de la peau, il faut avoir recours à d'autres moyens. On passe sous la peau, du côté des poils, un morceau de bois arrondi, sur lequel on la fait tendre ; puis, avec un couteau à lame mince, large et fort tranchante, on racle et on enlève le tissu graisseux. Il faut de l'adresse pour faire cette opération, car on est fort exposé, en rasant la peau, à y faire des trous. Si cet accident arrivait, on les recoudrait à points de suture.

Lorsque l'on dégraisse la peau, quelle que soit la manière dont on agisse, il ne faut pas ménager le plâtre, car si la graisse qui découle pendant l'opération pénétrait sur le poil, elle y laisserait des taches très difficiles à enlever, et que le bain même ne ferait pas disparaître. Lorsque tout le tissu graisseux est enlevé, on frotte encore la peau avec du plâtre, et l'on parvient ainsi à absorber la plus grande partie des liqueurs graisseuses qu'elle contient.

Il s'agit maintenant de préserver la peau de la voracité des insectes rongeurs, soit qu'on veuille la monter tout de suite, soit qu'on veuille la conserver plus ou moins de temps en cet état: pour cela, on emploie plusieurs procédés que nous allons exposer.

Le moyen plus généralement employé est le bain d'eau de sel marin et d'alun dont nous avons parlé pages 39-40. La peau d'un animal de la grandeur d'un *renard* peut n'y rester que deux jours ; celle de la grandeur d'un *loup*, d'un grand *mâtin* ou d'un *ours*, quatre ou cinq jours, etc. L'essentiel est de remuer les peaux dans le bain, et de les retourner au moins une ou deux fois par jour.

Quelquefois, pour les petits animaux, tels que les *singes*, les *renards*, etc., on se contente de composer le bain à froid. On jette une petite poignée de sel marin dans un vase, on réduit 1 kilogramme d'alun en poudre, et l'on en saupoudre l'intérieur de la peau, que l'on étend sur le sel, dans le vase, puis on jette sur le tout une certaine quantité d'eau.

Lorsqu'on retire la peau du bain, il est essentiel de la presser fortement dans les mains pour en extraire l'humidité : mais on doit bien se garder de la tordre, parce qu'on la distendrait dans quelques parties, ce qui déformerait l'animal quand il serait monté.

Les préparateurs de Paris font rarement macérer les peaux ; ils se contentent d'agir comme voici : Ils frottent toute la peau avec de l'alun pulvérisé, ils en introduisent dans les membres, et principalement dans les parties où le préservatif ne pourrait que difficilement pénétrer ; puis ils étendent une couche de poudre d'alun sur un linge, placent la peau dessus, la roulent quelquefois avec le linge, et la laissent ainsi un jour ou deux, selon la grosseur de l'animal; ils préfèrent cette méthode, parce qu'elle est plus simple, plus expéditive, et que la peau ne court aucune chance.

Enfin, quand l'animal est très petit, comme par

exemple un *mulot*, un *loir*, un *écureuil*, on se contente assez ordinairement, après avoir dégraissé la peau, de passer à l'intérieur une bonne couche de préservatif.

Quand une peau sort du bain, ou vient d'être préparée comme nous venons de dire, on doit agir en conséquence de ce qu'on veut en faire. Si l'on veut conserver l'animal en peau, on remplit la plante des pieds avec de la filasse hachée ou du coton, après en avoir enduit l'intérieur avec du préservatif, puis on recoud l'ouverture. Nous n'avons pas besoin de dire que cela ne se fait que lorsqu'on a été forcé de l'ouvrir. Si la queue a été fendue, on la préserve de même, on la recoud, mais on ne la bourre pas. On passe sur tout l'intérieur de la peau une bonne couche de préservatif, sans en excepter le plus mince repli, et l'on en fait autant aux os de la tête, tant à l'intérieur qu'à l'extérieur ; on remplit les cavités de cette dernière avec de la filasse hachée, et l'on en garnit partout où on est obligé de remplacer les chairs enlevées.

Quelques préparateurs enlèvent les cartilages du nez et la chair des lèvres des animaux, puis ils remplacent ces parties par du mastic de vitrier. Il en résulte qu'en se desséchant, ces organes conservent leur forme, ce qui est toujours mieux que lorsqu'on s'est contenté de les bourrer avec du coton, car ce dernier procédé n'empêche jamais complétement qu'ils ne se dessèchent.

Les opérations peuvent se borner là, à moins que l'animal soit petit; dans ce cas, on le remplit de filasse, puis on le fait sécher à l'ombre, dans un lieu aéré.

§ 2. MONTAGE

Le corps des oiseaux affecte toujours plus ou moins la forme régulière d'un œuf, et les plumes dont il est couvert cachent à l'œil les impressions et les reliefs des muscles, d'où il résulte qu'il est assez facile, pour peu qu'on ait de goût, de leur rendre leurs formes naturelles, en les montant. Mais il n'en est pas de même des mammifères, qu'il faut pour ainsi dire modeler à la manière des sculpteurs, et, plus leur pelage est ras ou leur peau dénuée de poils, plus les difficultés augmentent. Aussi, sur cinquante préparateurs, en est-il à peine un ou deux qui sachent monter un mammifère.

Si l'animal à monter est en peau, il faut nécessairement le ramollir, et, pour cela, on agit comme nous l'avons dit relativement aux oiseaux.

Quand on veut le monter, voici comment on agit : Lorsqu'on a préparé la tête comme nous venons de le dire, que toutes les parties en ont été parfaitement enduites de préservatif, que l'on a remplacé partout les chairs enlevées par de la filasse hachée ; enfin, qu'on a rempli légèrement la cavité du crâne, on retourne la peau sur la tête dans sa position naturelle, et l'on bourre le cou en y introduisant de la filasse avec une baguette ou un bourroir en fer. Si l'animal est d'une grande taille, on peut employer de la mousse ou même du foin.

Pour peu que l'on ait observé la nature, on a remarqué que la peau du cou des animaux est plus longue que le cou lui-même, et forme en travers des replis plus ou moins prononcés. Il fallait qu'il en fût ainsi pour laisser l'entière faculté de baisser ou de relever la tête et de la tourner à droite et à gauche sans trop tendre la peau. Le préparateur aura le fait présent à la mémoire, afin de ne pas faire le cou trop long en bourrant la peau dans toute sa longueur.

On s'occupe alors de préparer les fils de fer qui doivent faire la carcasse de l'animal. On les choisit d'un numéro convenable à la grosseur de l'individu, et on les coupe à la longueur déterminée sur le même principe. Il en faut cinq d'égale grosseur : quatre pour les jambes et un pour la traverse du corps ; plus un sixième un peu plus mince, pour la queue d'un animal de la grosseur de la *chèvre* et au-dessous. *a* fig. 54, traverse de la tête; *b b*, traverse des pattes de devant; *c c*, traverse des pattes de derrière ; *d*, traverse de la queue.

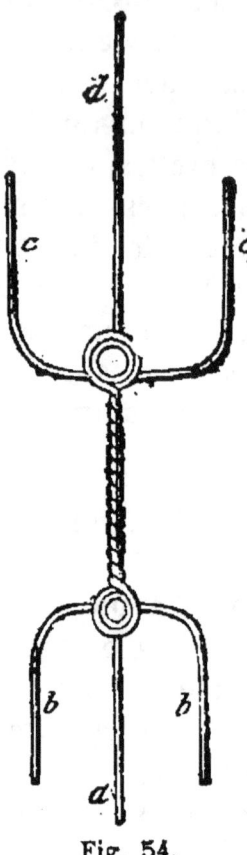

Fig. 54.

On choisit l'un des fils pour une des jambes de devant, et on lui donne la longueur convenable. Il faut qu'il dépasse la jambe de quelques millimètres vers les doigts, afin de pouvoir le fixer sur un socle, et qu'il dépasse l'os de l'avant-bras au moins du quart de sa longueur, afin de compenser l'omoplate qui est enlevée, et pour qu'on puisse le fixer solidement à la traverse, comme nous le dirons. On l'aiguise en pointe par un bout, on l'introduit dans la plante du pied, et on le fait glisser le long des os jusqu'à ce qu'il dépasse l'os de la cuisse. Alors on s'occupe de bourrer la jambe et la cuisse, en leur rendant le mieux possible toutes les formes qu'elles recevaient des muscles. Pour rendre l'animal plus solide, on prend de la filasse ayant toute sa longueur, et l'on en entoure l'os de la jambe et le fil de fer, en commençant par en bas, remontant jusqu'à la cuisse et serrant passablement. Quand on montera un petit animal en chair et n'ayant pas besoin du bain, on fera bien de bourrer les jambes à mesure qu'on l'écorchera, parce que, pendant qu'on en préparera une, on aura l'autre non encore dépouillée de ses chairs, et qui servira de modèle.

Quand une jambe est ainsi préparée, on passe à une autre, puis à la troisième, et enfin à la quatrième, en les traitant de la même manière. On achève de les bourrer avec de la filasse hachée, et c'est alors que le préparateur montre s'il a vraiment du talent, en leur rendant leurs formes naturelles.

Dans les animaux à poil ras, il faut observer la forme des tendons et l'imiter autant que possible. Par le moyen d'une aiguille et d'une ficelle que l'on passe de part en part, on serre dans les endroits convenables, de manière à dessiner parfaitement les fosses et les creux formés par les muscles et les tendons (fig. 55).

Il est surtout indispensable d'indiquer parfaitement le tendon d'Achille, que l'on a laissé après les os des jambes de derrière. On l'attache à une ficelle longue, dont l'extrémité vient passer par un trou que l'on a fait à la peau, à 27 ou 54 millimètres de l'anus. Ce bout de ficelle, qui reste pendant, servira, quand l'animal sera posé sur ses quatre pieds, à tirer et tendre cette partie autant qu'il sera nécessaire pour donner de la grâce et de la légèreté à la jambe. Il traverse le corps et vient s'attacher sur les côtés en *c c*, en appuyant fortement sur la peau qu'il maintient, tout en accusant, ainsi que nous venons de le dire, les fosses et les cavités, pendant la dessiccation.

Fig. 55.

Les jambes étant achevées, on prend le fil de fer destiné à la queue, on le dresse parfaitement ; on l'entoure de filasse en le roulant dans les doigts, l'on maintient cette filasse avec du fil, puis on l'introduit dans le fourreau de la queue, après l'avoir couvert d'une bonne couche de préservatif.

Après le travail de la queue, on coupe le fil de fer de la traverse de manière à lui conserver un quart de longueur de plus que la longueur totale de l'animal ; on l'aiguise en pointe à une de ses extrémités, et on y fait deux anneaux (fig. 54) de la même manière que celui de la traverse d'un oiseau, voyez page 215. Le premier anneau doit être placé à peu près à la hauteur des épaules, et le second près de son extrémité inférieure ; comme ils doivent servir à fixer les fils de fer des pattes, c'est aussi la distance des pattes qui doit décider de la leur.

On enfonce dans le cou l'extrémité aiguisée de la traverse *a* (fig. 54), et l'on vient la faire sortir au milieu du crâne, que l'on a percé d'avance ; si l'animal est fort gros, on croise dans le premier anneau les deux extrémités des fils de fer *b b*, des pattes, antérieures, et, au moyen d'une pince, on les tord avec l'anneau pour les fixer solidement. Ce n'est qu'à ce moment que quelques préparateurs commencent à bourrer le cou, et peut-être ont-ils raison, parce que sa longueur étant dès lors déterminée, on ne craint plus de distendre la peau. On en fait autant aux fils de fer *cc* des pattes de derrière, mais on y joint et on tord avec eux celui de la queue *d*. Si l'animal était fort gros, les fils de fer se trouvant proportionnés, il en résulterait qu'ils offriraient une grande résistance et qu'on ne pourrait pas les tordre facilement ; on agirait alors comme nous l'avons dit pour les grands oiseaux (voyez pag. 108-109), et comme nous le montrons dans la figure 54.

La carcasse étant solidement établie, on achève de **bourrer la peau, toujours en cherchant à lui rendre** ses formes primitives. On étend l'animal sur le dos, on l'enduit d'une bonne couche de préservatif, on place les étoupes, le foin si c'est une très grande espèce, et l'on bourre surtout les épaules, parce que c'est de là que dépend toute sa solidité ; on fait la même chose à l'endroit où se trouve la jonction des fils de fer. Au moyen d'un fil de fer dont on a contourné une extrémité en forme d'anneau, afin de lui faire une poignée, on introduit de la filasse toujours en pénétrant vers le dos, et lorsque celui-ci est bien formé, on fait la couture en commençant vers le haut, c'est-à-dire vers le sternum, et l'on continue à bourrer à mesure que l'on avance vers l'anus.

Si l'on opère sur un mâle, avant de terminer la couture, on a soin de former les parties de la génération en introduisant de la filasse dans le fourreau et le scrotum ; on fait ensuite un point de traverse pour séparer cette partie du ventre. Pour recoudre l'ouverture, on se sert d'un fil fin, mais fort et ciré. On rapproche les bords de la peau en en écartant les poils, afin de ne pas en saisir avec le fil ; on serre les points et, lorsqu'on a fini, on ramène les poils sur la couture, puis on les peigne pour la cacher et leur donner une bonne position.

L'animal étant bourré, on le couche sur le côté, et on l'aplatit en le frappant avec la main, ou même à coups de maillet, s'il est très gros. On le retourne de l'autre côté et l'on fait de même. On ne doit pas craindre de trop l'aplatir, car le bourrage, quelles que soient les précautions que l'on ait prises, rend toujours le corps trop gros et trop rond.

Quand on a mis l'animal dans cet état, on s'occupe d'ajuster les jambes à la même hauteur, et de les placer convenablement.

On prend alors un carrelet très pointu, on l'enfonce dans la peau dans différents endroits, et l'on s'en sert comme d'un levier, afin d'étendre, de relever et de faire gonfler les matières dont on s'est servi pour bourrer. On choisit une planchette proprement préparée pour faire un socle, on y fait quatre trous avec une vrille, à des distances mesurées, et l'on y enfonce les fils de fer des pattes, $a\,a\,a\,a$ (fig. 55), puis on les fixe par-dessous comme nous l'avons dit, page 93, pour les oiseaux qui ne perchent pas.

———

Il s'agit alors de donner au sujet une bonne attitude. C'est à ce moment que le préparateur doit déployer toutes les ressources qui lui sont inspirées par le goût et par une observation approfondie de la nature vivante. Il faut que la grâce particulière à l'animal soit caractérisée, et que sa tournure animée lui rende toutes les apparences de la vie. On relève la tête, on rapproche les oreilles l'une de l'autre, et on les dirige en avant; on regarde si les paupières ne se sont pas dérangées, et, dans ce cas, on les remet dans une bonne position, en remplissant les orbites avec du coton, et en les étendant dessus avec les brucelles. On maintient les oreilles droites, si elles doivent avoir cette position, au moyen de deux morceaux de carte ou de carton mince, entre lesquels on les tient pressées. Le préparateur prend garde à leur dessèchement, car elles sont souvent sujettes à se chiffonner et à se racornir; il parera à cet inconvénient en taillant un morceau de liége de la forme de l'oreille et le fixant dedans avec des épingles. On **passe les mains sur le dos pour unir les endroits ou la filasse aurait fait bosse**, et on lui donne une courbure naturelle en l'abaissant vers la région des reins. On examine si la croupe a été bien bourrée, et, s'il y manque quelque chose, on peut introduire encore de la filasse par l'anus. On comprime les flancs avec les mains. Enfin l'on indique : 1º toutes les parties saillantes, en tirant la peau et la distendant avec les doigts ou avec des pinces ou des tenailles; 2º toutes les parties enfoncées, au moyen de ficelles que l'on passe et repasse au travers du corps, avec une longue aiguille si l'on opère sur un très petit animal, avec un long poinçon si l'on en prépare un grand. C'est surtout pendant la dessiccation que l'on doit veiller à ce que toutes ces ligatures produisent l'effet qu'on en attend en ne se dérangeant pas.

Il s'agit maintenant de passer à la bouche de l'animal. On lui ouvre la gueule, et avec le scalpel on détache les lèvres des mâchoires; on détache de même le nez de son cartilage, et l'on coupe la chair placée sous ses muqueuses, de manière à les laisser le plus minces possible. On met du préservatif partout, et l'on remplace les parties enlevées, avec de la cire à modeler ou du mastic dont nous avons donné la composition à l'article des caroncules qui ornent la tête de certains oiseaux. Si la bouche doit rester fermée, on allonge un peu la lèvre inférieure, et on la fixe sous la lèvre supérieure, à la mâchoire, au moyen d'une pointe ou d'une épingle. Si la bouche doit rester ouverte, on la nettoie parfaitement, et l'on modèle des gencives et une langue avec de la cire à modeler ou du mastic.

On retouche les jambes et on marque les enfoncements des muscles, en passant au travers de leur épaisseur des ficelles que l'on noue des deux côtés. On tend les tendons d'Achille en nouant ensemble les deux bouts de ficelle que l'on a laissés pendants vers l'anus.

Il faut, quand toutes ces opérations sont terminées, s'occuper des yeux. On retire, avec des brucelles, le coton ou la filasse que l'on a introduit dans les orbites des yeux. Si les paupières se sont desséchées, on les ramollit en introduisant dans les orbites de la filasse mouillée qu'on y laisse jusqu'au lendemain; quand on l'en sort, on arrondit bien les paupières, on enduit l'intérieur avec de la colle de gomme, et on place les yeux d'émail.

Lorsque l'animal est en partie terminé, on le peigne et l'on unit bien le poil. On passe une bonne couche de térébenthine sur le museau, les pattes, les oreilles, et généralement sur toutes les parties où l'on aurait été forcé de laisser quelques ligaments ou cartilages. Par ce moyen, on assure leur dessiccation.

On laisse ainsi dessécher complétement l'animal, mais avec le soin de le visiter souvent, afin de parer sur le champ à tous les inconvénients qui pourraient survenir.

Quand la dessiccation est parfaitement opérée, on passe une légère couche de vernis autour des yeux, sur le museau, les ongles; on enlève les cartes, le carton ou le liége des oreilles; on coupe le fil de fer du front, les ficelles des tendons; on place l'animal sur un autre socle, s'il a été monté sur un socle provisoire, et il est alors capable de figurer et de se conserver dans la collection où on le place.

Nous ne terminerons pas cet article sans quelques avis qui peuvent être utiles. Par exemple, si l'on montait un animal accoutumé à marcher ou plutôt à sauter sur ses pattes de derrière, comme, par exemple, les *sarigues*, les *kanguroos*, les *gerboises*, etc., il faudrait choisir, pour les deux jambes de derrière, un fil de fer beaucoup plus gros, afin qu'il fût capable de supporter le poids du corps. Si l'on devait représenter l'un de ces animaux, ainsi qu'un *ours* ou tout autre plantigrade, posé sur son derrière, au lieu de faire passer un fil de fer par la plante des pieds, il faudrait le faire sortir par le talon.

§ 3. DIFFICULTÉS QU'OFFRENT QUELQUES MAMMIFÈRES

Ce que nous venons d'exposer suffit pour monter la plus grande partie des mammifères, surtout ceux de taille moyenne et de petite taille; mais on rencontre très souvent des animaux qui embarrasseraient le préparateur, si nous ne tâchions de prévoir les circonstances les plus difficiles, et d'indiquer comment il faut modifier la méthode de préparation selon l'urgence des cas.

Lorsque l'on opérera sur de grands quadrupèdes de la taille de l'*âne*, du *cheval* et au-dessus, on ne pourra pas faire sortir le corps de la peau par une ouverture aussi petite que nous avons dit, et cela à cause de la difficulté que des masses aussi pesantes opposent lorsqu'on veut les remuer. Voici comment on agira : Après avoir fait une première incision à la peau, depuis la naissance du sternum jusqu'aux organes de la génération, on en fera deux autres en travers. L'une de celles-ci commencera à l'articulation de l'humérus avec le radius et le cubitus, et elle se prolongera en suivant la partie interne de la jambe et croisant sur le sternum la première incision, jusqu'à la même articulation de l'autre jambe. L'autre commencera à l'articulation du fémur avec le tibia, se prolongera le long du côté interne de la cuisse, traversera la précédente un peu au-dessous des organes de la génération, et viendra finir vers la même articulation de l'autre cuisse. De cette manière, on écorchera avec beaucoup plus de facilité, et toutes les autres opérations se feront comme nous avons dit.

Ces grands quadrupèdes offrent encore une difficulté : c'est qu'il n'est pas possible de leur faire une charpente solide en fil de fer, ou, si on le choisissait assez gros pour cela, il deviendrait extrêmement difficile de le plier en anneau, de le tordre, etc., ce qui rendrait l'opération presque impraticable. Dans ce cas, on prend un morceau de bois d'une certaine force, ayant presque la même longueur que le corps de l'animal, et l'on y fixe solidement les tringles de fer qui doivent soutenir la tête, les jambes, etc.

Quelques animaux ont sur l'abdomen des membranes fort singulières et qui sont caractéristiques. Les *sarigues* et les *kanguroos*, et généralement tous les marsupiaux sont dans ce cas : les espèces de poches dans lesquelles ils cachent leurs petits doivent rester intactes, ce qui ne pourrait être si l'on incisait la peau comme nous l'avons dit. On les ouvrira donc sur le dos en commençant l'incision entre les deux épaules et la prolongeant jusque vers la naissance de la queue. Le reste de l'opération se fait comme pour les autres animaux, à cette légère différence près, qu'on maintient les membranes étendues avec des épingles et de légères lames de carton, s'il est nécessaire, ou en remplissant leur cavité avec de la filasse, que l'on enlève lorsqu'elles sont parfaitement sèches.

Souvent un animal a la *tête fort grosse*, ce qui empêche qu'on puisse la faire passer par la peau du cou lorsqu'il s'agit de l'écorcher. Dans ce cas, on regarde quelle est la partie la mieux garnie de poils, du dessus ou du dessous de la tête, et l'on fait une incision à l'une de ces parties. Si c'est le dessus, on commence l'incision sur l'occiput, entre les oreilles, et on la prolonge assez loin sur le cou pour que la tête puisse facilement passer et être nettoyée par ce trou. Si c'est le dessous qui est le mieux fourni de poils, on incise depuis le milieu de l'espèce de fosse creusée sous le menton, et on la prolonge en conséquence de la même raison. L'une et l'autre de ces incisions se recousent avant de bourrer le cou.

Les *cornes* sont encore une chose qui pourrait embarrasser un élève. On agit alors de la même manière que nous venons de dire pour les têtes qui ne peuvent passer par la peau du cou, c'est-à-dire qu'on fait une seconde incision sur la tête; mais on ne se borne pas là. Si les cornes sont recouvertes de peau et de poils, comme celles d'une *girafe*, on les scie sur les os du crâne et on les laisse après la peau; quand on monte l'animal, on les replace et on les colle dans le même trait de scie; mais, si elles sont d'une substance écailleuse comme celles d'un *bœuf*, on cerne la peau tout le tour, et on les laisse attachées au crâne. Quelquefois il est nécessaire de faire une incision cruciale qui traverse d'une corne à l'autre.

13.

Certains animaux féroces produisent plus d'effet dans la collection si on les représente la *gueule ouverte*. Dans ce cas, on se sert de la cire à modeler, ou du mastic dont nous avons donné la composition, pour remplacer les gencives et modeler la langue et autres parties de la gueule. Lorsque la cire est parfaitement sèche, on passe dessus un vernis transparent à l'esprit-de-vin, ce qui achève de leur donner une ressemblance parfaite avec la nature.

———

Les animaux *à poil ras* offrent une difficulté insurmontable pour beaucoup d'amateurs, lorsque ceux-ci ne connaissent pas les moyens de dessiner les formes que les muscles et quelques tendons font prendre à la peau, et particulièrement à celle des jambes. On remarque que presque tous les quadrupèdes ont le *tendon d'Achille* très proéminent, et comme dégagé de la jambe, ce qui lui donne beaucoup de grâce et de légèreté. Si l'on bourrait cette dernière sans prendre cette forme en considération, elle ressemblerait à un pilier massif, et l'animal serait entièrement défiguré. On parvient à rendre ce tendon saillant en passant une ficelle autour, ce qu'on fait en enfilant cette ficelle dans un carrelet qui sert à percer la peau ; on fait de bons nœuds partout où il en est besoin, et en le ficelant ainsi, on l'arrondit à volonté. Si cette opération ne suffit pas pour le rendre saillant, on prend le même carrelet enfilé d'une autre ficelle, et l'on perce la jambe de part en part vers le commencement des deux fosses ou enfoncements qui doivent se trouver entre le tendon et le devant de la jambe ; on y fixe le bout de la ficelle et on fait une couture en remontant le long de la fosse et rapprochant plus ou moins la peau des deux côtés du membre, selon que la fosse doit être plus ou moins profonde ; lorsque celle-ci est parvenue au point où elle finit, on cesse la couture et l'on fait un nœud. Quand l'animal est parfaitement desséché, on ôte la ficelle et la peau conserve ses formes. Toutefois, nous devons le dire, cette opération ne réussit parfaitement que lorsqu'on a préparé d'avance les choses en bourrant.

Les enfoncements de la peau qui doivent figurer les *muscles du corps* sont plus faciles à rendre. On prend une aiguille à matelas et on la passe de part en part à travers le corps en laissant un morceau de la ficelle en dehors ; on la repasse ensuite plus haut et plus bas, selon la longueur et la direction que l'enfoncement doit avoir, puis on réunit les deux bouts de la ficelle et on les noue, en serrant, selon que l'on veut comprimer plus ou moins fortement la peau. On réitère cette opération partout où il en est besoin (fig. 55, *cc*, voy. page 217).

Plusieurs mammifères, par exemple les *chauves-souris*, les *roussettes*, les *rinolophes*, les *galéopithèques*, etc., ont des membranes nues ou velues qui leur réunissent les membres et leur servent à voler. Ces animaux ne peuvent être dispensés du bain, si l'on ne veut voir les insectes détruire leurs membranes en fort peu de temps. On les monte et on les applique, les ailes étendues et maintenues, par des épingles, sur une planchette ou un carton. Lorsqu'ils sont secs, on passe sur les membranes une bonne couche d'essence de térébenthine.

Si le hasard faisait qu'on eût à monter un très grand animal, tel qu'un *éléphant*, tous les conseils que nous venons de donner seraient ou insuffisants ou impraticables. Nous allons décrire ici la méthode qu'a employée M. Dufresne, au Jardin des Plantes de Paris, pour empailler l'éléphant qui mourut à la ménagerie en 1803. Par cet exemple, le préparateur se fera une idée très claire de la méthode qu'il aurait à employer si le hasard le mettait dans le cas d'en avoir besoin pour un très gros animal, éléphant ou autre.

La position de l'animal mort et étendu par terre facilita les moyens de le mesurer dans toutes ses parties. Ses différentes proportions furent prises avec une espèce d'aune de la façon du sieur Lassaigne, mécanicien du Muséum; cet instrument ressemblait assez au compas d'un cordonnier. Les courbes du dos, du ventre, etc., furent prises avec des petites barres carrées de plomb de 20 millimètres d'épaisseur. Ce métal, qui n'a nulle élasticité, se plia et conserva toutes les formes de l'animal.

D'après ces mesures, M. Desmoulins, dessina l'éléphant de grandeur naturelle sur le mur de la salle où il devait être placé. Cela fini, M. Dufresne fit procéder à son dépouillement. On ne pouvait faire autrement que de l'ouvrir par le dos, en le soulevant au moyen d'une poulie attachée à la charpente du toit. C'est dans cette position qu'on lui fit une incision cruciale depuis la bouche jusqu'à l'anus, et deux en travers d'une jambe à l'autre, la trompe et la queue furent incisées en dessous dans leur longueur, et l'on coupa la plante des pieds de manière à conserver les ongles attachés à la peau.

Après quatre jours de travail et l'emploi de plusieurs personnes, on vint à bout de dépouiller l'animal. La peau pesait 288 kilogrammes. On l'étendit par terre pour la nettoyer des muscles qui y étaient restés, principalement à la tête.

La peau, telle qu'elle était, fut placée dans un très grand cuvier, et on la recouvrit, jusque dans ses plus petits replis, d'une forte quantité d'alun pulvérisé. On fit ensuite bouillir de l'eau et de l'alun en telle quantité, qu'en la versant sur la peau, cette dernière fut submergée dans le fond du cuvier. Après un certain temps de macération, on retirait cette eau d'alun du cuvier pour la faire bouillir, puis on la versait de nouveau sur la peau jusqu'à ce que celle-ci en fût couverte de 162 millimètres.

Pour plus de précision dans l'exécution de la carcasse artificielle en bois, sur laquelle on devait monter l'animal, on prit, au moyen du plâtre, l'empreinte de la moitié de la tête dépouillée et des jambes de devant et de derrière.

Quand toutes ces mesures furent bien prises, M. Lassaigne construisit en bois de châtaignier et de tilleul un corps artificiel de la grosseur de l'éléphant, avec un art tel qu'il pouvait se démonter à vis, pièce par pièce, et que, étant creux, on pouvait monter dans son intérieur. Tout cela est excellent au Muséum d'Histoire naturelle de Paris; mais dans une collection particulière, on pourrait fort bien retrancher ces vis et ces écrous. L'essentiel est que cette charpente joigne à la fois la légèreté à la solidité.

Après une assez longue macération, on retira l'eau d'alun du cuvier, on la fit bouillir de nouveau, et on la jeta bouillante sur la peau sur laquelle on la laissa une heure et demie. Au bout de ce temps, on retira la peau pour l'appliquer toute chaude sur le dos de l'éléphant de bois. Ce travail fut d'autant moins facile, que le squelette se trouva être un peu trop gros, et la peau ne put le recouvrir entièrement. Il ne restait qu'un moyen à employer. On ne pouvait diminuer la charpente, on enleva la peau et on l'étendit sur un grand chevalet; puis, avec de grands couteaux, on diminua son épaisseur en dedans, autant qu'on le put sans nuire à sa solidité. Pendant quatre jours entiers, cet ouvrage occupa cinq personnes, et les lambeaux de tissu enlevés pesaient 91 kilogrammes.

Pendant ce travail, la peau s'était desséchée de manière à n'être plus maniable. Pour la ramollir, il suffit de la mettre dans le cuvier avec de l'eau froide. Le jour suivant on l'étendit sur la carcasse, et on l'y fixa avec des clous. Ceux qui bordaient les incisions furent fixés solidement, les autres qui ne devaient servir qu'à faire suivre à la peau les enfoncements de l'éléphant de bois, furent moins enfoncés, de manière qu'on put les retirer facilement quand la peau fut sèche.

Il y avait deux avantages réels à diminuer la peau d'épaisseur. Le premier était de moins charger la charpente et de provoquer une dessiccation plus prompte; le second consistait en ce que la peau s'appliquait plus exactement, ce qui permettait de rendre aisément les formes de l'animal.

On avait eu la précaution de donner à la carcasse une bonne couche de peinture à l'huile. Malgré cela, on craignait que l'humidité n'occasionnât quelques dégâts à la peau à l'intérieur : il n'en fut rien ; seulement l'alun dont on l'avait saturée se cristallisa bientôt à l'extérieur, et lui donna une couleur grise désagréable à l'œil. On fit disparaître cette couleur en passant sur la peau une couche d'essence de térébenthine, et ensuite une couche d'huile d'olive.

Les yeux de cet éléphant sont en porcelaine et fort bien imités. L'attitude de ce grand mammifère est si parfaite, qu'on le croirait vivant, et c'est le plus gros animal que l'on ait vu dans un cabinet. Les *couaggas*, les *girafes*, les *chevaux*, les *chameaux*, les *mulets*, etc., que l'on voit au Muséum d'Histoire naturelle de Paris, ont tous été montés de la même manière.

Tous ces renseignements paraîtront peut-être minutieux, et cependant nous croyons qu'ils sont nécessaires pour faire éviter aux amateurs des tâtonnements qui occasionnent toujours une grande perte de temps. Du reste, nous sommes persuadé que nous avons trop écourté nos instructions pour l'homme qui manque de ce génie inventif qui fait surmonter des difficultés imprévues, et que nous avons dit tout ce qu'il faut pour l'amateur guidé par le bon goût et l'envie de parvenir.

§ 4. MÉTHODE ALLEMANDE DE TAXIDERMIE

Nous ne donnons pas cette méthode pour la recommander, tant s'en faut, mais il est bon de connaître l'état de l'art chez nos voisins, ne fût-ce que pour faire juger de sa perfection chez nous. Ensuite, on peut toujours saisir au passage quelques détails, quelques vues utiles, qui, dans de certaines circonstances, peuvent recevoir une application plus ou moins heureuse. Nous allons laisser parler Naumann lui-même.

« Pour dépouiller une bête, on la pose devant soi, la tête vis-à-vis de la main droite et la queue vis-à-vis de la gauche ; comme les peaux diffèrent beaucoup entre elles, il y a aussi différentes manières de les préparer. La plupart sont recouvertes de poils, quelques-unes portent des cornes, et exigent une manipulation différente. On les ouvre par le dos, mais celles qui, au contraire, ont des aiguillons, un dos dur ou recouvert d'écailles, s'ouvrent par le ventre.

« Avant de dépouiller une bête, on fait une pâte claire de papier brouillard que l'on met tremper dans l'eau. On place cette pâte près de soi, et l'on s'en sert en travaillant, pour empêcher la saleté de tomber sur les poils et le côté intérieur de la peau, afin que les poils ne s'y collent.

« Quand c'est un animal recouvert de poils, on le pose devant, comme nous venons de le dire, et on lui fait une incision qui, partant d'entre les deux épaules, se prolonge tout le long de la colonne dorsale jusqu'à la naissance de la queue. Quand la peau est ainsi ouverte, on cherche à la détacher avec le scalpel et la main, sur un de ses côtés, en la séparant des chairs qui y adhèrent; on retourne l'animal pour faire la même chose de l'autre côté. Il ne faut pas oublier de se servir de la pâte de papier ci-dessus indiquée, pour que la peau ne puisse se dessécher, chose qui arrive promptement, et pour empêcher les poils de se coller sur les bords de l'incision. Alors on essaie de séparer la queue de son fourreau, en la retirant peu à peu en arrière jusqu'à son extrémité : cette opération est très difficile dans tous les animaux, principalement dans ceux qui ont la queue mince : on la rend plus facile en tournant la queue comme on fait une barre jusqu'à ce que l'on entende un peu craquer. Quand il s'agit de souris, dont la queue est sans poil, cela devient de la plus grande difficulté, car la peau de ces animaux n'a presque pas de consistance.

« Quand la queue est dépouillée, on sépare la peau vers l'anus, avec des ciseaux, et l'on agit de même pour les parties génitales. On dépouille les cuisses l'une après l'autre, et les jambes jusqu'aux ongles ou à la corne, et l'on nettoie les os des chairs et des graisses, en conservant les ligaments des articulations. Enfin, on sépare l'articulation du genou. On peut aussi laisser une partie de l'os supérieur de la cuisse, ce qui aide beaucoup à donner la forme naturelle à cette partie quand on l'empaille ; mais il ne faut pas en conserver plus de la moitié.

« Quand le train de derrière est ainsi préparé, on dépouille la poitrine jusqu'aux omoplates. On procède, pour les pattes de devant comme pour celles de derrière, et l'on sépare également les os de l'articulation qui réunissent l'omoplate à l'os supérieur de la patte. Quand les os de cette partie sont nettoyés, on continue à dépouiller le reste de la bête. Le cou se dépouille aisément, mais la tête offre des difficultés.

« Le dépouillement de la tête des mammifères diffère selon qu'ils ont des cornes, ou qu'ils n'en ont pas, ou qu'ils ont une peau lisse.

« Il y a deux manières de dépouiller les têtes sans cornes. La plus certaine, surtout pour les commençants, est de retirer la peau jusqu'aux oreilles, dont on sépare la peau des enfoncements en se servant du scalpel ; ensuite on fait la même chose pour la peau qui entoure les yeux, que l'on enlève de leurs orbites, en ayant soin de ne pas attaquer les paupières. On continue ainsi jusqu'au nez, aussi loin qu'on le peut, sans gâter les lèvres. Alors on coupe la partie postérieure du crâne et de la mâchoire inférieure, de la même manière qu'on le fait pour les oiseaux. De cette façon, il reste dans la peau de la tête la partie antérieure du crâne et de la mâchoire inférieure, cette dernière étant coupée après la dernière molaire. On nettoie ces parties de la chair et de la graisse, et l'on enlève la cervelle.

« D'après l'autre manière, qui est la plus difficile, on coupe les os de la tête à partir du creux des yeux, de sorte qu'il ne reste dans la peau que la partie du crâne qui va des yeux à la mâchoire inférieure.

« Pour les animaux à cornes, on les dépouille jusqu'à l'endroit le plus près de ces cornes, que l'on enlève ensuite, avec un morceau de crâne, au moyen d'un instrument tranchant. On opère alors pour le reste comme pour les animaux sans cornes. Seulement on a soin de replacer dans le creux du crâne le morceau qui en provient et qui sert de racine aux cornes.

« Il y a des bêtes dont la tête est si grosse, qu'il est impossible de la passer par la peau du cou : il ne reste donc d'autre moyen que de prolonger l'incision jusqu'à la nuque. Quand toutes ces opérations sont bien soigneusement faites, on ne s'aperçoit pas des incisions.

« Dans toutes les bêtes dont la peau ne permet pas de faire l'incision sur le dos, on la fait sous le ventre, en la commençant entre les deux jambes de devant et en la prolongeant jusqu'entre celles de derrière. Tout le reste de l'opération du dépouillement ressemble aux autres manières déjà indiquées.

« Quand on a employé sur tout l'intérieur de la peau et des autres parties qui y sont adhérentes, le préservatif déjà connu, on pose devant soi le corps de l'animal pour en imiter un semblable avec de l'étoupe, et on le place ensuite dans la peau après l'avoir consolidé avec des fils d'archal placés dans son intérieur. On remplit d'étoupe le creux des yeux et de la tête, puis on tire la peau sur le cou artificiel, de manière à ce qu'elle y soit bien étendue.

« On recouvre d'étoupes les os des pattes, en tâchant de leur donner la forme qu'elles avaient naturellement ; on laisse ces étoupes un peu longues pour pouvoir, en la pressant avec les doigts, donner à l'omoplate sa forme naturelle. Quand les jambes sont ainsi bien uniformément empaillées, on retire la peau sur tout l'ouvrage, que l'on met le plus possible en bonne position. On opère de même pour les cuisses, en se servant de l'os supérieur que l'on a conservé pour l'envelopper adroitement d'étoupes et lui donner l'apparence d'une cuisse naturelle, ce que l'on vient facilement à bout de faire en modelant son ouvrage sur la cuisse de l'animal qui est devant soi.

« L'os de la queue est remplacé par un fil d'archal entouré d'étoupes et que l'on fait entrer dans le fourreau de la queue, d'un côté, et dans le noyau du corps de l'animal par l'autre bout que l'on a rendu pointu. Il est entendu que ce fil doit être d'un calibre proportionné à la queue. Cette opération, pour les petits animaux, comme pour les souris, par exemple, est fort délicate, et la moindre négligence amène un malheur.

« Maintenant il faut mettre le noyau et le cou dans la peau après leur avoir donné la forme convenable et les avoir entourés de ficelle pour les rendre plus solides, et recoudre proprement la peau.

« Pour les plus gros animaux, on remplace l'étoupe par du foin et de la mousse : cette dernière doit être de l'espèce de celle que l'on trouve fréquemment dans les marais et que les connaisseurs nomment *sphagnum* et *fontinalis*. Dans tout cela, il faut avoir le soin de faire le corps et les membres artificiels de la bête un peu plus minces que le vrai corps, afin de ne pas être obligé de tirer la peau, ce qui a de mauvais résultats. Il ne faut pas cependant les faire trop minces. Un juste milieu suffit et l'on n'apprend à le connaître que par une longue pratique. L'empaillage des quadrupèdes offre en général plus de difficultés que celui des autres animaux, et chacun n'y réussit pas.

« La bête ainsi empaillée, on la pose devant soi, et l'on choisit un fil d'archal d'un numéro proportionné à sa grosseur; par exemple, pour un putois, on en prend un de la grosseur d'une forte aiguille à tricoter. Il faut cinq de ces fils dont on mesure la longueur sur les parties dans lesquelles ils doivent entrer. Le fil du cou doit traverser la tête, le cou, et aller jusqu'au milieu du noyau. Le fil des pattes doit également atteindre ce noyau et dépasser le pied de quelques centimètres pour pouvoir fixer l'animal sur son socle. Tous ces fils doivent être appointés par un bout et enfoncés de manière qu'on ne les aperçoive pas à l'extérieur de l'animal. On étend les pieds de la bête, en commençant par ceux de derrière. On fait passer le fil dans la jambe à travers l'os, de telle sorte que son bout pénètre dans le noyau. La même opération a lieu pour les jambes de devant.

« On donne à la tête, au cou, au corps, à la queue et aux jambes, la position naturelle que ces parties doivent avoir; on perce des trous dans la planche ou la branche qui doit porter l'animal, que l'on y fixe au moyen des bouts de fil d'archal qui ressortent des pattes. Il serait bon, pour ce travail, d'avoir un modèle vivant sous les yeux; mais cela est rare à se procurer, il faut que le goût et la connaissance des habitudes de l'animal y suppléent. Là, les gravures et les dessins peuvent aider le commençant, car, sans tout cela, il est impossible de donner à un animal la position naturelle, position d'où dépend absolument la beauté de l'ouvrage ; et si bien que fasse l'empailleur, sans modèle pour se guider, il laisse toujours quelqu'imperfection dans son ouvrage.

« Quand l'animal est en place et qu'on a disposé ses jambes, sa queue, etc., on examine s'il ne manque pas encore quelque chose à la tête, et, si la chose est nécessaire, on y ajoute de l'étoupe par la gueule et par les yeux. On pose les yeux artificiels, on place de l'étoupe ou du papier dans les narines, pour qu'en séchant, ces diverses parties conservent une bonne forme. Quand l'animal ne doit pas être posé la bouche ouverte, on ferme la bouche et les lèvres avec des épingles. On lui dresse les oreilles que l'on soutient par des fils d'archal ou par des morceaux de carte attachés avec des épingles, qu'on laisse jusqu'à ce que ces parties soient sèches.

« Le tout ainsi soigné est placé près d'un poêle chaud où on le laisse sécher lentement, et l'ouvrage est terminé. »

CHAPITRE III

Préparation des Reptiles.

Comme cette classe offre des animaux d'une conformation tout à fait différente et qui exige par conséquent diverses préparations, nous allons en traiter dans plusieurs articles, divisés selon les classifications établies par les naturalistes.

§ 1. TORTUES

On sait que ces animaux ont le corps enveloppé dans une cuirasse écailleuse dont le dessus porte le nom de *carapace*, et le dessous celui de *plastron*.

Quand une Tortue meurt, elle rentre habituellement ses membres dans l'intérieur de la cuirasse. Aussitôt qu'elle a expiré, il faut, sans perdre de temps, saisir ses membres avec une pince et les tirer adroitement au dehors, c'est-à-dire les mettre dans la position où ils se trouvent lorsque l'animal marche. Si l'on ne faisait pas cette opération immédiatement, les membres refroidis offriraient une grande résistance à la traction et l'on s'exposerait à les déchirer.

Les membres amenés au dehors, on s'assure si la carapace est intimement unie au plastron et ne forme qu'un seul corps avec lui, ou bien si elle y est seulement réunie par un cartilage. Dans le premier cas, on les sépare au moyen d'une scie très fine, mais de manière à ne pas en entamer les bords; dans le second cas, on peut faire cette séparation avec le scalpel. Les membres de l'animal restent adhérents à la carapace.

Lorsque le plastron est enlevé, les intestins se montrent à découvert. Alors on renverse la Tortue sur le dos et l'on ôte facilement tous les viscères de la poitrine et de l'abdomen. On détache les pattes, le cou et la tête, en coupant leurs articulations près de la carapace, et en prenant le plus grand soin pour ne pas couper la peau. Cela fait, on s'occupe du dépouillement des jambes de derrière, que l'on refoule de dehors en dedans pour en détacher facilement la peau. Ici, il n'est pas nécessaire de laisser une partie des os, comme dans les oiseaux et les mammifères ; on enlève tout ce que l'on peut sans léser la peau, car on n'aurait pas la faculté de cacher une déchirure comme dans ces derniers. On passe ensuite à la queue, dont on retire la noix avec beaucoup de précaution. Si l'on craignait de la casser, on la fendrait par-dessous, on l'écorcherait en rejetant la peau sur les côtés, puis on la passerait au préservatif, après quoi on la recoudrait et bourrerait tout de suite. On passe alors aux jambes de devant, que l'on écorche de la même manière qu'on a fait celles de derrière. Enfin, on dépouille le cou et l'on arrive à la tête. Nous ferons observer que l'on doit vider le crâne par le trou occipital, sans l'agrandir, parce que la peau s'appliquant positivement sur les os et en dessinant les formes, le derrière de la tête se trouverait déformé si l'on enlevait une partie de la boîte osseuse, comme on fait aux oiseaux et aux quadrupèdes.

La tête ayant été dépouillée et nettoyée de toutes ses chairs, on étend sur tous les os, sur la carapace et sur toute la peau, une couche épaisse de préservatif ; on bourre toutes les parties avec de la filasse ; on passe, dans les pattes, la queue et le cou, des fils de fer qu'on unit solidement ensemble, et l'on achève de bourrer. Toutefois, on peut se dispenser de faire une carcasse entière, parce que l'animal étant toujours porté sur son plastron, et jamais sur ses pattes, il suffit de faire dessécher celles-ci dans une bonne attitude pour qu'elles la conservent toujours ; mais il ne faut jamais oublier de passer un fil de fer dans la tête et le cou, afin de pouvoir les maintenir dans une direction quelconque.

Après ces diverses opérations, il ne reste plus qu'à replacer le plastron. On l'unit à la carapace avec de la colle-forte, ou au moyen de quelques morceaux de fil de fer très fin que l'on passe dans des trous faits sur les deux bords des écailles, et que l'on tord en dessous avec des pinces. Enfin, on nettoie parfaitement les écailles avec une brosse rude et un peu humide, on place les yeux d'émail, on donne l'attitude, et on laisse sécher.

Avant de mettre l'animal dans la collection, on applique sur toutes ses parties une couche de vernis.

Nous rappellerons que le cou des Tortues, lorsqu'il n'est pas très étendu, offre des plis de la peau qui doivent être conservés. Si le préparateur ne se sentait pas assez habile pour cela, il représenterait l'animal le cou tendu, mais cette attitude est toujours disgracieuse.

Les *œufs* de Tortue et les individus très jeunes ou *petits* peuvent se conserver très bien dans une liqueur spiritueuse, en les traitant comme nous le dirons plus bas pour d'autres reptiles

§ 2. LÉZARDS

Les *lézards* ou *sauriens* sont les reptiles qui se laissent monter le plus facilement. Ils se préparent comme les *grenouilles*, à quelques différences près, que nous allons mentionner ici.

La peau demande beaucoup de précaution quand on la retourne, pour ne pas en faire tomber les écailles, lesquelles se détachent très facilement, surtout quand l'animal a été tué peu de temps avant de changer de peau.

La queue est aussi une chose sur laquelle l'attention doit particulièrement se porter, car, le plus ordinairement, elle se rompt avec la plus grande facilité, surtout dans les espèces qui l'ont très écailleuse. Si l'on croit pouvoir l'écorcher sans la fendre, à mesure qu'on avancera dans cette opération, on coupera, avec un scalpel très tranchant, les fibres tendineuses qui partent de chaque apophyse et vont se perdre dans la peau ; on est presque toujours obligé de laisser intact le morceau de noyau formant l'extrémité. Enfin, il est toujours plus sûr de prolonger l'incision de l'abdomen jusqu'au bout de la queue, et de relever la peau sur les côtés pour l'écorcher.

Pour les animaux de cette classe, on emploie la charpente artificielle représentée par la figure 56, qui sert, suivant ses dimensions, à monter les Lézards et les Crocodiles. a, traverse de la tête ; bb, traverses des pattes antérieures ; cc, traverses des pattes postérieures ; d, traverse de la queue.

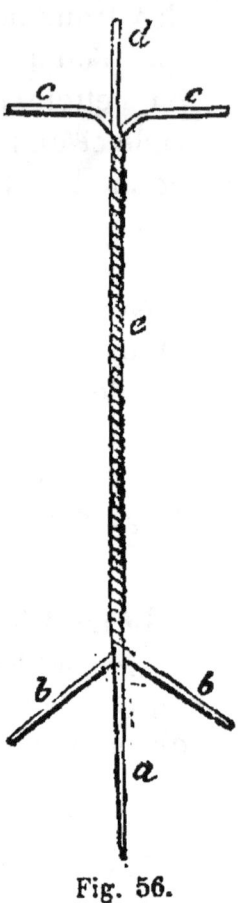

Fig. 56.

Pour les animaux qui ont le corps racourci, tels que les Crapauds, les Grenouilles, etc., il ne s'agit que de faire moins longue la traverse du corps e, et de supprimer la queue d. Mais, du reste on les arrange de la même manière.

On donnera l'attitude après avoir bourré l'animal, l'avoir cousu, et posé les yeux. Si l'animal a une crête membraneuse sur le dos, on la redresse et on la maintient entre deux petites lames de liége, ou deux plaques de carton qui la compriment un peu, sans la serrer assez pour la déformer. Avec des épingles on maintient étendus les doigts et les membranes qui, quelquefois, les réunissent.

Enfin, lorsque le reptile est desséché, on lui passe une couche de vernis transparent sur le corps, ce qui lui rend tout son éclat.

§ 3. SERPENTS

Les *serpents* s'écorchent par la gueule, mais il faut user de grandes précautions lorsqu'on opère sur des espèces venimeuses, car il est reconnu que, si l'on se piquait à l'un de leurs crochets, même longtemps après leur mort, il pourrait en résulter, pour le préparateur, des accidents fort graves.

Pour éviter tout danger, on commence par arracher les crochets, qu'on met à part, puis, avec une pince de dissection, on saisit les vésicules qui renferment le poison, et on les coupe le plus près possible de la mâchoire, avec des ciseaux. Lorsque l'animal est préparé et desséché, on figure les vésicules avec de la cire, et l'on y implante les crochets, après les avoir plongés quelques instants dans de l'alcali volatil.

Lorsqu'il ne sera pas possible de donner à la gueule une dilatation assez grande pour en extraire le corps, on fera une incision longitudinale sur la peau du ventre, à quelque distance du cou et d'autant plus loin de cette partie que l'on voudra redresser la tête de l'animal, en lui donnant l'attitude. Cette ouverture ne devra avoir que la longueur suffisante pour laisser un passage au corps, c'est-à-dire que, si le corps a 27 millimètres de diamètre, l'incision aura 81 millimètres de longueur.

On enlèvera d'abord tous les viscères contenus dans l'abdomen ; puis, avec la pointe du scalpel, on coupera le corps et les muscles qui sont attachés à la peau ; alors on fera sortir par l'ouverture le tronçon correspondant à la queue, on le saisira avec des pinces, et on l'attachera à un morceau de ficelle fixé au plancher. On aura la plus grande facilité à l'écorcher, en renversant la peau par dessus, et la faisant doucement descendre vers le bas.

Lorsqu'on sera parvenu à l'anus, on coupera le rectum, et dès lors on prendra beaucoup plus de précautions pour ne pas rompre la queue. Elle est généralement plus solide dans les Serpents que dans les Lézards, cependant elle demande à être traitée avec les mêmes soins, et quelquefois à être fendue dans toute sa longueur.

La partie inférieure du corps ayant été dépouillée, on passera au tronc correspondant à la tête, et on le suspendra à une ficelle attachée au plancher pour avoir plus de facilité. A mesure qu'on le détachera de la peau, on renversera celle-ci sur la tête, et, lorsqu'on y sera parvenu, on séparera le cou d'avec la base du crâne. Rarement on essaiera de renverser la peau de la tête jusqu'au bout du museau, comme le recommandent quelques auteurs, parce que cette partie est recouverte de plusieurs larges plaques écailleuses qui se détérioreraient si l'on essayait de les plier comme il faudrait le faire pour renverser la peau, surtout si l'on préparait une petite espèce. On se contentera donc de soulever la peau avec un petit instrument, de la détacher du crâne par cette opération facile, et d'introduire entre eux deux une certaine quantité de préservatif. Le reste de la tête et la cervelle se nettoient aisément par les autres parties que l'on met à découvert, et principalement par la gueule.

La peau ainsi préparée, on lui passe à l'intérieur une bonne couche de préservatif, et on la retourne. S'il s'agit de la faire voyager ou de la conserver longtemps avant de la monter, on se contente de la bourrer et de la faire sécher. Mais, si l'on veut la monter tout de suite, voici comment on doit s'y prendre :

On coupe un fil de fer un peu plus long que l'animal, on l'enveloppe d'une petite quantité de filasse afin que le fer ne puisse se trouver en aucun contact avec la peau; car, partout où il la toucherait, la rouille la rongerait et finirait par y faire un trou. On fait ensuite pénétrer le fil de fer par la gueule, et on l'enfonce dans le corps, jusqu'à ce qu'il soit parvenu au bout de la queue, qu'il ne doit pas dépasser. On bourre le serpent avec de la filasse hachée que l'on introduit d'abord par l'incision, puis par la gueule lorsqu'on a cousu la peau. Si l'on a de la sciure de bois, on peut s'en servir au lieu de filasse; mais l'économie n'est pas grande, et l'ouvrage est moins solide. Reste à donner l'attitude ; cette opération n'est pas aussi facile qu'elle le paraît au premier coup-d'œil. Le corps de l'animal doit ondoyer avec grâce, et former des replis toujours arrondis et jamais brusques. Les parties avoisinant l'extrémité de la queue seront cylindriques; mais, au-dessus de l'anus, elles doivent être aplaties du côté du ventre, le dos doit également s'élever en dos d'âne ; ces dispositions sont plus prononcées à mesure que l'on remonte vers le milieu de la longueur du ventre, et là, si l'on tronquait l'animal, l'aire de la coupe devrait former à peu près la figure d'un triangle posé sur un de ses côtés, et dont les angles auraient été arrondis.

Lorsque le sujet est en position, on le lave avec de l'eau, ou avec de l'esprit de vin s'il a séjourné dans cette liqueur avant d'être dépouillé. On enlève l'humidité en passant à plusieurs reprises un linge sec sur ses écailles, et, soit pour hâter sa dessication, soit pour raviver ses couleurs, on lui applique sur tout le corps une bonne couche d'essence de térébenthine. Enfin, on lui met des yeux d'émail, on lui garnit la gueule de manière à la maintenir en position, et on le laisse sécher. Il ne faut pas oublier, avant de le placer dans la collection, de lui donner une couche de vernis

On sait que les yeux des Serpents sont recouverts, comme tout le reste du corps, d'un épiderme écailleux qui tombe et se renouvelle chaque année. C'est cette écaille qui, en ternissant un peu l'œil de ces animaux, leur donne un regard terne et sinistre si effrayant. On peut remplacer cette écaille avec une goutte de vieux vernis un peu épais et mêlé à une parcelle de vermillon. C'est surtout dans les espèces à crochets que cette méthode produit un effet qu'on ne soupçonnerait pas avant de l'avoir employée.

Observation importante : Quand on veut empailler un Serpent, ou tout autre animal conservé dans l'esprit-de-vin, il est nécessaire de le faire tremper dans de l'eau pure quelque temps à l'avance, si l'on veut avoir une grande facilité à le dépouiller. Autrement, les muscles et la peau sont tellement racornis par la liqueur spiritueuse, qu'il n'est pas facile de les détacher sans accident.

Autre observation non moins indispensable : Pour conserver les belles couleurs dont est parée la peau du plus grand nombre de reptiles, il faut que la dessiccation se fasse avec beaucoup de rapidité; autrement, elles se ternissent et disparaissent même quelquefois entièrement. Il faut donc, si l'on opère dans la belle saison, les placer dans un lieu très sec, à un courant d'air, mais à l'ombre; si c'est en hiver, les exposer à une chaleur artificielle.

§ 4. BATRACIENS

Les *grenouilles* et les *crapauds* se dépouillent de la même manière que nous avons dit pour les mammifères, à cette différence près, qu'on ne laisse pas les os des pattes dans la peau, mais seulement la colonne vertébrale. On bourre les membres avec des étoupes hachées menu. On place dans le corps une carcasse de fil de fer fixée au moyen d'un anneau placé vers le milieu du corps, et l'on recoud, avec cette seule différence que l'on prend beaucoup plus de précautions pour faire parfaitement rejoindre les deux bords de la peau. De plus, on se sert de fil très fin, et la couture est fine et à points rapprochés. Enfin, on fait sécher, et l'on passe le vernis.

Des préparateurs ont souvent employé, pour les Grenouilles et les Crapauds, comme pour quelques espèces de *lézards* et de *serpents*, une méthode très facile, beaucoup plus expéditive, mais vicieuse sous plus d'un point. Elle consiste à dépouiller l'animal sans faire d'incision à la peau. Voici comment on opère :

Si l'animal a la gueule assez grande, ou, pour nous exprimer mieux, susceptible d'une assez grande dilatation, on ouvre fortement ses deux mâchoires, et l'on fait, en dedans de la gueule, une incision circulaire au moyen de laquelle on détache le cou et toutes les chairs qui le composent, de manière que la tête ne tienne plus au corps que par la peau, qui doit rester intacte. On conçoit que, pour distendre la gueule au point nécessaire, il faut couper les ligaments internes qui réunissent les mâchoires, et c'est par là qu'on doit commencer.

Lorsque le tronc est bien détaché de la tête, on renverse la mâchoire inférieure d'un côté et le crâne de l'autre, et l'on saisit avec des pinces le tronçon qui se présente à l'ouverture; on le tire à soi, et l'on écorche en renversant la peau. Quand on est parvenu aux pattes, on les coupe à leur articulation avec le corps, on les écorche et l'on dépouille leurs os de la chair qui les recouvre. Lorsque le corps est extrait de la peau dans son entier, on revient à la tête, que l'on débarrasse de la cervelle et des muscles, et que l'on passe ensuite au préservatif. On la remplit de coton, on enduit la peau de préservatif, et l'on fait repasser le tout par la gueule pour retourner la peau.

Il reste à remplir le corps de l'animal: pour cela, on l'accroche par sa mâchoire inférieure à un petit crochet de fil de fer qui est suspendu au plancher par une ficelle; on lui ouvre la gueule, et on y fait couler du sable très fin et très sec jusqu'à ce que la peau soit pleine. Alors on détache l'animal, on le place sur une petite planchette, et on lui donne la forme et l'attitude nécessaires, après lui avoir fermé la gueule avec une épingle ou un morceau de linge. Lorsqu'il est parfaitement sec, on entr'ouvre légèrement les mâchoires, et l'on fait tomber, par cette ouverture, le sable qu'on y a introduit. Enfin, on passe sur la peau une couche de vernis.

Un animal ainsi préparé offre le grave inconvénient de n'avoir jamais de formes bien dessinées, de s'affaisser au moindre choc, et de ne pouvoir se transporter sans être très facilement gâté.

Cependant, en modifiant cette méthode avec la précédente, c'est-à-dire en dépouillant le sujet par la gueule, et le bourrant, comme nous l'avons dit, avec de la filasse hachée, les inconvénients que nous venons de signaler disparaîtraient, et il aurait cet avantage de ne pas offrir aux yeux une couture d'autant plus désagréable qu'il est impossible de la cacher.

§ 5. ŒUFS DE REPTILES

Dans les cabinets d'histoire naturelle, on ne se borne pas à une collection d'œufs d'oiseau. On recueille aussi ceux de *serpent*, de *lézard*, de *tortue* et autres animaux ovipares. Le plus ordinairement ils manquent de coquille, et ne sont recouverts que d'une membrane plus ou moins épaisse, plus ou moins coriace. La seule préparation qu'on leur fasse ordinairement subir consiste à les plonger dans la liqueur spiritueuse où l'on veut les conserver.

Cependant, nous avons vu chez un amateur des œufs de Lézard et de Serpent, qu'il avait préparés et placés dans sa collection à côté des animaux auxquels ils appartenaient. Voici comment il les avait **préparés : Avec des** ciseaux à pointes très fines **et** très aiguës, il leur avait fait une ouverture, non pas sur l'un des bouts, mais vers le milieu de leur longueur, et il les avait vidés par là. Il avait haché très menu du coton préalablement imprégné d'une très petite quantité de préservatif, puis il en avait bourré les œufs, mais avec précaution, afin de leur laisser sous les doigts une certaine mollesse qui les caractérise. Cela fait, il avait collé sur l'ouverture, pour la fermer, un très petit morceau de papier blanc sur lequel était écrit le numéro d'ordre de la collection. Il avait ensuite passé sur le tout une légère couche d'essence de térébenthine.

Les œufs des reptiles n'affectent pas tous la même couleur, et dans la même espèce, la couleur varie en raison d'une incubation plus ou moins avancée ; mais, comme leur pellicule est transparente, l'amateur dont nous parlons, en colorant le coton dont il les bourrait, leur rendait aisément leur teinte naturelle.

§ 6. CONSERVATION DES REPTILES ET DES BATRACIENS DANS UNE LIQUEUR PRÉSERVATRICE

La véritable manière de conserver les Reptiles avec leurs couleurs et leurs formes, c'est de les plonger entiers dans une liqueur préservatrice, capable d'empêcher leur décomposition, sans altérer leur brillant coloris. Nous avons indiqué et donné la composition de toutes les liqueurs qui ont été employées à cet usage (voyez page 47) ; nous ne reviendrons donc pas sur cette matière. Nous nous bornerons à recommander un *alcool* quelconque, toutes les fois qu'on ne regardera pas de trop près à la dépense.

Mais avant d'y plonger l'animal, il faut lui faire subir quelques petites préparations. Avec une brosse plus ou moins rude, selon que sa peau est délicate, on le nettoie de toutes les ordures qui peuvent être sur son corps; on le lave même s'il est nécessaire, puis, lorsqu'il est bien sec, on le met dans un vase rempli de liqueur, et toujours de manière à ce qu'il y baigne entièrement. S'il est dans de l'esprit-de-vin, on le laisse ainsi quatre ou cinq jours; mais si c'est une liqueur composée, il faut le visiter après vingt-quatre ou quarante-huit heures. On l'enlève de la liqueur, et on lui passe à la mâchoire inférieure un morceau de fil, que l'on y fixe solidement au moyen d'un nœud. L'autre bout du fil est assez long pour servir à retirer l'animal quand on le place dans un vase à goulot étroit.

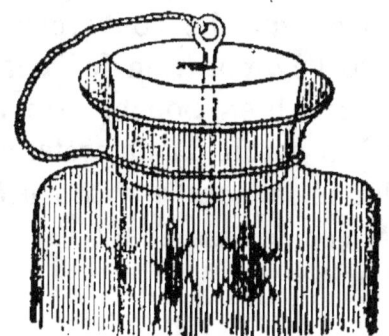

Fig. 57.

S'il a baigné dans de l'esprit-de-vin, on pourra le mettre tout de suite à demeure dans une autre liqueur; mais s'il a été plongé dans une liqueur composée, il faudra le changer, et l'y mettre baigner provisoirement pendant plusieurs jours, en la renouvelant de temps en temps.

Le reptile ainsi préparé, on choisit un vase de verre blanc, bien net et bien transparent, ayant un goulot d'une largeur suffisante pour laisser passer l'animal, mais pas davantage, tel que celui que représente la figure 57 ci-dessus. On l'y fait entrer, à l'exception du bout du fil que l'on retient hors du vase, puis on remplit d'esprit-de-vin ou de liqueur composée. Il faut que l'animal flotte dans le liquide, autant que possible, sans toucher les parois du vase. Comme on ne peut arranger ainsi les animaux qui ont le corps long, il sera prudent de les mettre dans une liqueur plus forte, ou mieux, de la renouveler quinze jours après qu'ils y seront plongés. On choisit un bouchon de bon liége, et l'on y attache le morceau de fil, qui sert à retirer l'animal toutes les fois qu'on a besoin de l'étudier.

Le point essentiel, c'est que le vase soit hermétiquement bouché, pour empêcher l'évaporation. Nous ne saurions mieux faire que de rapporter, comme les auteurs qui ont écrit avant nous sur cette matière, le procédé inventé par M. Péron.

« Les bouchons de liége, dit l'auteur, sont préférables à tous les autres, parce que les couvercles de verre se cassent souvent par l'évaporation de l'alcool.

« Le flacon ou bocal étant bien bouché, voici la composition du lut qu'on doit employer de préférence et auquel nous avons donné le nom de *lithocolle*

« Résine ordinaire (brai sec des marins) ;
« Ocre rouge bien pulvérisée ;
« Cire jaune ;
« Essence de térébenthine.

« On met plus ou moins de résine, ou d'ocre rouge, ou d'essence de térébenthine, ou de cire, selon qu'on veut rendre le lut plus ou moins cassant, plus ou moins gras. Dès le premier essai, on pourra déterminer les proportions convenables.

« Faites fondre la cire et la résine, ajoutez ensuite l'ocre par petites portions, et, à chaque fois, tournez fortement avec une spatule : lorsque ce mélange aura bouilli pendant sept ou huit minutes, versez l'essence de térébenthine, mêlez, et laissez continuer l'ébullition.

« **On prendra les précautions convenables pour prévenir l'inflammation de ces substances.**

« Pour déterminer à son gré la qualité du lut, il suffit d'en mettre de temps en temps un peu sur une assiette froide, et l'on voit à l'instant quel est son degré de ténacité.

« Quant à l'emploi du lithocolle, après avoir ajusté sur les flacons les bouchons de liége, et les avoir essuyés avec un linge sec, pour enlever toute l'humidité, on fait chauffer le ciment jusqu'au dernier degré d'ébullition ; on remue bien le fond, on en prend avec un morceau de bois, au bout duquel est attaché un morceau de vieux linge, et puis, avec ce pinceau grossier, on applique une couche de ce lithocolle sur toute la surface du bouchon. Quelquefois la matière, en pénétrant le liége, fait évaporer un peu d'esprit-de-vin, qui vient crever à sa surface ; cela forme de petites ouvertures qu'on bouche parfaitement en passant une seconde couche de lithocolle après que la première est refroidie.

« Lorsque les flacons sont petits, on se contente de les renverser et d'en plonger le col dans le vase ; en répétant deux ou trois fois cette immersion, la couche acquiert l'épaisseur qu'on désire. »

On voit au cabinet d'Histoire naturelle, et dans les collections de quelques amateurs, des Serpents et des Lézards qui, au lieu d'être placés dans des vases à cou étroit, le sont dans des tubes de verre aussi longs que leur corps, et dont le diamètre est à peu près d'un tiers plus grand. Après les y avoir fait glisser, on remplit le tube de liqueur, et l'on fait souder son ouverture à la lampe d'émailleur. On doit se contenter de le luter avec le lithocolle. Cette méthode est préférable quand une collection est spécialement destinée à l'étude.

CHAPITRE IV

Préparation des Poissons.

Les Poissons affectent deux formes générales : ils sont *cylindriques*, c'est-à-dire à *corps rond* ou à peu près, ou bien à *corps plat*. De ces deux formes résultent deux manières de les dépouiller. Les Poissons que nous appelons *cylindriques* sont ceux qui ont à peu près la forme d'un *brochet* ou d'une *carpe;* ceux à *corps plat* seront les *brèmes,* les *soles,* les *plies,* les *limandes,* etc.

La plus grande partie des Poissons sont parés d'une peau écailleuse, réflétant les plus belles couleurs, et les teintes métalliques les plus vives ; malheureusement, on n'a pas encore trouvé l'art de les leur conserver avec tout leur éclat. Quels que soient le talent et les soins du préparateur, il ne réussira jamais qu'à faire garder à ces animaux une partie de leur beauté.

Nous allons donner d'abord la manière d'opérer qu'on emploie le plus ordinairement, puis nous passerons à d'autres procédés indiqués par les auteurs, et nous engagerons les amateurs à faire de nouveaux efforts pour en trouver de meilleurs.

§ 1. Poissons cylindriques

Aussitôt que l'on s'est procuré un Poisson cylindrique, on le lave dans plusieurs eaux, afin d'enlever entièrement la matière gluante qui le recouvre ; on lui fait ensuite sur le ventre une incision longitudinale, que l'on prolonge jusqu'à la naissance de la queue ; on écorche, et l'on coupe les nageoires à leur articulation avec le corps ; puis on découvre le dos, et enfin, le tronçon de la queue que l'on coupe et détache de son extrémité, c'est à dire de la nageoire qui le termine.

On revient au tronçon du côté de la tête, et on l'écorche de même, c'est à dire sans renverser ni retourner la peau, mais simplement en la faisant tomber sur les côtés. Si l'on agissait autrement, on ne manquerait pas de détacher les écailles. Quand on est parvenu à la tête, on la coupe entre la boîte du crâne et la première vertèbre du corps. On ne l'écorche pas, par la raison que la chose serait extrêmement difficile, et peut-être même impossible ; mais on la vide par le trou occipital et par les opercules des branchies ; on en arrache les yeux, et on lui donne, ainsi qu'à la peau, une bonne couche de préservatif.

Ces opérations effectuées, on prépare deux fils de fer d'une longueur égale au poisson ; l'un, recourbé vers son tiers inférieur, sera destiné à traverser la tête et la partie antérieure du corps, tandis que sa partie recourbée viendra sortir par le ventre, et servira de support au sujet en l'implantant dans une planchette ; l'autre, recourbé à son tiers supérieur pour s'attacher au premier, traversera la partie postérieure du corps, et s'implantera dans la nageoire de la queue. Pour tenir celle-ci parfaitement écartée, on aura un troisième morceau de fil de fer qui fera la fourche avec le second et se fixera à sa partie inférieure en le tortillant autour de lui.

Cette carcasse ayant été préparée, on introduit la fourche dans la queue d (fig. 58), puis la partie opposée dans la portion antérieure du corps, et on la fait ressortir par la gueule en f ; les deux bouts recourbés doivent se rencontrer en dehors de l'ouverture de la peau, vers la partie moyenne du corps en *i*; on les saisit ensemble avec une pince, et on les tord l'un sur l'autre pour les fixer solidement.

Cette même figure montre un Poisson préparé. Les nageoires de la queue *a*, du dos *b*, et du ventre *c* sont étendues entre deux petites lames de liège ou de carton mince, afin d'être maintenues en position.

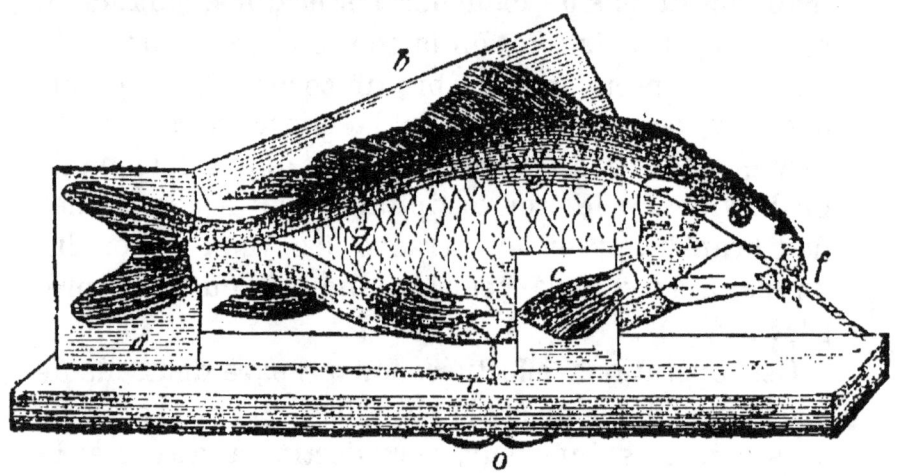

Fig. 58.

Nous n'avons représenté, pour chacune, qu'une de ces lames, afin de laisser voir l'attitude. Elles sont appliquées de chaque côté des nageoires et fixées avec des épingles ou du fil de fer. Des trois extrémités tordues de la carcasse, une s'implante près de la queue en *d*, une autre sort par la gueule en *f*, et la troisième, qui sort par le ventre, en *i*, est implantée dans la planchette servant de socle à l'animal. Nous avons laissé voir en dessous, en *o*, les deux bouts avant qu'ils soient ajustés dans le socle.

Il faut ensuite bourrer le Poisson, ce que l'on fait avec de la filasse hachée très menu; puis, lorsqu'on lui a rendu ses formes, on recoud l'incision avec de grandes précautions, parce que, la peau étant très mince, se déchire avec beaucoup de facilité. Cette opération étant terminée, on lave les écailles qui se sont salies pendant le dépouillement, on les essuie avec un linge sec; ou place l'animal sur son socle, et on lui donne plusieurs couches d'essence de térébenthine jusqu'à ce qu'il en soit bien imbibé. Cette liqueur offre le double avantage de hâter beaucoup sa dessication et de lui conserver la meilleure partie de ses couleurs.

On s'occupe alors à donner au Poisson une bonne attitude, et à placer ses yeux artificiels, ce que l'on fait à la manière ordinaire, puis on étend ses nageoires, et on les maintient en attitude en les comprimant entre deux lames de liége ou de carton, comme le montre la figure 58, on le met sécher dans un lieu aéré, mais peu éclairé, pour que la lumière ne lui enlève pas ses couleurs. Pendant tout le temps que dure la dessication, on lui passe chaque jour une nouvelle couche d'essence de térébenthine. Enfin, quand elle est parfaite, on le vernit, comme les reptiles, après lui avoir enlevé ses plaques de liége ou de carton.

S'il avait perdu une grande partie de ses couleurs, on pourrait essayer de les lui rendre en le peignant avec des couleurs transparentes, dissoutes dans de l'eau gommée ou de l'essence de térébenthine; on ne passerait le vernis qu'après cette opération.

Lorsque le Poisson que l'on aura à préparer appartiendra à la famille des *anguilles* ou à un genre voisin, on l'écorchera et montera comme un Serpent.

§ 2. Poissons plats.

La préparation des Poissons à corps plat ne diffère de celle des poissons cylindriques qu'en ce que l'incision du ventre se fait sur le milieu même de la colonne vertébrale. Sauf cette particularité, tout le reste a lieu comme nous venons de le dire.

§ 3. Observations.

La préparation des *grandes espèces* exige quelques soins particuliers. On fend l'animal depuis la queue jusque sous la mâchoire inférieure, en faisant passer l'incision près des mâchoires, quand elles se trouvent sur la même ligne. On écorche au moyen d'un scalpel, en se servant, pour tenir la peau, d'abord d'une petite pince, et ensuite des doigts, et l'on agit comme nous avons dit. Enfin, on nettoie la peau de la chair et de la graisse qui peuvent y être attachées. On retire alors la langue, la cervelle et les yeux par l'ouverture de la bouche. On ôte également les ouïes, et toutes les parties charnues de la tête et l'on nettoie cette dernière le mieux possible. Si le poisson est très grand et que l'on veuille faire une économie de savon arsenical, on se contente de le saupoudrer à l'intérieur de la peau et de la tête, avec un mélange de cendre et de chaux pulvérisée.

Après avoir passé les fils de fer, comme nous l'avons dit, on bourre le corps selon les mêmes principes, mais en employant pour cela du foin, de la mousse, ou même de la paille, selon la grosseur de l'animal. Ainsi préparé, on le pose sur une planche, et l'on étend ses nageoires. S'il en a au ventre, il faut faire à la planche une petite ouverture à travers laquelle on les fait passer pour les étendre : dans ce cas, la planche est supportée par deux traverses, une à chacun de ses bouts. On étend les nageoires entre deux petits bâtons qui les retiennent dans la position qu'on veut leur donner, et que l'on fixe à la planche. On agit de même pour la queue ; si les ouïes doivent être fermées, on colle dessus, avec un peu de gomme arabique, des bandes de papier ; si, au contraire, elles doivent être ouvertes, on en fait d'artificielles, que l'on colle et que l'on assujettit avec des bandes de papier pour les maintenir dans une position naturelle. Si la bouche doit rester ouverte, on la maintient dans cette position au moyen d'étoupes, et, si elle est garnie de barbillons, on fixe ces derniers en place avec des épingles.

Une chose essentielle pour conserver, autant que possible, les couleurs à ces animaux, est d'opérer leur dessiccation le plus promptement possible. Aussi fera-t-on bien de les placer dans une étuve si on peut le faire, ou même dans un four de boulanger, une heure après qu'on en a retiré le pain, mais pas plus tôt. Lorsqu'ils sont secs, on les dégage des bandes de papier, des petits bâtons et des épingles qui servaient à maintenir différentes parties en position, et on leur passe sur tout le corps une légère couche de vernis.

On ne pourrait, sans des frais énormes, placer de gros Poissons dans les armoires vitrées. Aussi est-on dans l'usage de les suspendre au plafond, ou de les mettre sur le haut des armoires contenant d'autres objets. Tous les soins se bornent à les épousseter de temps à autre pour ôter la poussière qui peut s'y attacher.

———

Il n'est pas nécessaire d'empailler un Poisson aussitôt qu'il est mort, car l'expérience a prouvé que ses écailles tiennent plus fortement à la peau un jour ou deux après que pendant qu'il est frais. Cependant, il ne faut pas attendre qu'un premier degré de corruption se soit emparé de lui au point de se trahir par une mauvaise odeur.

———

En raclant l'intérieur de la peau d'un Poisson, il faut avoir l'attention de ne pas enlever cette pellicule d'une couleur argentée qui y est attachée, car, sans cela, l'animal perdrait beaucoup de sa beauté. Cette peau argentine, ou quelquefois dorée, est tellement délicate que, la plupart du temps, elle s'en va en lambeaux. Il faut, pour donner un air de vie à ces animaux, la remplacer par des feuilles d'argent ou d'or; du moins telle est la méthode employée au Musée de Berlin. L'éclat du métal perce peu à travers la peau des Poissons, mais suffisamment, cependant, pour leur restituer une partie de leur éclat naturel. On applique le mieux possible ces lames métalliques, et on les maintient en position par la seule méthode de bourrer derrière elles avec du coton.

———

Naumann dit avoir conservé à l'air, au milieu des insectes dévastateurs des collections, pendant un grand nombre d'années, un *Acipenser sturio* qui n'avait reçu aucun autre préservatif interne que de la cendre et de la chaux, et qui avait été garanti à l'extérieur par une seule couche de vernis composé de colophane fondue en mélange avec de l'essence de térébenthine.

§ 4. PROCÉDÉS DIVERS

Parmi les autres procédés que l'on a proposés pour préparer les Poissons, nous parlerons seulement de ceux de Graves, Linnée, Nicolas et Mauduit.

1. Procédé Graves.

L'auteur anglais Georges Graves, que nous avons déjà cité, conseille de laisser corrompre, jusqu'à un certain point, le Poisson que l'on veut préparer, parce que ce commencement de décomposition donne beaucoup plus de facilité pour détacher la peau. Il agit comme nous l'avons dit, et il bourre avec de la filasse hachée, mêlée à une bonne quantité de poudre composée d'un tiers d'arsenic et de deux tiers d'alun.

Ce procédé est rebutant à cause de l'odeur infecte que répand le poisson putréfié. Outre cela, il détruit entièrement les couleurs. On ne doit donc pas l'employer, à moins que ce ne soit sur des espèces dont les teintes sombres et ternes n'ont absolument rien à perdre.

2. Procédé Linnée.

Pour conserver les Poissons, Linnée propose d'opérer de la manière suivante. Elle consiste : 1° à les exposer à l'air ; 2° à les dépouiller, lorsqu'ils ont acquis un degré de putréfaction tel que la peau se détache d'elle-même ; 3° à faire dessécher la peau étendue entre deux papiers, comme une plante dans un herbier ; 4° à remplir l'un des côtés de la peau avec du **plâtre de Paris; 5° à rendre aux sujets leur convexité naturelle.**

3. Procédé Nicolas.

Le procédé de Nicolas se rapproche beaucoup de celui qu'emploient la plupart des préparateurs de Paris.

On fait sous le ventre du Poisson une incision longitudinale qui commence à l'anus et se prolonge jusqu'à la mâchoire inférieure, puis on écorche, à peu de chose près, comme nous avons dit. On met macérer la peau, pendant quelques jours, dans une liqueur tannante, (voyez page 39), et on l'en retire ensuite pour lui rendre sa forme naturelle, ce à quoi l'on parvient de la manière suivante :

« On étend cette peau sur une table, et, après avoir bien arrangé la tête dans sa position, on remplit un des côtés de la peau de terre argileuse molle, mêlée à beaucoup de sable fin; on lui fait prendre, en la pétrissant avec les doigts, la forme du corps de l'animal; on recouvre ensuite cette espèce de mannequin de l'autre partie de la peau, on rapproche les bords des incisions les uns des autres le plus près possible, et après avoir assujetti le tout avec de petites bandes de linge, on laisse sécher : la peau prend de la consistance par la dessiccation, et conserve parfaitement sa forme; mais l'animal, en cet état, n'est point à l'abri des insectes rongeurs, il faut encore, à cet égard, prendre d'autres précautions. On retire d'abord, avec de petites pinces, par l'incision longitudinale, en soulevant un peu la peau, toute la terre argileuse renfermée dans le corps, ce qu'il est facile de faire en rompant cette terre en petits fragments avec la lame d'un couteau.

« Cela fait, on enduit tout l'intérieur de la peau de la tête, au moyen d'un petit pinceau, de **pommade** savonneuse camphrée (voyez page 32); et, après avoir entièrement rempli le corps de filasse hachée, on recoud proprement et à points serrés l'incision longitudinale, pour que la couture soit le moins visible possible. »

L'auteur recommande ensuite de placer les yeux, puis de passer sur le corps une dissolution de gomme arabique, ou un vernis blanc dont il donne ainsi la composition :

Térébenthine claire...............	125 gram.
Sandaraque	92 —
Mastic en larmes	30 —
Essence ou huile de térébenthine.	250 —
Alcool ou esprit-de-vin..........	125 —

Il faut que l'esprit-de-vin ait trente ou trente-deux degrés de Baumé. On met le tout en digestion dans une bouteille, au bain-marie, c'est-à-dire dans l'eau bouillante.

Le même naturaliste donne la composition d'une liqueur chargée de chlore, dans laquelle on fait macérer quelque temps les Poissons en peau, afin de leur conserver leurs couleurs. « La liqueur propre à blanchir la peau des Poissons, dit-il, se prépare en chauffant de l'acide chlorhydrique ordinaire sur du bioxyde de manganèse, dans une cornue de verre ayant un tube recourbé, luté à son bec. On place la cornue dans un bain de sable, et après avoir fait plonger l'extrémité recourbée du tube de verre dans une certaine quantité d'eau, on allume le fourneau et l'on procède à la distillation. 250 grammes d'acide et 125 grammes d'oxyde de manganèse du commerce suffisent pour oxygéner environ 20 litres d'eau. »

4. Procédé Mauduit.

Le naturaliste Mauduit recommande deux méthodes de préparation que nous allons faire connaitre.

1º « La meilleure manière d'écorcher les Poissons, est de le faire sans fendre la peau; ce à quoi l'on parvient avec adresse et patience, en soulevant une des ouïes, en enlevant avec des pinces, et détachant avec le scalpel et des ciseaux, les premiers objets qui se présentent; avec des ciseaux, on sépare la colonne épinière à sa jonction avec la tête; ensuite on introduit, d'abord d'un côté, puis de l'autre, en retournant le poisson, entre la peau et les chairs, un morceau de bois aplati, tranchant et arrondi en forme de spatule à son extrémité; on pousse ce morceau de bois, qu'on taille d'une longueur proportionnée à celle du poisson, jusqu'à l'origine de la queue. Quand, ayant agi sur l'un et l'autre côté, la peau est partout séparée d'avec le corps, on coupe en dedans, avec des ciseaux, aussi loin qu'on le peut, de l'un à l'autre côté, les nageoires qui les bordent, dont les franges sont en dehors de la peau, et dont l'insertion est en dedans; puis, avec des pinces, avec un crochet, on arrache les chairs, ou bien l'épine dorsale, les arêtes, à mesure qu'on avance.

« Quand les parties qui répondaient à la longueur de ce qu'on avait coupé de droite et de gauche de l'origine ou de l'insertion des nageoires sont enlevées, on passe la main par le vide qu'ont laissé les parties qu'on a ôtées; on continue de couper à droite et à gauche, avec des ciseaux, l'origine des nageoires; on brise l'épine, les arêtes, on dépèce les chairs, et l'on parvient ainsi jusqu'à la queue. Après avoir ainsi écorché les poissons, il faut rapprocher les peaux, les recoudre le plus promptement qu'il est possible; ensuite il faut entourer les membranes des ouïes avec un ruban qui les tienne fermées.

« Les choses étant ainsi disposées, on suspend les Poissons par le moyen de crochets obtus, attachés à des fils ou à des cordes, suivant le poids des poissons. Ces crochets doivent suspendre l'animal en le soutenant par la gueule, et la tenant ouverte autant qu'elle peut l'être; alors on tire la peau en bas, on l'étend avec les mains, puis, par la gueule ouverte, on verse du sable bien sec et bien fin, qui, par son poids, distend la peau, s'introduit et se répand également partout. La peau des Poissons a une telle ténacité, que le poids du sable ne l'étend qu'autant qu'elle l'était pendant la vie de l'animal.

« La peau étant remplie et la gueule étant contenue, ainsi que les ouïes, par des cordons ou des bandelettes, il n'y a point d'issue par où le sable puisse s'écouler. On transporte donc l'animal où on le veut; on le pose sur une planche; on étend ses nageoires, on les fixe, on les contient par des crochets de fil de fer; on expose la peau à l'air et au soleil, elle se dessèche bientôt, et, quand on s'aperçoit qu'elle est sèche, on défait les bandelettes qui contraignaient la gueule, on ouvre celle-ci de force si elle commence à raidir par la dessiccation, et on penche l'animal la tête en bas; le sable s'écoule par son poids, il en demeure très peu collé à la peau, qui, par sa propre force, se soutient très bien, et offre à la fois un corps volumineux et léger. Il n'y a plus rien à faire que de l'animer par une légère couche de vernis dessiccatif qui sert, en même temps, à la dessiccation, et à lui rendre le luxe qu'elle perd toujours en séchant. Mais en vain espère-t-on d'y voir briller les vives couleurs qui l'embellissaient ; les causes qui les produisaient n'existent plus, et les couleurs ont disparu avec elles. »

2º La seconde méthode de Mauduit ne diffère guère de la précédente que dans la manière d'écorcher. On soulève un des opercules des ouïes, et l'on fait passer le corps par cette ouverture en renversant la peau de la même manière que nous l'avons dit pour quelques reptiles. Si l'ouverture ne se trouve pas assez grande, on coupe la petite portion de peau qui sépare les deux ouïes en dessous, et l'on obtient, par ce moyen, une largeur plus que suffisante. Enfin, si l'animal a la gueule assez grande, c'est par elle que l'on fait sortir le tronçon du corps.

Nous ne ferons pas ici la critique de ces deux manières d'opérer ; si le lecteur nous a compris dans les parties de l'ouvrage qui précèdent, il en sentira très bien les inconvénients lui-même. D'ailleurs, il est à peu près impossible de retourner la peau d'un Poisson écailleux sans enlever ses écailles, qui sont le plus bel ornement de sa brillante robe.

§ 5. CONSERVATION DANS UNE LIQUEUR PRÉSERVATRICE.

Nous terminerons cet article en recommandant aux véritables naturalistes la seule manière de conserver les Poissons pour les rendre propres à fournir tous les matériaux nécessaires aux études d'histoire naturelle. Il suffit pour cela de les plonger dans une liqueur spiritueuse, comme nous l'avons dit pour les reptiles. Dans ce cas, on choisira toujours les individus les plus petits, dans ceux dont la grosseur ordinaire leur ferait tenir trop de place. Ce choix ne peut nuire en rien à la collection, car les poissons sont adultes c'est-à-dire possèdent tous leurs organes dans un parfait développement avant d'avoir acquis, dans un grand nombre d'espèces, la vingtième et même la cinquantième partie de leur plus grande taille.

La seule précaution à prendre avant de mettre un poisson dans la liqueur, c'est de le laver plusieurs ois dans de l'eau très fraîche, et de le frotter avec une brosse douce, jusqu'à ce qu'on ait enlevé toutes ses mucosités. C'est particulièrement pour les espèces d'eau salée que l'on doit faire cette opération avec grand soin. On se donnera bien de garde d'arracher les intestins par les ouïes, comme le recommandent quelques ouvrages, car ces parties peuvent être extrêmement utiles à l'étude. On se contentera de les bien essuyer avec des linges secs, afin d'absorber la plus grande partie de leur humidité.

CHAPITRE V

Préparation des Crustacés.

Pour conserver les *crustacés*, on a recours à divers moyens, les uns assez imparfaits, les autres meilleurs, mais plus longs et moins faciles à employer. Parlons d'abord des premiers.

§ 1. ANCIENS PROCÉDÉS

Lorsqu'on opère sur les grands crustacés, tels que les *langoustes*, les *homards*, etc., on commence par enlever le têt qui leur couvre la partie supérieure du corps. Pour cela, on coupe, avec la pointe d'un scalpel, toutes les membranes qui le réunissent aux autres parties de l'animal par ses bords. On le nettoie et on l'enduit de préservatif.

Cela fait, on extrait les chairs, les œufs, et généralement toutes les parties molles qui se trouvent à découvert, et, sans désarticuler la queue ni la détacher de la partie inférieure du corps, on la vide au moyen d'un scalpel à manche long, de pinces, et de petits crochets en fil de fer. On donne à la queue et au corps une abondante couche de préservatif.

Quelques crustacés ont les pattes de devant terminées par des *pinces* d'un assez grand volume. On enlève la pièce la plus petite de cette pince, c'est-à-dire celle qui représente le pouce d'une main, et, par cette couverture, on extrait les chairs de l'intérieur.

Après ces opérations, on enduit de préservatif toutes les parties que l'on aurait pu oublier, on replace le têt et la portion de pince, on les ajuste avec de l'eau gommée, on fait sécher, et l'on passe au vernis.

Un animal ainsi préparé, se place sur une planchette ou sur le fond d'une boîte, et se fixe au moyen de fils de fer passés en ceinture sur toutes ses parties, et tortillés à leurs extrémités derrière le fond de la boîte.

Quant aux crustacés d'une taille moyenne, par exemple de celle d'une grosse *écrevisse*, on n'est pas dans l'usage de les vider. On se contente de les bien laver et brosser, puis de les plonger pendant deux heures dans de l'eau de chaux. On les fait sécher, on les fixe sur un carton, et on les passe au vernis. Les plus petits se préparent de même, mais on se contente de les piquer avec une épingle sur le fond où on veut les fixer.

Le mode de préparation suivant est dû à Nicolas.

« Les *crabes*, les *homards*, les *étoiles* et les *oursins*, sont, dit cet auteur, les crustacés que l'on conserve le plus ordinairement.

« Les Crabes se préparent en détachant le têt qui les couvre, et en faisant sortir par cette ample ouverture les viscères et les chairs de l'animal. Enfin, après avoir, à l'aide d'un pinceau, étendu une couche de pommade savonneuse camphrée (voyez page 32) sur toutes les parties intérieures, on remet le têt en place et on laisse sécher l'animal, après avoir donné à ses pieds l'attitude qui leur convient.

« Après avoir séparé les Homards en deux parties, en détachant ce que l'on nomme la *queue* à son insertion avec le corps, on vide ces deux parties à l'aide d'un crochet en fil de fer et d'un long cure-oreille ; on introduit ensuite dans l'intérieur de la pommade savonneuse camphrée ; enfin, après les avoir remplies de coton, on rejoint, au moyen d'un peu de colle-forte, les deux parties séparées ; on remet les jambes en place, et on laisse sécher. »

Les crustacés qui ont quelques parties du corps molles peuvent, comme les autres, se conserver dans une liqueur préservatrice. Il n'y a même pas d'autre moyen de préparation pour la nombreuse famille des *entomostracés*.

Les *bernard-l'ermite* s'emparent de la coquille d'une hélice pour loger la partie postérieure de leur corps, qui est très molle, et ils traînent cette habitation d'emprunt partout avec eux. Quand leur maison devient trop petite, ils en changent, et souvent une belle coquille devient, pour deux de ces animaux qui se la disputent, le sujet d'une guerre à mort. Il faut les placer dans la collection avec la coquille leur servant d'abri, et ne montrer au dehors que les parties qu'ils montrent étant vivants, c'est à dire la tête, les pinces et les pattes.

§ 2. Nouveaux procédés

Le procédé qui suit a été imaginé et recommandé par Boitard. Il est bien supérieur aux précédents, mais il occasionne une grande perte de temps et demande plus de patience et de dextérité.

« Aussitôt, raconte ce naturaliste, que je m'étais procuré un crustacé, je le renfermais dans un panier que je plaçais dans un endroit frais et humide; là, je le laissais mourir, il fallait quelquefois plusieurs jours, et, pendant ce temps, l'animal maigrissait au point que les chairs diminuaient de plus de moitié de leur volume, et étaient beaucoup plus faciles à extraire de la coquille, dont elles se détachaient presque seules, pour se contracter en faisceaux fibreux. Lorsqu'il était mort, je le plongeais pendant quelques jours dans la liqueur savonneuse de Bosc (cette liqueur est un esprit-de-vin faible dans lequel on a fait dissoudre une bonne quantité de savon), à laquelle j'ajoutais une assez grande quantité de poudre d'alun calciné; je le laissais macérer pendant plusieurs jours en cet état, puis je l'en sortais pour lui faire subir une autre préparation.

« Je commençais par détacher la queue et les bras portant les pinces, puis je soulevais le têt et l'enlevais du corps, que je nettoyais de ses muscles, des viscères et des œufs qui pouvaient y être contenus; avec un pinceau, je passais sur cette partie une bonne couche de pommade savonneuse camphrée, et je le laissais sécher en cet état, avec la précaution cependant de rapprocher les branchies du milieu du corps, pour pouvoir les remboîter parfaitement dans la carapace, que je nettoyais aussi avec le plus grand soin. Je m'occupais ensuite de la queue, que je vidais par le moyen de pinces de dissection, de plusieurs petits crochets de fil de fer, et d'un cure-oreille ; je lui donnais, ainsi qu'à la carapace, une bonne couche de pommade savonneuse, et je passais à la préparation des bras et des pinces. Ici l'opération devient plus difficile, ou du moins plus minutieuse : il faut séparer toutes les articulations les unes après les autres, et les vider parfaitement de leur muscles ; puis, avec un pinceau, on introduit la pommade, et on laisse toutes les parties démontées sécher lentement et à l'ombre, exposées, autant qu'il sera possible, à un courant d'air. Dans les petites espèces, il n'est pas nécessaire de démonter toutes les parties, mais dans les grandes, c'est-à-dire dans celles qui dépasseront en grosseur l'Écrevisse moyenne de nos rivières, cela devient indispensable.

« Lorsque la dessiccation était parfaite, je passais un fil de fer recuit et vernissé dans la main ou pince : je l'y assujettissais par le moyen d'un crochet, et, en remplissant avec du coton ou de la filasse, j'enfilais les pièces les unes après les autres, je les collais à leur articulation avec de la colle-forte, dans laquelle j'ajoutais une forte dissolution de sublimé corrosif ; je passais le fil de fer dans l'autre patte, je le plaçais comme le premier, et j'en ajoutais un second destiné à soutenir le corps et la queue ; enfin, je rassemblais et recollais toutes les pièces ; je remplissais l'animal en entier, je donnais l'attitude, et je passais sur tout le corps un vernis transparent, ou seulement une couche d'essence de térébenthine ; je plaçais l'individu ainsi préparé dans un cadre, et l'opération était terminée. »

CHAPITRE VI

Préparation des Insectes.

En raison de leurs formes si variées, les *insectes* exigent divers modes de préparation. En général, pour les espèces à téguments mous, tout se borne à les placer dans l'esprit-de-vin, parce que la dessiccation pourrait les déformer au point de les rendre méconnaissables. Les *chenilles* et les autres larves se traitent de la même manière. Quant aux espèces à téguments durs, on les dessèche, puis on les pique avec des épingles sur des plaques de liége ou des feuilles de carton épais, que plusieurs amateurs remplacent par une pâte composée de poix blanche, de cire jaune, de talc de Russie et de térébenthine. Après ces notions générales, entrons dans les détails, mais indiquons d'abord le moyen de redresser les insectes déformés.

§ 1. REDRESSAGE DES INSECTES DÉFORMÉS

Quand un insecte est mort depuis quelque temps, il se dessèche dans une mauvaise attitude, et la fragilité qu'il acquiert par la dessiccation ne permettrait pas de le remettre dans une bonne position, si l'on ne parvenait pas à lui rendre son élasticité première. On obtient ce résultat en le **ramollissant**.

On se sert pour cela d'un vase en verre semblable, par exemple, à celui que représente le dessin ci-joint (fig. 59), et qui a au moins 10 centimètres de hauteur sur un diamètre variable à volonté. On place au fond de ce vase une couche de filasse ou de sable mouillé, l'on pique dessus l'insecte avec une épingle, sans qu'il la touche, et l'on ferme le vase avec un couvercle qui doit produire une clôture hermétique. Par suite de l'humidité qui ne tarde pas à saturer l'atmosphère du vase, l'insecte se ramollit peu à peu, et, au bout de quelques heures, vingt-quatre au plus, il est devenu suffisamment élastique pour qu'on puisse le manier sans crainte.

Fig. 59.

L'insecte étant ramolli au point convenable, on le retire du vase, et on le pique sur une plaque de liège de telle sorte que ses pattes touchent la surface de cette plaque. Alors, avec une aiguille très fine, on rapproche ou l'on écarte les parties déformées, et, par la nouvelle dessiccation qu'elles éprouvent bientôt, elles conservent parfaitement la position qu'on leur a donnée.

§ 2. LÉPIDOPTÈRES (*papillons*).

Nous ne considérerons ici les Lépidoptères qu'à l'état d'insectes parfaits, c'est-à-dire de *papillons*.

Il faut d'abord se procurer une planchette de liège fin A (fig. 60.), dans laquelle a été creusée une rainure assez profonde pour recevoir le corps et les pattes du papillon à préparer, et dont les deux côtés *a a* sont inclinés vers la rainure. On pique le papillon dans cette rainure, de manière que son corps y soit en-

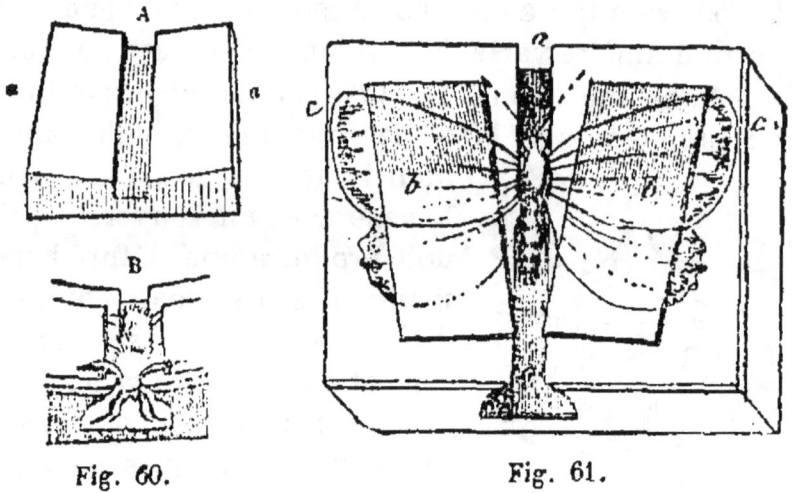

Fig. 60. Fig. 61.

foncé jusqu'à la hauteur des ailes (fig. 61, 62). On abaisse alors celles-ci sur la surface bien plane du

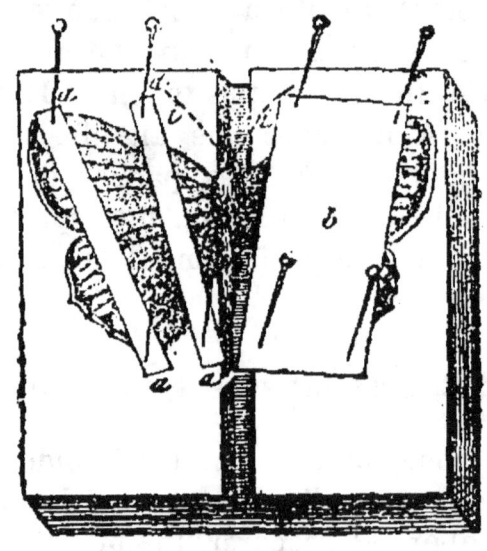

Fig. 62.

liége, et on les y maintient jusqu'aux extrémités *c c*, soit au moyen de petits carrés de verre à vitre *b b*, (fig. 61) ou de morceaux de carte à jouer aa (fig. 62) ou à l'aide de plaquettes de plomb très minces b (fig. 61). On peut encore se servir de planchettes de quelque bois tendre, comme le saule ou le peuplier ; mais alors il serait utile de garnir le fond de la rainure avec une petite lame de liége. De plus, au lieu de se servir d'épingles pour fixer les bandes de carte ou de papier qui maintiennent les ailes et les antennes, il serait plus commode d'employer des aiguilles à têtes rondes d'émail. Les antennes ii seront aussi maintenues dans une bonne position, au moyen d'une petite bande de papier fixée dessus, en travers, avec deux épingles. Lorsque l'animal est parfaitement desséché, on enlève les cartes, on le sort de dessus le liége, et, après lui avoir placé un peu de préservatif entre les pattes, ou même sous l'abdomen, s'il l'a gros, on le pique dans la collection.

Les antennes demandent à être traitées avec beaucoup de soin pour ne pas se rompre, surtout quand l'insecte est sec.

Si l'on voulait préparer l'animal avec la trompe étendue, on la déroulerait et la maintiendrait aussi avec des épingles.

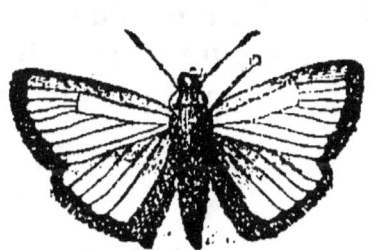

Fig. 63.

Enfin, lorsque l'on possédera deux individus de la même espèce, il sera très bien d'en placer un sur le ventre pour montrer le dessus des ailes, l'autre sur le dos pour en montrer le dessous.

Comme le montre la figure 63, les **Papillons se piquent tous sur le thorax.**

Quelques femelles de Papillons, surtout dans la classe des Crépusculaires et des Nocturnes, ont le ventre très gros, plein d'œufs ou de liqueur. Ces espèces ont l'air de se dessécher comme les autres, mais, peu de temps après les avoir placées dans la collection, le ventre fermente, *tourne au gras*, pour nous servir du terme employé par les amateurs, et bientôt tombe en pourriture. On prévient cet accident en fendant l'abdomen par-dessous avec la pointe fine d'un scalpel, en enlevant les œufs, et en faisant couler dans la fente, avec la pointe d'un pinceau, une ou deux gouttes d'essence de térébenthine ; mais il faut avoir soin que cette essence ne se répande pas sur les parties extérieures, car elle tacherait les écailles ou les poils.

Quelquefois on peut recevoir, des pays étrangers, des Papillons qui ont été desséchés dans une mauvaise attitude. Pour leur en donner une bonne, il faut les ramollir, et rien n'est plus aisé : il ne s'agit pour cela, comme nous l'avons dit ci-dessus, que de les piquer sur du sable mouillé, dans un vase fermé, ou simplement recouvert d'une cloche ou d'un entonnoir de verre. Au bout de vingt-quatre à trente heures, le Papillon est assez ramolli pour pouvoir être étendu convenablement.

Nous ne pouvons passer sous silence une méthode fort ancienne et très ingénieuse de préparer les Papillons *en cahiers*. Plusieurs naturalistes s'en étant attribué l'invention, nous nous bornerons à la décrire sans en donner la gloire à aucun. Cependant, le préparateur allemand Naumann est celui qui l'a portée au plus haut degré de perfection.

Les Papillons que l'on destine à ce genre de préparation doivent être parfaitement colorés, sans qu'il y ait le moindre défaut à leurs ailes, car la plus petite place qui manquerait de poussière colorée laisserait une tache blanche et ferait manquer l'opération, comme on le verra plus bas. Il est indispensable aussi qu'ils soient parfaitement desséchés depuis quinze jours au moins, afin que leurs ailes ne contiennent plus aucune liqueur capable de se répandre par la pression et de tacher le papier sur lequel on les imprimera. Au moment d'opérer, on les ramollit comme nous l'avons dit, en les piquant sur des étoupes mouillées, dans un vase hermétiquement fermé.

On fait dissoudre de la gomme arabique, la plus pure et la plus blanche possible, dans de l'eau distillée à laquelle on a mêlé une très petite quantité de sel marin purifié, ou mieux encore, on prépare la composition suivante :

Colle de poisson	15 gram.
Gomme adragante	30 —
Gomme arabique	30 —

Nous n'avons pas besoin de dire que ces matières doivent être tout-à-fait pures pour qu'elles ne tachent pas le papier. Quelquefois, malgré les proportions que nous indiquons, la composition n'est pas parfaite, ce qui vient de la différence qui peut exister entre la qualité de chaque drogue ; on y remédie en faisant quelques essais : par exemple, si elle colle le papier trop promptement et trop fortement, c'est qu'il y a trop de colle de poisson ; dans ce cas, on y ajoute de la gomme adragante ; si elle brille sur le papier après s'être séchée, il y a trop de gomme arabique, et une petite quantité de gomme adragante qu'on y ajoute corrige ce défaut. Enfin, si elle ne colle pas suffisamment, c'est qu'il y manque un peu de colle de poisson. L'expérience apprendra bien vite à remédier à ces divers inconvénients. Revenons à la manière de préparer la composition.

On coupe la colle de poisson en petits morceaux que l'on met dans un vase de faïence ou de porcelaine; et l'on y jette une quantité suffisante d'eau distillée ou d'eau-de-vie incolore. On place le vase sur un feu de charbon et l'on remue constamment avec une spatule. On ajoute la gomme adragante, puis, quand celle-ci est presque fondue, la gomme arabique. On laisse sur le feu en remuant toujours, jusqu'à ce que le tout soit fondu, parfaitement mélangé, et ait la consistance d'une bouillie claire. Si, pendant la cuisson, il est nécessaire d'ajouter de l'eau-de-vie, il faut ne le faire que par petites quantités à la fois. Quand le tout est bien fondu, on le passe dans un linge fort propre, car, dans cette opération, l'essentiel est la propreté. Comme une cuisson trop longue pourrait faire brunir la mixtion, il est prudent de mettre les drogues tremper dans l'eau-de-vie quelque temps à l'avance.

On se procure du papier vélin le plus uni qu'il est possible, mais ayant néanmoins une certaine épaisseur, et l'on fera très bien de le faire satiner si on a une presse de relieur à proximité. Après avoir déterminé la place que doit occuper le Papillon sur ce papier, on enduit cette place avec la composition, en se servant pour cela soit d'un pinceau, soit d'un petit chiffon blanc très propre : ce dernier est même préférable. Il faut que toute la place que doivent occuper les ailes soit parfaitement enduite de colle ; pour plus de sûreté, on doit même l'enduire un peu plus grande.

On prend le Papillon : avec des ciseaux très fins, on lui détache les ailes tout à fait contre le corps; puis, avec des pinces légères, on les place sur le papier gommé, avec l'attention de laisser exactement entre les deux paires une place suffisante pour peindre le corps. Si l'on veut que le Papillon soit vu en dessus, on aura l'attention de placer les ailes supérieures les premières et les ailes inférieures sur celles-ci. Dans le cas, où l'on veut, au contraire, le faire voir en dessous, on place les ailes inférieures les premières et les supérieures en dessous. La manière de placer les ailes convenablement n'est pas toujours aisée pour ceux des commençants qui n'ont aucune connaissance du dessin ; ceux-ci feront donc bien de se servir d'un compas et de prendre exactement les mesures sur un Papillon de la même espèce, jusqu'à ce qu'ils soient assez exercés pour se passer de ce moyen.

Cela fait, on recouvre le tout d'une feuille de papier fin, puis de deux ou trois plus épaisses, et l'on serre sous une presse. Si l'on n'avait pas cet instrument à sa portée, on se servirait d'un rouleau bien uni, que l'on ferait passer dessus à plusieurs reprises, en appuyant fortement. Pour les petits Papillons, on peut se passer de presse et de rouleau, on se contente de frotter avec l'ongle, ou avec un brunissoir, ou avec une dent de polisseur.

On enlève les feuilles de papier, puis on soulève le réseau des ailes avec la pointe d'une aiguille; on le saisit ensuite avec une petite pince et on le détache avec précaution. Si l'opération a été bien faite, les écailles colorées des ailes resteront attachées au papier, et formeront une peinture naturelle offrant le même éclat que l'aile du Papillon vivant. S'il s'y trouve quelques légers défauts, il sera aisé de les faire disparaître avec un peu de couleur fine.

La moitié de l'opération est terminée, mais il reste à peindre le corps, opération aisée pour les personnes qui savent un peu dessiner, plus difficile pour les autres, mais à laquelle on parvient cependant avec un peu d'adresse et beaucoup de patience. Nous ferons ici une observation. Plusieurs papillons portent leur première paire de pattes en *palatine*, c'est-à-dire recourbées sous la poitrine. Elles sont immobiles et ne servent point à la marche. Il faudra donc éviter de faire comme beaucoup de peintres qui ont placé des jambes antérieures à des *machaons*, des *flambés* et autres insectes de ce genre, dont le caractère essentiel est de n'en pas avoir.

Les Allemands sont, beaucoup plus que nous, amateurs de papillons *en cahiers*. Ils emploient la méthode que nous venons de décrire, mais avec quelque modification. Par exemple, pour ne pas trop multiplier les individus, ils représentent souvent un Papillon avec les ailes vues en dessus, d'un côté du corps, et vues en dessous, de l'autre.

On réunit en cahiers les insectes ainsi préparés, et ces peintures se conservent parfaitement, brochées ou reliées, si on a le soin de mettre un morceau de papier serpente entre chaque feuille, à la manière des dessins ordinaires.

Rien n'est agréable comme cette méthode, mais cependant elle a aussi des inconvénients que nous devons signaler. Par exemple, il est impossible d'avoir ainsi les espèces dont les ailes sont roulées autour du corps. Puis, dans tous les Papillons, les écailles qui constituent la poussière colorée ne sont pas de la même teinte en dessous qu'en dessus : tels sont plusieurs *papillons de jour* et quelques *phalènes*. Or, comme le résultat de cette méthode est de présenter les écailles retournées, il arrive souvent que les teintes sont plus mates ou plus pâles, ou même les couleurs absolument changées. D'autre part, les caractères génériques des Papillons résidant presque tous dans les palpes et dans les antennes, et ces parties n'existant dans cette préparation que peintes tant bien que mal par le préparateur, il en résulte que les cahiers ne peuvent nullement servir à l'étude.

§ 3. LÉPIDOPTÈRES (*chenilles*).

Les *chenilles* ou *larves* arrivent généralement vivantes entre les mains du préparateur. Pour les tuer, on se contente souvent de les noyer dans l'eau ou de les jeter dans l'alcool, mais si ce dernier est trop concentré, il altère plus ou moins leurs couleurs. Il vaut mieux les renfermer dans un flacon fermé, que l'on plonge ensuite dans l'eau bouillante. Quand elles sont mortes, on s'occupe de leur préparation.

Toutefois, avant de préparer une Chenille, il faut examiner si elle a toute sa parure, toutes ses couleurs, et si ses poils tiennent solidement, ce qui n'a lieu que peu de temps après la mue. S'il en était autrement, la préparation la détériorerait entièrement.

Le procédé le plus usité est celui de l'*insufflation* ou du *soufflage*. Voici comment le décrit le préparateur Dupont :

« On prend un vase de tôle en forme d'entonnoir ; on place ce vase dans de la cendre bien chaude, de manière à ce que le sommet de cette espèce de cône se trouve en bas, et son ouverture en haut. Lorsqu'il est suffisamment échauffé, on prend la Chenille qu'on veut préparer, et, après avoir pratiqué une petite ouverture à l'extrémité inférieure de l'abdomen, on presse le corps dans toute sa longueur, et l'on fait aisément sortir les viscères et les intestins. Lorsque la Chenille est vidée, on introduit dans l'ouverture qu'on a faite le bout d'un tube de verre ou d'un chalumeau de très petit diamètre, on maintient le tube dans la peau en faisant un nœud avec un fil ; ensuite on souffle par l'autre ouverture du tube, jusqu'à ce que la peau soit remplie d'air ; en même temps, on introduit la chenille dans l'intérieur du vase de tôle, et on l'y tient plongée en roulant le tube entre les doigts, et en continuant de souffler. La chaleur dégagée par les bords du vase enlève bientôt toute l'humidité de la peau. Lorsqu'on s'aperçoit que la Chenille est assez desséchée pour que la peau conserve la forme qu'on lui a donnée en la soufflant, on retire le tube du corps, et la Chenille est préparée. On la place alors dans une boîte ou un carton ; puis, au moyen d'un peu de gomme, on la colle sur un morceau de liége. »

D'autres préparateurs ne se servent pas d'entonnoir et se contentent de faire sortir les viscères par l'anus. Dans tous les cas, le procédé est loin d'être excellent, et s'il est très employé, surtout en Allemagne, c'est parce qu'il est le plus facile et le plus expéditif. Naumann n'en recommande pas d'autre. Les couleurs tendres disparaissent presque entièrement à l'exception du vert, mais les bruns tiennent assez bien. Quant aux formes, il n'en faut pas parler, car elles sont entièrement perdues. Les insectes ainsi préparés sont boursoufflés, comme enflés, et ne peuvent guère figurer dans une collection bien soignée.

Les procédés suivants sont préférables :

1º On vide la Chenille comme ci-dessus, puis, au moyen d'une très petite seringue, on la remplit d'un mélange de cire fondue et de térébenthine, additionné d'un peu d'arsenic et d'une poudre colorante en rapport avec la teinte de la peau de l'animal.

2º Après avoir vidé la Chenille comme à l'ordinaire, on la bourre, soit d'un mélange de lycopode et de poudre colorante, soit d'un mélange de coton haché très menu, d'alun calciné et d'arsenic.

Dans les deux cas, on passe sur les Chenilles à peau lisse une couche d'essence de térébenthine, et sur celles qui sont velues, une couche de la liqueur de Smith.

On conserve parfaitement les Chenilles dans une liqueur ainsi préparée :

Esprit-de-vin...................	375 gram.
Eau distillée....................	500 —
Sublimé corrosif................	8 —
Alun calciné....................	90 —

On les y fait macérer d'abord pendant vingt-quatre heures, puis on les en retire pour les placer dans des tubes de verre d'un diamètre un tiers plus large que l'épaisseur du corps des insectes. On remplit le tube de la même liqueur, mais à laquelle on a ajouté un tiers d'eau, et l'on fait souder l'ouverture des tubes à la lampe d'émailleur, ou, ce qui vaut mieux pour l'étude, on la bouche hermétiquement avec un bon bouchon de liége, puis on la plonge dans le lithocolle (voyez page 251), ou tout simplement **dans du goudron préparé pour cacheter les bouteilles de vin.**

§ 4. ARAIGNÉES

Les *araignées* ont un ventre gros et mou, qui se flétrit en séchant, et perd entièrement ses formes et ses couleurs. Il faut, pour éviter ce grave inconvénient, ou les conserver dans une liqueur spiritueuse, ou les préparer comme l'a enseigné Latreille.

Fig. 64.

On se procure un tube de verre (fig. 64) de 160 millimètres de longueur, fermé par un bout, et l'on ajuste un bouchon à son ouverture. On saisit l'Araignée avec des pinces, mais sans la déformer, et l'on coupe avec des ciseaux fins le mince pédicule qui attache son abdomen au thorax. On prend un petit morceau de bois très mince *b*, et on le taille en pointe à ses deux extrémités. On enfonce une des pointes de ce morceau de bois dans l'abdomen, et l'autre dans le bouchon *c* du tube, puis on introduit ce ventre dans le tube, et on le maintient au milieu du verre en plaçant le bouchon. On allume un flambeau *d* et l'on fait tourner le tube sur la flamme jusqu'à ce que l'abdomen soit entièrement desséché. On laisse refroidir, on débouche avec précaution, et l'on coupe le ventre de dessus le morceau de bois pour le recoller avec un peu de gomme à l'abdomen. La préparation se termine là, et l'insecte est propre à mettre en collection.

Les Araignées ont les yeux sur le thorax ; leur nombre et leur arrangement sont un des caractères génériques les plus précieux ; or, comme dans beaucoup d'espèces ils s'avancent assez loin sur le thorax, en piquant l'épingle sur cette partie, on prendra bien garde de ne pas les gâter, fig. 65 et 66.

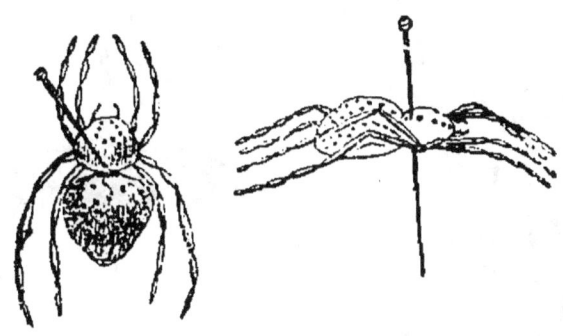

Fig. 65.   Fig. 66.

Quelques préparateurs dessèchent les Araignées d'une autre manière. Deux heures après les avoir piquées, afin que la plaie ait le temps de se dessécher et que les liquides ne puissent plus s'échapper de leur corps pendant l'opération, on place une plaque de fer-blanc sur des charbons ardents, et on la fait chauffer jusqu'à ce qu'elle soit presque rouge. Alors on saisit l'épingle de l'Araignée avec des pinces, on approche l'animal de la plaque assez près pour le dessécher rapidement, mais pas assez pour faire éclater son abdomen. On le tourne et retourne, après lui avoir mis les pattes en position, jusqu'à ce qu'il soit entièrement sec ; la préparation se borne là.

Pour l'étude, l'unique moyen de conserver avantageusement les Araignées, est de les placer dans de petites fioles d'esprit-de-vin affaibli, ou de toute autre liqueur conservatrice. Si les couleurs s'y altèrent un peu, du moins elles restent reconnaissables, ce qui n'arrive pas par les autres méthodes de préparation.

§ 5. COLÉOPTÈRES

Les *coléoptères* forment un des ordres les plus nombreux de la famille des insectes, et sont aussi de tous les plus faciles à conserver. Soit qu'on les ait

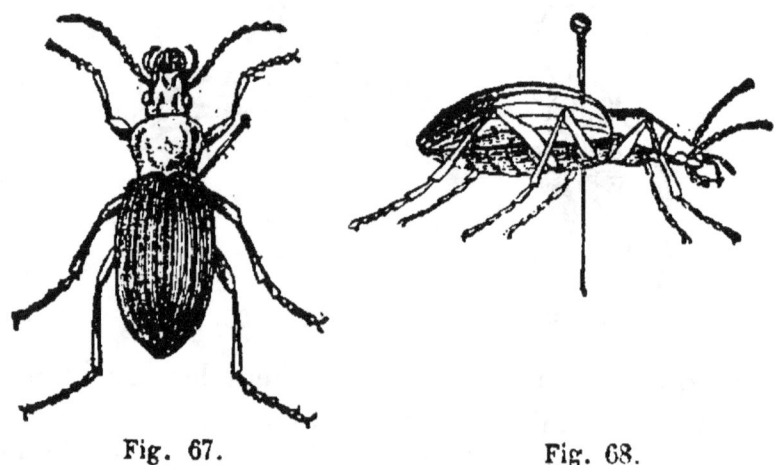

Fig. 67.   Fig. 68.

fait ramollir, ou qu'on les rapporte de la chasse, on les pique sur l'élytre droite (fig. 67 et 68), si déjà ils ne l'ont été, et on les place sur une petite planche de liége, comme il a été dit ci-dessus. Avec des pinces, on leur étend les pattes, et on les fixe avec de petites épingles. On étend et maintient les antennes par les mêmes moyens, puis on laisse sécher. Avant de les placer dans la collection, on leur met entre les jambes un peu de préservatif ou d'essence de serpolet.

Nous venons de dire qu'on piquait ordinairement les coléoptères sur l'élytre droite. Cependant, nous devons ajouter que, dans ce cas, l'insecte ne manque presque jamais d'étendre l'autre aile, qui devient ensuite difficile à placer. Quelques préparateurs les piquent sur l'écusson, qui est très grand. Toutes ces méthodes sont à peu près indifférentes, pourvu que l'épingle n'altère aucun caractère générique ou spécifique.

Quelques gros insectes, tels que les *ditiques*, les *cérambix*, les *scarabées*, etc., ont le ventre très gros et susceptible de se corrompre. Pour éviter cet inconvénient, qui détruirait l'animal sans ressource, on est obligé de lui faire subir une préparation particulière. On soulève les élytres et les ailes membraneuses qui sont dessous, et, avec des ciseaux à pointes fines, on lui fend le dessus de l'abdomen depuis l'anus jusqu'à la naissance des ailes. On élargit l'ouverture avec beaucoup de précaution, on ôte les viscères contenus dans le ventre, et on les remplace par du coton haché très fin et légèrement imprégné de préservatif. On rejoint les bords de l'incision, et l'on recouvre avec les ailes et les élytres. Du reste, on les traite comme les autres.

Les *méloés* sont des coléoptères dont les ailes, excessivement courtes, ne recouvrent pas leur abdomen très gros, très mou, et paraissant comme vésiculeux. Si on ne les bourre pas, leur ventre se dessèche, se retire beaucoup, et reste entièrement déformé. Peut-être pourrait-on les traiter comme nous avons dit pour les Araignées ; mais on est dans l'usage d'agir autrement, et voici comment on opère : On coupe l'abdomen à son attache avec le thorax, et, par cette ouverture, on fait sortir les viscères, soit en les arrachant avec de petites pinces, soit en pressant le ventre pour les faire sortir d'eux-mêmes. On le remplit, comme nous avons dit des autres, avec du coton haché, et on le remet en place au moyen d'un peu de gomme.

§ 6. GALLINSECTES

Il est un genre d'insectes fort singulier, les *cochenilles*, vulgairement connues sous les noms de *gallinsectes*, *punaises*, etc., qui ne vivent que sur les végétaux et s'y appliquent de manière à ressembler plutôt à une petite plaque saillante en forme de bouclier, qu'à un animal : telle est par exemple l'espèce vulgairement connue sous le nom de *punaise*, qui s'attache à nos orangers, à nos lauriers et à plusieurs autres arbustes ou arbrisseaux de nos serres. Il faut, pour les conserver avec tout leur intérêt scientifique, s'en emparer avec la feuille, l'écorce, ou toute autre partie du végétal à laquelle ils se trouvent attachés. Pour cela, on enlève cette partie, on la fait tremper quelques heures dans l'esprit-de-vin avec l'insecte, et on les fait dessécher tous deux ensemble, en prenant bien garde de ne pas les séparer. Autant que possible, il faut choisir des échantillons portant des mâles et des femelles avec leur coque.

§ 7. NIDS D'INSECTES

Les *habitations des insectes* offrent assez souvent des travaux extrêmement curieux, et qui étonneraient même l'imagination de l'homme. On les voit toujours avec plaisir figurer dans une collection, où même il est indispensable de les avoir, si l'on veut faire des études utiles aux progrès de la science.

Les coques dans lesquelles s'enveloppent les larves et les Chenilles pour se métamorphoser, se conservent parfaitement au moyen d'une couche de la liqueur de Smith, qu'on passe sur toutes les parties avant de les déposer dans la collection. Mais, il faut, préalablement, faire périr la chrysalide qu'elles renferment, en les mettant dans une étuve et les y laissant non-seulement le temps nécessaire pour la tuer, mais encore pour la dessécher.

Quelques insectes se construisent de petites habitations en terre : on enlèvera leur ouvrage avec son support, si celui-ci n'est pas trop volumineux ; ou, dans le cas contraire, on le détachera au moyen d'instruments tranchants, ou mieux d'une petite scie, si la chose est possible. L'essentiel est d'avoir l'habitation intacte. Après l'avoir fait dessécher et lui avoir donné une couche de la liqueur indiquée plus haut, on tâchera de lui rendre dans la collection la même position qu'elle avait dans les champs, c'est-à-dire qu'on la collera contre le fond d'un cadre, avec de la colle forte ou de la gomme. Si le plus curieux du travail se trouvait à l'intérieur, on donnerait un trait de scie dans le milieu, de manière à pouvoir séparer et réunir à volonté les deux moitiés.

L'entonnoir au fond duquel le *fourmi-lion* se met en embuscade pour saisir sa proie, se creusera sur une plaque de liége que l'on enduira d'eau gommée pour fixer le sable fin dont on la saupoudrera.

Enfin, on conservera très bien l'ouvrage admirable des *guêpes* et des *abeilles,* après lui avoir fait éprouver une forte immersion dans la liqueur de Smith.

Les expansions foliacées que l'on trouve communément sur les végétaux sont, le plus ordinairement, produites par des insectes, et servent de berceaux à leurs larves. On viendra facilement à bout de les conserver avec leurs formes et leurs couleurs, en les desséchant dans du sable, comme nous le dirons à l'article de la *Conservation des plantes*

CHAPITRE VII

Préparation des Mollusques et des Coquillages.

Parmi les *mollusques*, il y en a de *nus*, comme les Limaces, et d'autres qui sont recouverts d'une coquille, comme les Moules, les Huitres, etc. On conçoit que dans ce dernier cas, la préparation doit être différente.

Les *mollusques à corps nu* se conservent dans une liqueur préservatrice, dans laquelle on les plonge après les avoir lavés dans de l'eau douce, pour les priver d'un mucilage qui les recouvre.

Les *mollusques à coquille* doivent se conserver de la même manière, si l'on tient à posséder l'animal entier, mais plus ordinairement on se contente de la coquille, et l'on jette le corps charnu de l'animal.

Quand on possède un coquillage vivant, la première chose à faire est d'en extraire l'animal. Pour cela, on le plonge quelques instants dans l'esprit-de-vin ; puis, avec la pointe d'une aiguille, ou une petite pince, on saisit l'animal et on l'arrache de son enveloppe. S'il paraissait faire résistance et vouloir se casser, il faudrait prendre un autre moyen, consistant à le plonger une minute ou deux dans l'eau bouillante ; le corps sortirait ensuite avec la plus grande facilité. Ces précautions sont essentielles, car, s'il restait la moindre partie du corps dans la coquille, en se corrompant, elle y ferait une tache ineffaçable.

Ce que nous venons de dire s'applique aux coquilles *univalves*, c'est à dire dont l'enveloppe calcaire est d'une seule pièce, par exemple les Hélices, vulgairement connues sous les noms de *colimaçons* et d'*escargots*.

Les coquilles *bivalves*, c'est à dire dont l'enveloppe est de deux pièces, comme l'*huître*, la *moule*, sont beaucoup plus faciles à vider : il suffit de les exposer quelques instants au soleil ; et, lorsqu'elles se sont ouvertes, d'enlever tous les muscles, toutes les chairs avec la pointe d'un couteau. Il faut surtout éviter de les plonger dans de l'eau chaude, parce que le muscle qui leur sert de charnière se dessècherait et pourrait se briser, ce qui séparerait les deux valves et ôterait du prix à la coquille.

Les coquilles *multivalves*, ou de plus de deux pièces, présentent quelquefois de grandes difficultés pour en extraire l'animal. Comme elles ne peuvent être plongées dans l'eau chaude, on est quelquefois forcé d'y laisser ce dernier ; mais alors on le fait parfaitement dessécher, puis on l'imprègne d'une forte dissolution de la liqueur de Smith, ou de toute autre capable d'empêcher le ravage des insectes, non pas qu'ils attaquent jamais la coquille, mais parce qu'ils peuvent couper les ligaments de ses articulations. Quelques multivalves, telles que les *so-*

lens, les *térébratules*, les *pholades*, etc., se préparent comme les bivalves.

La nature ne nous offre pas toujours le **coquillage** dans cet état brillant qui nous frappe et nous séduit, quand nous le voyons dans les collections. Assez souvent, il est encroûté de matières pierreuses, que d'autres mollusques ou des vers y ont attachées; d'autres fois, il est entièrement enveloppé d'un épiderme mousseux et velu, lamellé ou rugueux, auquel on donne le nom de *drap marin*. Il faut le débarrasser de ces corps étrangers, et lui rendre ensuite son poli.

Voici comment on s'y prend : On se procure une eau de lessive chaude à 20 ou 30 degrés, et l'on y tient les coquilles plongées quelque temps; puis, avec une brosse rude, on les frotte jusqu'à ce qu'on ait enlevé tout ce que la brosse peut détacher. Quelquefois, cette opération suffit; mais le plus souvent, il faut avoir recours à d'autres moyens. On taille une spatule avec un morceau de bois de saule, de peuplier ou autre bois tendre ; on la trempe dans de l'huile d'olive, et on la saupoudre d'émeri, puis on frotte jusqu'à ce qu'on ait enlevé toutes les taches. On prend alors un nouveau morceau de bois et de l'émeri extrêmement fin, et l'on recommence à frotter, jusqu'à ce qu'on ait rendu aux coquilles tout leur éclat et leur poli.

Il arrive parfois qu'une coquille est tellement encroûtée, qu'il serait fort difficile de la nettoyer par cette opération. Dans ce cas, on se procure de l'acide nitrique, que l'on adoucit en y mélangeant une égale quantité d'eau, et, avec un morceau de coton placé au bout d'un petit bâton en forme de pinceau, on en mouille la coquille partout où cela est nécessaire. Après quelques secondes, on la plonge tout entière dans de l'eau pure, puis on la frotte avec une brosse. Cette manœuvre se réitère jusqu'à ce qu'elle soit parfaitement purgée de tout corps étranger. On achève de lui donner le poli comme nous avons dit plus haut, ou bien tout simplement, avec de la poussière de pierre ponce et de l'eau, puis avec de l'émeri fin et de l'huile d'olive.

Pour nettoyer une coquille, on ne doit jamais employer, comme font plusieurs marchands, la roue à polir ni la lime ; car, les caractères des genres sont quelquefois si fugaces, qu'on peut les faire disparaître par le moindre coup de lime.

Quand une coquille est cassée, si elle a quelque valeur, on peut la raccommoder et en rajuster toutes les pièces avec une colle préparée avec du blanc de plomb fondu dans de l'huile grasse, ou avec un mélange de chaux et de blanc d'œuf, ou même avec de la gomme.

———

Les détails que nous venons de donner sont suffisants pour les amateurs de *coquilliers*, c'est à dire pour les personnes qui collectionnent des coquilles, sans trop s'occuper des animaux qui les ont produites. Mais, pour le naturaliste, la chose est tout à fait différente : l'animal est pour lui l'objet le plus intéressant. Il est donc nécessaire que nous indiquions comment il faut s'y prendre pour conserver ce dernier.

Aussitôt qu'on a la coquille, on commence par la laver à l'eau fraîche pour la nettoyer parfaitement des ordures et des flegmes dont il peut être couvert.

On la débarrasse également avec un couteau ou un canif des corps étrangers qui peuvent y être attachés. Cependant, si elle est naturellement attachée à une base solide, bois ou rocher, par sa coquille ou par un *byssus* soyeux, il peut devenir fort intéressant de conserver de cette base la portion à laquelle elle tenait.

On la jette alors dans de l'alcool, où on la laisse plongée jusqu'à ce que l'animal soit mort. Aussitôt après on l'en retire; puis, avec des brucelles plus ou moins fines, selon les circonstances, on développe les tentacules que celui-ci a contractées, et on les allonge de manière à leur donner la longueur qu'elles avaient pendant la vie de l'animal. S'il n'a pas de tentacules, on développe, on étend ses membranes, et même on les maintient ainsi développées pendant un certain temps, afin qu'elles ne se retirent pas dans la suite. S'il s'agit d'une coquille bivalve, on soulève la valve supérieure et on la maintient ouverte au moyen d'un morceau de fil de fer dont les deux bouts recourbés passent dans la coquille contre les deux côtés de la charnière, de manière à former une bride qui force les deux valves à rester écartées.

Comme nous l'avons dit plus haut, quelques coquillages sont recouverts d'un *drap marin* plus ou moins laineux ou soyeux ; mais ce drap n'est pas également bien conservé partout, par la raison que le frottement l'use à mesure que l'animal vieillit ou éprouve des accidents. On sait que les mollusques agrandissent leur coquille chaque année en ajoutant une partie nouvelle à l'ancienne, sans que cette dernière éprouve le moindre changement, ce qui est la contraire dans le squelette osseux des autres animaux. C'est donc sur ces parties nouvelles, c'est à dire à la gorge des coquilles univalves et autour du limbe de chaque pièce des coquilles bivalves et multivalves, que le drap marin doit se trouver le plus intact et par conséquent le plus propre à l'étude. En conséquence, si on a le choix, on préférera les individus dont cette singulière production n'aura reçu aucune altération sur les parties que nous venons d'indiquer, quand même elle serait plus endommagée sur les autres portions de la coquille.

Si l'on tenait également à faire figurer dans un coquillier l'habitation d'un mollusque, et à conserver en même temps l'animal, dans le cas où l'on ne pourrait pas se procurer deux individus, il faudrait bien se déterminer à séparer ces deux parties si essentielles. On le ferait en employant les mêmes procédés que nous avons donnés plus haut, mais avec beaucoup plus de soins et de précautions, afin d'endommager le moins possible l'animal.

Pour les bivalves, on couperait, avec un scalpel extrêmement tranchant et le plus près possible de la coquille, les muscles puissants par lesquels le mollusque y est fortement attaché.

Nous n'avons pas besoin d'ajouter que l'on conserve les Mollusques dans une liqueur conservatrice, soit qu'on les ait arrachés de leur coquille, soit qu'on les y ait laissés. Cette liqueur est ordinairement de l'alcool. On peut aussi employer un mélange composé de 10 parties de glycérine et de 5 parties d'eau.

CHAPITRE VIII

Préparation des Zoophytes et des Vers.

Les *zoophytes* à corps mou ne peuvent se dessécher sans perdre entièrement leurs formes; on est donc obligé de les conserver dans des liqueurs préservatrices.

Les *oursins*, les *madrépores*, les *plumes*, les *étoiles*, et enfin tous ceux qui offrent quelque solidité dans leurs tissus, se dessèchent soit au soleil, soit dans une étuve. Les matières gélatineuses qui les recouvrent pour la plupart, disparaissent assez ordinairement par la simple dessiccation. Avant de les placer dans la collection, la seule préparation à leur faire subir est de les imprégner de la liqueur de Smith. Du reste, les insectes les attaquent peu.

Voici la manière de préparer les *étoiles* pour les conserver : Aussitôt qu'elles sont apportées de la mer, il faut les poser sur une planche, du côté du ventre et de la bouche (c'est le côté qui, dans la situation ordinaire de ces animaux, regarde le fond de la mer). Les Étoiles s'étendent d'elles-mêmes sur cette planche, et y déploient toutes leurs branches. Celles pour lesquelles on n'a pas pris cette précaution, ont souvent leurs branches rapprochées par un mouvement de contraction qui les déforme entièrement. On laisse les Étoiles sur cette planche jusqu'à ce qu'elles soient mortes, c'est à dire trois ou quatre jours; alors on les détache pour les faire sécher, mais il y a quelques précautions à prendre pour qu'elles puissent se dessécher parfaitement.

Lorsqu'elles sont petites et n'ont surtout qu'une épaisseur médiocre, ces précautions se réduisent à les jeter, pendant quelques moments, soit dans une liqueur spiritueuse, soit dans l'eau bouillante. L'un et l'autre de ces liquides ont, sur la substance mucilagineuse dont le corps de l'Étoile est pénétré, le même effet que sur le blanc d'œuf, c'est à dire de lui donner une certaine consistance en le coagulant, ce qui facilite la dessiccation.

Lorsqu'elles ont une épaisseur plus considérable, il est à propos, avant de les faire sécher, de les ouvrir pour ôter l'espèce de chair ou de parenchyme qui en remplit l'intérieur. Toutefois, il faut les avoir mises auparavant pendant quelques instants dans une liqueur spiritueuse ou dans l'eau bouillante : le parenchyme y acquiert une consistance sans laquelle on ne pourrait pas aussi facilement le saisir et le détacher de la peau. A cet égard, il y a une observation à faire, c'est que l'action de l'esprit-de-vin et celle de l'eau bouillante rendent ce parenchyme trop cassant pour qu'on puisse ouvrir les Étoiles dans le premier moment ; il faut nécessairement les laisser ramollir un peu pendant trois ou quatre jours avant de songer à les vider.

Pour vider les Étoiles, on procède différemment suivant leur conformation particulière.

Quelques espèces ont, du côté de la bouche ou du ventre, une rainure ou fente qui, partant du centre, sépare chacune des branches de l'animal en deux. Il est facile de les vider de leur chair, au moyen d'une incision pratiquée en suivant la fente même, dans toute la longueur de chaque branche.

Dans d'autres espèces, cette rainure, ou n'est pas marquée, ou se trouve fermée par une substance cartilagineuse et dure, trop difficile à ouvrir. La partie supérieure, ou le dos de l'animal, et la partie inférieure, ou le ventre, n'en sont pas moins distinguées l'une de l'autre, en sorte que la jonction de la peau inférieure avec la peau supérieure est marquée par une ligne sensible qui fait le tour des bords de l'Étoile, en suivant le contour de chaque branche. On peut faire une incision du côté du ventre, un peu en deçà des bords, et en suivant à peu près cette ligne telle qu'elle est marquée. Cette incision permet de séparer entièrement la partie inférieure et la partie supérieure de la peau et d'enlever la totalité de la chair.

Comme il est impossible de rejoindre exactement les côtés de la peau l'un à l'autre, pour représenter l'animal dans sa totalité, quelques personnes préfèrent vider les Étoiles de ce genre en se contentant de faire au centre, c'est à dire à la réunion des pointes du côté du dos, une incision circulaire. Il est alors aisé, au moyen de cette incision, de vider toute la chair à l'aide d'un fil de fer recourbé qu'on introduit dans l'intérieur des branches. Cette méthode a l'inconvénient de défigurer un peu l'Étoile du côté du dos, parce que la partie de la peau comprise dans l'incision circulaire demeure détachée du reste. On pourrait remédier à cet inconvénient, en n'achevant pas entièrement le cercle, et en laissant toujours cette portion de la peau attachée par un côté à quelques-unes des branches.

De quelque façon qu'on s'y prenne pour préparer les Étoiles ou leurs peaux, il est essentiel de les faire bien sécher. La manière la plus prompte est de les suspendre à un fil, au moyen de leurs branches, de façon qu'elles soient isolées, et de les exposer, en cet état, au soleil et au vent. Quand elles sont bien sèches, il ne reste plus qu'à les enduire d'un bon vernis transparent.

Malgré tout ce que l'on peut faire, il y a des espèces précieuses qui se conservent très mal, même dans la liqueur spiritueuse, où plusieurs deviennent méconnaissables. L'espèce la plus difficile à préparer est l'*astérie tête de méduse*. Le naturaliste Thunberg a donné à ce sujet quelques détails dont nous allons reproduire un extrait. Le préparateur intelligent saura, quand l'occasion s'en présentera, en faire son profit.

Les deux premières difficultés que l'on rencontre dans la préparation de cette espèce, c'est d'empêcher qu'elle ne se corrompe, et que ses branches se rompent.

« Aussitôt après que l'Astérie tête de méduse est morte, il faut étendre ses branches dans un baquet proportionné à sa grandeur, et l'exposer dans un lieu chaud, sec, aéré, mais cependant à l'abri des rayons du soleil. Il faut plusieurs jours pour compléter son entière dessiccation, et quelquefois une semaine entière. Pendant ce temps, il faut la garantir du moindre choc, car ses branches extérieures, qui sont les plus minces, sèchent plus vite que les intérieures, et se cassent aussi avec beaucoup plus de facilité. Pour la même raison, il ne faut pas la toucher, ni surtout essayer de la changer de position, car elle n'a pas alors plus de consistance qu'une gelée, et se briserait sans ressource et sans espérance de pouvoir être raccommodée. En ne la touchant pas, elle reprend bientôt sa consistance et la position dans laquelle on l'avait d'abord placée.

« Quand l'animal est parfaitement sec en dedans et en dehors, il devient moins fragile et peut être assez aisément placé dans une boîte préparée pour le recevoir, et où on l'assujettit avec du coton.

« Si l'on avait la facilité de plonger ce singulier et bel animal dans de l'alcool pendant quelque temps avant sa préparation, on le dessècherait probablement avec beaucoup plus de facilité.

« Ce que je viens de dire de cette Méduse s'applique également aux Étoiles et aux Hérissons de mer, avec les légères modifications qu'exigent leur plus ou moins de grosseur et le plus ou moins de consistance de la matière qui les compose. »

Les *oursins* et les *hérissons* ou *châtaignes de mer*, sont des animaux mous, couverts d'une coquille solide, hérissée de pointes dures, les unes très fines, les autres grosses, longues ou courtes, suivant les espèces. Pour les conserver, lorsqu'ils sont petits, il suffit de les mettre tremper quelques jours dans une liqueur spiritueuse, et de les faire ensuite sécher promptement. Mais il est nécessaire, quand les Oursins sont un peu gros, et c'est beaucoup mieux dans tous les cas, de vider entièrement la chair renfermée dans la coquille, ce qui est facile, grâce à une ouverture naturelle qui se trouve à la partie inférieure de l'animal, c'est à dire du côté qui regarde le fond de la mer. La bouche de l'animal est attachée à cette ouverture ; elle ne tient au reste du têt que par une membrane mince, et il est aisé de l'enfoncer en dedans. Alors on vide, avec un fil de fer ou un petit bâton, toute la chair contenue à l'intérieur. On y introduit ensuite de l'eau ou de l'eau de vie pour achever de nettoyer la coquille en dedans. Cela fait, il ne reste plus qu'à faire sécher l'Oursin bien complétement.

Le préparateur ne perdra pas de vue que la préparation la plus essentielle à faire subir, non-seulement aux Oursins, mais encore à toutes les espèces d'animaux qui habitent la mer, est de les laver parfaitement à l'eau douce, pour les nettoyer absolument des sels hygrométriques dont l'eau de mer les a chargés. Sans cela, ils attireraient l'humidité et se corromperaient un peu plus tôt ou un peu plus tard.

Ce que nous avons dit des coquilles s'applique également aux zoophytes qui habitent des tuyaux calcaires ou d'autres enveloppes solides et pierreuses ; nous n'y reviendrons donc plus.

Quant aux *vers intestinaux*, l'alcool pur les conserve bien, mais il a le défaut de trop les racornir, ce qui rend leur étude très difficile. On évite cet inconvénient en coupant le spiritueux avec de l'eau distillée, jusqu'à ce qu'on l'ait réduit à vingt degrés de l'aréomètre de Baumé. L'essentiel est que les vases qui les contiennent soient exactement pleins, et bouchés hermétiquement.

TROISIÈME SECTION

CONSERVATION DES PLANTES ET DES MINÉRAUX

CHAPITRE PREMIER

Conservation des Végétaux.

---

§ 1. CONSERVATION A L'ÉTAT FRAIS

Afin de pouvoir étudier plus aisément les plantes, on a quelquefois besoin de les conserver quelque temps à l'état frais. Les moyens qu'on emploie à cet effet sont fort simples, mais leur effet est peu durable.

Pour prolonger la fraîcheur des plantes, plusieurs amateurs se contentent de les placer dans un vase d'eau contenant un ou plusieurs morceaux de fer rouillé.

Au lieu de fer rouillé, d'autres jettent dans l'eau du vase une quantité de sulfate de soude qui varie suivant la capacité du vase : une pincée paraît suffire pour un verre à boire ordinaire.

On a aussi proposé, mais pour les fleurs plus particulièrement, d'ajouter à l'eau du chlorhydrate ou hydrochlorate d'ammoniaque, ce qu'on appelle communément sel ammoniac, dans la proportion de 5 grammes pour un litre d'eau.

Dans tous les cas, les racines et la partie inférieure doivent seules plonger dans le liquide, et il faut avoir soin de renouveler celui-ci de temps en temps, comme aussi de retrancher les feuilles gâtées, et de tenir les vases dans un lieu frais. Moyennant ces précautions, on peut conserver les plantes pendant une quinzaine de jours, un peu plus, ou un peu moins.

§ 2. CONSERVATION A L'ÉTAT SEC

C'est à l'état sec que l'on conserve habituellement les plantes, pour en former ensuite des *herbiers*. Il y a cependant des espèces dont la substance, pulpeuse et charnue, échappe à la dessiccation ; nous verrons plus loin comment il convient de les traiter.

Un *herbier* paraît au premier coup-d'œil, une chose très facile à faire, et cependant il est très rare d'en trouver un bien conservé et en bon état. La raison en est simple. Lorsqu'un amateur a entassé entre des feuilles de papier gris un grand nombre de plantes desséchées tant bien que mal, il s'en tient là, néglige de les visiter souvent, de les mettre à l'abri des insectes, et même de l'humidité ; puis, lorsqu'il fait une recherche pour étudier les caractères botaniques d'une plante qu'il possède, il est fort étonné de la trouver tellement détériorée, qu'elle ne peut plus servir à l'étude. Nous allons tâcher de lui faire éviter cet inconvénient en lui enseignant les vrais moyens de s'assurer la longue conservation des végétaux qui souvent ont coûté beaucoup de temps, de soins et de travaux pour les réunir.

1. Dessiccation des plantes.

On se procurera d'abord un bon nombre de feuilles de papier gris sans colle, d'une bonne épaisseur, et à grain aussi fin qu'on pourra en trouver. On placera cinq ou six de ces feuilles les unes sur les autres, on y étendra une plante à l'instant même où on la sortira de la boîte d'herborisation. La seule chose à observer, c'est qu'elle soit parfaitement sèche, c'est à dire sans aucune humidité étrangère; car, s'il en était autrement, elle noircirait et perdrait entièrement ses couleurs. Cependant, il ne faudra pas oublier que toutes les espèces végétales ne se dessèchent pas aussi rapidement les unes que les autres. On devra prendre la même précaution pour celles qui ont la tige ligneuse et pour celles qui l'ont simplement herbacée. Dans tous les cas, quand une plante sera couchée sur le papier, afin de lui donner une bonne position, à mesure qu'on étendra chacune de ses parties, on l'assujettira, en plaçant dessus une petite plaque de plomb, ou une pièce de monnaie de cuivre. Quand la plante en sera entièrement couverte, on la laissera dans cet état, jusqu'à ce que toutes ses parties soient assez fanées pour conserver elles-mêmes leur attitude.

Alors, on enlèvera avec précaution les plaques de plomb, on recouvrira la plante de cinq ou six feuilles de papier gris, et on la mettra légèrement en presse. Toutefois, comme on prépare généralement plusieurs plantes en même temps, il y a quelques précautions à prendre pour les soumettre à l'action de la presse. On commence par former un lit de plusieurs feuilles de papier gris ou de tout autre papier absorbant, on étend dessus autant de plantes qu'on peut, pourvu qu'elles ne se touchent pas, on pose par dessus un autre lit de papier, puis d'autres plantes, et l'on continue ainsi jusqu'à ce qu'on ait formé quinze ou vingt couches de plantes. On recouvre la dernière couche d'un lit de papier et d'un carton épais ou d'une planchette, et l'on porte le tout à la presse.

La *presse du préparateur* peut consister en deux cartons épais ou en deux planches de dimensions convenables, que l'on serre au moyen de courroies ou de sangles munies de boucles, ou plus simplement avec des cordes. Le plus souvent, elle se compose de deux planches de chêne *a a* (fig. 69), un

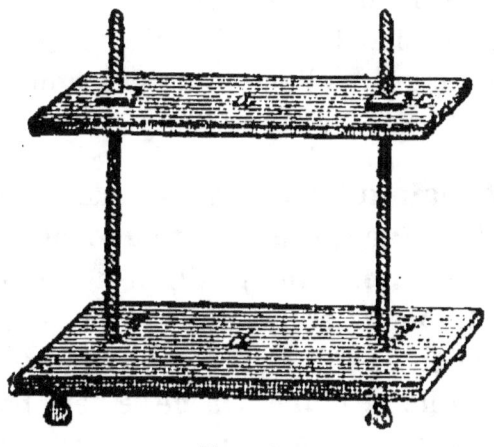

Fig. 69.

peu plus grandes que le papier gris dans lequel les plantes sont étendues. La planche inférieure est soutenue par quatre pieds, et porte deux vis en fer ou en bois qui y sont solidement agrafées. La planche de dessus est percée de deux trous ronds correspondant aux vis. On place les cahiers sur la planche inférieure, on pose dessus la planche supérieure, puis, au moyen de deux écrous *c c*, et d'une clef de fer, on appuie sur les cahiers en leur donnant, entre les deux planches, le degré de pression que l'on juge convenable.

Quel que soit le moyen qu'on emploie, on ne donne d'abord qu'une légère pression juste suffisante pour que les plantes ne puissent se crisper, et pas assez pour les déformer. En outre, afin de faciliter l'évaporation, on a soin de placer les paquets verticalement et non à plat. Au bout de deux ou trois heures, on visite les plantes pour remettre en bonne position celles qui pourraient avoir pris un faux pli, et l'on change les lits de papier. A partir de ce moment, on réitère la même opération, matin et soir, jusqu'à ce que la dessiccation soit parfaite, et, chaque fois, on augmente graduellement la pression.

On reconnaît qu'une plante est desséchée au point convenable, quand, saisie par l'une de ses extrémités, et placée dans une position horizontale, elle ne plie pas. Dans cet état, elle est prête à être mise dans l'herbier. Celui-ci se compose de cahiers de papier fort, collé et blanc. On ne se sert pas de papier de couleur sombre, parce qu'il ne ferait pas suffisamment ressortir les détails de structure des plantes. Une seule des faces de chaque feuillet reçoit les plantes, et il n'y a généralement qu'un échantillon par feuillet. On l'y fixe (fig. 70) au moyen de petites bandelettes de papier collées avec de la gomme ou de l'empois, et qui ne doivent jamais être placées sur une fleur ou sur un limbe de feuille. D'après Cramford, il y a avantage à remplacer la gomme ou l'empois par le collodion, parce qu'il n'est pas affecté par l'humidité et qu'il sèche promptement ; mais il n'en faut mettre qu'une très petite quantité, sans quoi le papier se couvrirait de rides.

Au lieu de fixer l'échantillon, on se contente parfois de le placer entre deux feuillets. Dans tous les cas, on attache à un angle de chaque feuillet une *étiquette* portant le nom scientifique de la plante qu'il contient, son nom vulgaire, l'époque de sa floraison, le lieu où on l'a trouvée ou d'où on l'a reçue.

Les herbiers doivent être conservés dans des endroits parfaitement secs; car, indépendamment de l'humidité, ils sont sujets à être attaqués par plusieurs sortes d'insectes ou par leurs larves. On a donc dû chercher le moyen de les soustraire à l'action de ces petits destructeurs. Ce moyen consiste à passer sur les plantes, avant de les fixer sur le papier, une couche de la liqueur de Smith (page 43), et à laisser sécher à l'air. Quelquefois, on les trempe avant dans de l'eau contenant un demi pour cent d'acide salicylique, puis on les fait sécher entre des feuilles de buvard. On peut aussi remplacer cette liqueur par celle de Scholivsky. (Voyez page 45).

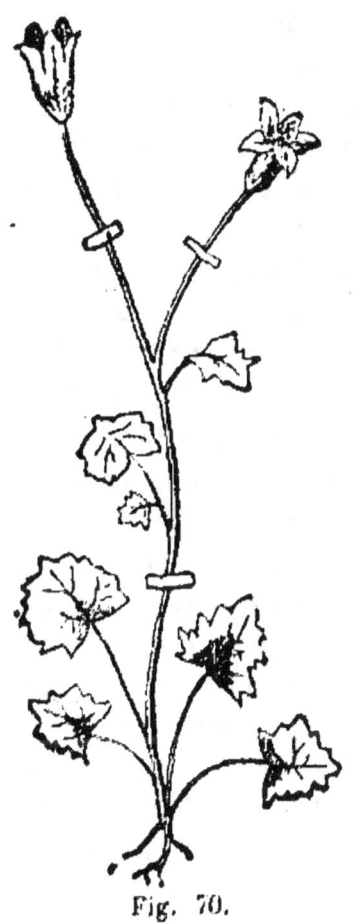

Fig. 70.

Quand, malgré toutes les précautions, un herbier est attaqué, il suffit, pour le débarrasser de ses ennemis, de le soumettre aux vapeurs du sulfure de carbone, dans une caisse hermétiquement close. Ce procédé est infaillible et n'expose les plantes à aucune détérioration. On peut aussi employer des fumigations d'acide sulfureux.

Quand on forme un herbier, il ne faut jamais perdre de vue qu'il est destiné à faciliter l'étude des végétaux et que, par conséquent, ceux-ci doivent y être disposés de manière à présenter aux yeux tous leurs caractères scientifiques, avec la plus grande netteté possible. Les observations qui suivent ont précisément pour objet d'indiquer les précautions particulières que réclame la préparation des diverses plantes avant la mise en presse et après.

1º Le nombre et la forme des *étamines* et des *pétioles* doivent pouvoir être nettement vus et comptés. Pour cela, on posera quelques fleurs sur le côté, et l'on renversera sur le pédoncule les pétales et les folioles calicinales qui masquent ces parties.

2º La forme des *corolles* doit être conservée. Si l'on dessèche une fleur *rosacée*, *crucifère*, ou autre analogue pour la forme, on la posera sur son calice, et l'on étendra ses pétales comme des rayons autour d'un axe. Quelques-unes seront vues en dessus, pour laisser apercevoir les organes de la fructification, quelques autres en dessous, pour faciliter l'étude du calice. Ceci s'applique au plus grand nombre des corolles régulières. Quant à celles qui ont un tube plus ou moins allongé, il sera nécessaire de recourber sur ce tube les divisions de la corolle qui en marqueraient l'entrée ou la gorge ; il faudra encore, dans ce cas, placer à côté de la plante un échantillon composé d'une fleur dont le tube sera fendu et ouvert dans toute sa longueur, afin de montrer les organes qu'il renfermait, et ceux que sa gorge pouvait porter, comme écailles, couronnes, filaments, etc. Si l'on opère sur une fleur composée, on fera également bien de placer en échantillon un fleuron et un demi-fleuron avec leur graine.

3° Dans les *corolles irrégulières*, il faut conserver les formes quelquefois bizarres et toujours singulières que la nature leur a données. Par exemple, on étendra sur le côté les fleurs en gueules, telles que celles des *linaires*, des *mufliers*, etc., afin que l'on puisse voir également la lèvre supérieure, la lèvre inférieure et l'éperon, s'il y en a un. Il en sera de même pour les *labiées*, les *orchidées*, les *papillonnacées*, etc., etc. Lorsque la corolle aura deux ailes relevées, comme dans les orchis et les polygala, on étalera ces deux ailes l'une à côté de l'autre. On étalera de même celles des papillonnacées, celle de devant en bas, celle de derrière en haut ; l'étendard sera placé de manière à montrer son limbe tout entier, etc.

4° Quand les *pétales* d'une fleur seront *roulés*, ou *plissés*, ou *courbés* d'une manière particulière, mais générale et constante, il faudra bien se garder de les étendre et de donner une position qui, par conséquent, serait contre nature. Les *cyclames*, les *lys martagons*, etc., offrent des exemples de ces fleurs. La même opération se fera pour les épis de quelques plantes, tels que ceux du *myosotis*, de la *vipérine*, etc., qui sont roulés en volutes : ce serait les défigurer contre nature que de les redresser.

5° Quelques plantes n'ouvrent leurs fleurs que la nuit ou à certaines heures du jour ; quelques autres ferment les leurs quand le ciel se couvre et menace d'un orage. Ces plantes ont l'habitude de se fermer lorsqu'on les a cueillies, et alors il devient très difficile de les étaler convenablement dans l'herbier. On pare à cet inconvénient en entourant leur corolle ouverte d'un morceau de papier ferme dont on les enveloppe, de manière à ce que les pétales ou les demi-fleurons ne puissent pas changer de position, étant serrés comme dans une sorte de papillote.

6° Dans les fleurs composées d'un grand nombre de pétales, et que les jardiniers nomment *doubles*, comme par exemple celles du *nénuphar blanc*, des *camélias* cultivés, etc., etc., les couleurs passent entièrement, si l'on dessèche la fleur avec les pétales appliqués les uns sur les autres. Si l'on tient à conserver leurs nuances, autant qu'il est possible, il faut avoir soin d'étendre un petit morceau de papier brouillard entre chaque pétale, et de ne le retirer que lorsque la plante est entièrement desséchée.

7° Les *bractées*, petites feuilles souvent colorées, qui sont placées auprès des fleurs, quelquefois entre elles dans les inflorescences composées, offrent dans leurs formes des caractères spécifiques ordinairement fort utiles. On les étendra en ayant soin de développer exactement leur limbe.

8° Les *stipules* sont d'autres petites feuilles placées à la naissance des grandes ; elles ont autant et plus d'importance que les bractées. Aussi les traitera-t-on avec les mêmes soins.

9° Les *feuilles* doivent être placées, comme toute la plante, autant que possible, dans leur position naturelle. Quelques-unes seront vues en dessous, afin qu'on puisse étudier leurs deux surfaces, dont les caractères sont toujours différents.

10° Quand on veut placer dans un herbier un échantillon de *végétal ligneux*, on fendra, avec un canif, l'écorce dans toute sa longueur, et l'on en extraira le bois. Il faudra aussi conserver avec grand soin aux tiges ligneuses, leur duvet, leurs poils, leurs aiguillons et leurs épines, quand elles en ont.

11° Les *mousses marines*, les *algues*, les *fucus*, qui se trouvent dans la mer, se crispent et se dessèchent presque aussitôt qu'ils sont hors de l'eau. Avant de les étendre sur le papier buvard, il faut les faire tremper quelque temps dans de l'eau douce, afin qu'ils reprennent leurs formes et qu'on puisse les développer avec facilité.

12° Les *plantes grasses*, à feuilles et tiges succulentes, sont tellement vivaces, qu'elles se dessèchent difficilement, et sont même sujettes à végéter dans l'herbier. On évite cet inconvénient en les plongeant une minute dans l'eau bouillante. On les fait ainsi périr, et leur dessiccation en devient aussi sûre que rapide.

13° Lorsqu'un végétal est trop grand pour pouvoir être conservé entier dans un herbier, on est obligé de n'y placer que des fragments ou échantillons pris dans toutes les parties qui offrent des caractères un peu essentiels. Voici à peu près l'ordre de leur importance : la fleur et tous ses accessoires, la fructification, la feuille, l'écorce d'un rameau avec sa pubescence ou son armure. Viennent ensuite toutes les parties qui offriraient quelque chose de particulier, telles que les vrilles, les stipules, les aiguillons les racines, etc.

14° La plupart des plantes *liliacées* ont des hampes grosses et charnues qu'il serait fort difficile de dessécher complétement par les méthodes ordinaires. D'autres ont les feuilles épaisses, succulentes, offrant les mêmes difficultés. Dans ce cas, voici comment on peut agir : On place ces végétaux entre deux feuilles de papier fin non collé, et celles-ci entre plusieurs doubles de papier gris également sans colle. On fait chauffer un fer à repasser le linge, et on le passe et repasse pendant un certain temps sur la plante, en appuyant d'abord légèrement, puis davantage, et enfin très fort quand elle est presque desséchée. La chaleur qui pénètre la plante en fait sortir l'humidité, qui s'attache au papier : aussi faut-il avoir soin de le changer plusieurs fois pendant l'opération. Il n'y a que l'expérience qui puisse apprendre le degré de chaleur qu'il faut donner au fer pour dessécher complétement le végétal sans s'exposer à le cuire.

Quand une hampe est trop grosse pour pouvoir être desséchée, même en employant ce procédé, comme par exemple celle de quelques *amaryllis*, de la *fritillaire couronne impériale*, il n'y a pas d'autre moyen que d'en couper et d'en enlever la moitié dans toute sa longueur et de la placer dans l'herbier en l'appliquant sur le papier du côté de la plaie.

15° Dans le *glechome lierre terrestre*, la *linnée boréale*, etc., la tige est couchée et rampante à la base, tandis que son extrémité se redresse verticalement. Cette position, ainsi que toutes les autres que les plantes peuvent affecter, doit se prendre en considération et se reproduire exactement dans l'herbier.

16° Toutes les fois qu'on pourra mettre dans l'herbier un végétal avec ses *racines*, il ne faudra pas non plus manquer de le faire, surtout si les racines offrent quelque chose de particulier. Si un *tubercule* ou une *bulbe* offrait trop d'épaisseur, il faudrait en enlever la moitié, et le dessécher avec le fer chaud comme nous l'avons dit plus haut.

17° Les *plantes aquatiques* contenant une grande quantité d'eau dans leur contexture, sont peu un plus longtemps que les autres à se dessécher, et noircissent beaucoup plus aisément. Voici comment nous avons agi plusieurs fois pour éviter cet inconvénient, et les plantes que nous avons ainsi traitées, même les espèces terrestres, se sont toujours moins décolorées que les autres. Après les avoir étendues entre des feuilles de papier gris, nous les placions entre deux planches légères de sapin ou autre bois léger, et nous déposions le tout dans un four après que le pain en avait été tiré. D'heure en heure, nous visitions les plantes pour veiller à ce qu'il n'arrivât pas d'accidents, et nous les desséchions ainsi avec beaucoup de promptitude. Nous pouvons, par notre propre expérience, garantir cette méthode comme la meilleure pour conserver aux fleurs leurs teintes naturelles; mais il est vrai aussi que cette dessiccation, si elle est trop rapide, rend les plantes très fragiles dans l'herbier.

18° Les plantes de la classe des *cryptogames*, en raison de la différence de leur contexture, exigent aussi différentes préparations. La plupart ne demandent pas d'autres soins que ceux que nous avons indiqués pour les phanérogames; aussi ne nous en occuperons-nous pas. Il sera question des autres plus loin.

19° Les *mousses* et les *lichens* s'étendent dans l'herbier aussitôt qu'ils ont été cueillis. Cependant on peut les laisser sécher sans inconvénient avant de les étendre. Si quelques circonstances ne permettaient pas de faire cette opération tout de suite, il **ne s'agirait que de les ramollir** en les plongeant **quelque temps dans l'eau** avant de les mettre dans l'herbier, car, sans cela, ils pourraient se briser quand on voudrait les développer.

20° Pour les *algues marines* et les *algues d'eau douce*, il en sera de même. Seulement, on aura le soin, pour les ramollir, de n'employer que de l'eau de pluie ou de rivière, car les eaux de source, de fontaine ou de puits, contiennent souvent en dissolution des matières minérales qui altéreraient leurs couleurs ou même les changeraient. Il faut encore avoir la précaution de jeter un peu de sel dans l'eau où baigneront les espèces marines, si l'on veut qu'elles s'y ramollissent plus promptement et sans altération. Quand elles sont suffisamment ramollies, on les lave dans de l'eau douce, afin d'en enlever le sel, qui attirerait l'humidité. A certaines espèces il ne faut qu'un bain de quelques minutes pour les rendre propres à être étendues dans l'herbier; à d'autres, il faut plusieurs heures et même plusieurs jours. C'est à quoi il faut prendre garde, car un trop long séjour dans l'eau altérerait promptement leurs couleurs et même leurs tissus; il faut les en retirer aussitôt qu'elles ont repris leur forme naturelle.

Soit qu'on tire ces plantes marines de la mer ou d'un bain d'eau salée, il ne faut les disposer dans l'herbier qu'après les avoir passées à l'eau douce. Sans cela, les parties salines qu'elles contiendraient attireraient l'humidité de l'air, et elles se corrompraient ou du moins elles noirciraient.

21° Certaines *algues*, filamenteuses, molles ou gélatineuses, sont tellement délicates qu'elles s'agglomèrent en une masse informe, aussitôt qu'on les a sorties de l'eau, et qu'il serait impossible de les étendre sur le papier par la méthode ordinaire. Voici comment il convient d'agir : On prend un vase très large que l'on remplit d'eau; cela fait, on pose l'algue sur un morceau de papier blanc fort et bien collé, et l'on plonge l'un et l'autre dans l'eau du vase. L'algue s'étend aussitôt, et, avec une grande aiguille, on arrange et l'on développe les ramifications. Quand elle est dans une bonne position, on soulève doucement le papier, et on le sort de l'eau, en ayant soin que la plante ne se dérange pas et reste bien étendue sur le papier. S'il était arrivé quelques petits dérangements, on pourrait les réparer pendant que l'un et l'autre sont encore très mouillés ; il n'y aurait qu'à faire glisser les parties à leur place avec une petite pointe, une aiguille ou des pinces très fines. Ainsi traitée et séchée, la plante adhère tellement au papier, qu'il serait impossible de l'en détacher.

22° Quelques *algues* sont d'une substance transparente qui permet d'étudier l'intérieur de leur organisation au travers de la pellicule qui les enveloppe. Si l'on veut leur conserver cette propriété utile à l'étude, il ne faut pas les appliquer sur un morceau de papier, parce que son opacité ne permettrait plus de voir à travers la plante en l'opposant au jour; il vaut mieux se servir d'un morceau de verre. On y place la plante en les enfonçant l'un et l'autre dans l'eau comme nous l'avons dit. Pour faire cette opération avec plus de facilité, on peut, au lieu de les retirer de l'eau, les laisser au fond du vase et en extraire l'eau au moyen d'un chalumeau, ou d'une petite éponge ou d'une seringue. Par ce procédé, la plante est moins sujette à se déranger, et, si cela arrive, on peut l'arranger plus aisément avec une pointe. **Nous avons essayé d'étendre les algues transparentes sur le papier glacé dont se servent les gra-**

veurs. Nous n'avons pas obtenu tout le succès que nous attendions parce que, sur les bords de l'Océan, nous manquions de plusieurs petits instruments qui nous eussent facilité l'opération. Néanmoins, nous avons réussi à préparer des échantillons assez jolis, pour engager les botanistes à faire de nouveaux essais dans cette voie.

23° Quand on retire les *plantes marines* de la mer ou d'un bain d'eau salée, il ne faut les disposer dans l'herbier qu'après les avoir passées à l'eau douce. Sans cela, les parties salines qu'elles contiendraient attireraient l'humidité de l'air, en sorte qu'elles se corrompraient ou du moins qu'elles noirciraient.

24° La *tremelle*, le *linkia pruiniformis*, et d'autres plantes cryptogames, sont gélatineuses au point de se corrompre avant de se dessécher, si on les traite par la méthode ordinaire. On fera donc bien, avant de les placer sur le papier, de les faire macérer pendant deux ou trois jours dans de l'esprit-de-vin, qui les racornira. Ensuite on les étendra, on les mettra en presse entre deux petites planches, et on les desséchera le plus rapidement possible dans une étuve ou dans un four.

25° Les *champignons*, sous le rapport de leur conservation, peuvent se diviser en deux classes : 1° ceux d'une substance sèche, subéreuse, tels que plusieurs *bolets*; 2° ceux d'une substance charnue, comme l'*agaric orange*, etc. Les premiers peuvent fort bien se dessécher, soit en les exposant à un courant d'air sec et chaud, soit en les plaçant dans une étuve, ou tout simplement en les déposant sur des tablettes dans un appartement sec et aéré. On ne peut jamais les placer dans un herbier, mais on les conserve dans des boîtes vitrées ou non, comme les autres objets d'histoire naturelle. Quant aux seconds, ils ne peuvent se conserver que plongés dans de l'esprit-de-vin ou dans une autre des liqueurs préservatrices, dont nous avons donné la composition pages 47-57. Or, comme ce genre de préparation est extrêmement coûteux, il en résulte que cette intéressante branche d'histoire naturelle laisse une lacune dans nos collections. L'on y pourvoit habituellement au moyen de reproductions artificielles.

Nous sommes certainement loin d'avoir épuisé la matière, car il y a peu de plantes qui ne présentent des circonstances particulières qu'il est impossible de prévoir. Néanmoins, nous croyons en avoir dit assez pour mettre sur la voie le préparateur qui possédera les premières notions de botanique.

2. Autres procédés de préparation.

La dessiccation, telle qu'on la pratique habituellement, est assez longue. Rien donc d'étonnant qu'on ait cherché à l'abréger.

Un procédé très simple, mais défectueux, consiste à renfermer chaque plante dans une feuille de papier, à la presser modérément, et à l'étaler sur le plancher d'une chambre bien sèche. Quand le papier est devenu sec, on presse de nouveau et on expose une seconde fois sur le plancher. En continuant ainsi cinq ou six fois, les plantes se dessèchent, mais elles sont plus ou moins déformées.

Un autre procédé est infiniment préférable. Après avoir formé un paquet de huit à dix plantes, séparées entre elles par une feuille de buvard, deux au plus, on place sur et sous le paquet un matelas de quatre à cinq feuilles, puis l'on serre le tout, avec une corde ou une sangle à boucle, entre deux cadres ou châssis garnis d'une toile métallique ou d'un grillage en fil de fer. Ces préparatifs achevés, on expose le paquet, posé verticalement, soit au soleil, soit dans un courant d'air, soit enfin, ce qui vaut encore mieux, dans une étuve où circule un courant d'air chauffé à 45 ou 50 degrés. Avec cette manière d'opérer, les plantes sont parfaitement desséchées au bout de 48 ou de 24 heures, suivant qu'on emploie la chaleur du soleil et l'air froid, ou bien l'étuve.

Un troisième procédé, dû au naturaliste Schelivsky, a pour effet, non seulement de dessécher rapidement les plantes, mais encore de les préserver des insectes. Il repose sur l'emploi de la solution alcoolique de sublimé corrosif dont nous avons parlé ailleurs, et qui se compose de 15 à 20 grammes de sublimé par litre d'alcool. Toutefois, pour faire usage de cette liqueur, il faut que les plantes ne soient pas humides. En conséquence, si elles le sont, on commence par les débarrasser de leur humidité, en les pressant pendant cinq à huit heures entre des feuilles de papier, et ce n'est qu'alors qu'on les plonge dans la liqueur ou qu'on les en enduit avec un pinceau. Quand les échantillons appartiennent à des espèces très délicates, au lieu de les plonger dans la liqueur ou de les en enduire, on se contente de les presser pendant quelques heures entre trois ou quatre feuilles de buvard préalablement saturées de cette même liqueur.

Le procédé que nous allons décrire n'est pas destiné à préparer des plantes pour les herbiers. Il a été inventé par MM. Réveil et Berjot, afin, disent-ils, de remédier aux défauts du procédé usuel, qui altère, souvent même dénature la forme et l'aspect des fleurs, au point de rendre entièrement méconnaissables les organes dont l'étude est indispensable pour la détermination des espèces.

Le nouveau mode de conservation consiste à faire sécher les plantes, préalablement imprégnées d'une légère couche d'acide stéarique, dans un bain de sable chaud et très fin, l'acide, ayant pour objet de s'opposer à l'adhérence du sable aux parois de l'échantillon.

Voici comment on opère : une fleur, par exemple, est placée verticalement dans un vase quelconque et maintenue dans cette position par des supports. On introduit alors le sable de manière qu'elle en soit entièrement recouverte. Enfin, on expose le tout, soit dans un four, soit dans une étuve, à une chaleur de 40 à 45 degrés centigrades. Par ce moyen, la dessiccation s'opère très rapidement. Quand elle est complète, on fait sortir le sable par un trou pratiqué à la base du vase, et la fleur se trouve avec sa forme intacte. Il ne reste plus qu'à mettre celle-ci dans un bocal ou dans un tube en verre, qu'on ferme hermétiquement, après y avoir placé un peu de chaux vive pour absorber l'humidité contenue dans l'air de ce récipient.

D'après les inventeurs, leur procédé permettrait de conserver aux fleurs leur éclat et même leur odeur.

§ 3. RENSEIGNEMENTS DIVERS

1. Conservation de la couleur des plantes.

On a fait plusieurs recherches pour conserver aux plantes, non-seulement leur forme, mais encore leurs couleurs naturelles et leur éclat.

Au siècle dernier, l'abbé Manesse employait une liqueur composée de :

Alun	31 gram.
Salpêtre	4 —
Eau	186 —

et il procédait de la manière suivante :

« Ayant mis dans cette liqueur l'extrémité inférieure des rameaux de plusieurs plantes, et la queue de différentes fleurs, je m'aperçus que les couleurs en étaient plus vives avant et après la dessiccation, et qu'elles duraient aussi plus longtemps, sans altération, que celles qui avaient été desséchées sans cette préparation. On les laisse pomper de la liqueur pendant deux ou trois jours, après quoi on met les plantes entre deux feuilles de papier ou dans un livre, où on les presse légèrement, si c'est un herbier que l'on veut faire, et l'on enfonce la queue des fleurs jusqu'aux premiers pétales dans du sable blanc très fin et très sec, après quoi on couvre le reste de la fleur d'environ 27 millimètres de sable, qu'on distribue dessus en le faisant passer par un tamis; puis on les expose au four à une chaleur très douce, pendant vingt-quatre heures ; on les retire alors seulement du sable avec précaution, et elles se trouvent parfaitement desséchées.

« J'ai conservé, par ce procédé, des œillets, des renoncules, des tulipes, des pieds d'alouette, ainsi que beaucoup d'autres fleurs, mais je n'ai jamais pu conserver la rose.

« Si on laisse trop longtemps les fleurs dans la liqueur avant de les dessécher, les couleurs tendres sont sujettes à changer : le rouge tendre devient violet, le violet se change en bleu, et le jaune prend une teinte verdâtre, ce qui est l'effet de l'acide qui les pénètre. Il faut avoir attention, après qu'on les a retirées du sable, de les tenir sous verre, pour les garantir de la poussière et de l'humidité de l'air. »

De nos jours, Herz Stoelzl a imaginé d'obtenir le même résultat que l'abbé Manesse en plongeant les plantes, pendant quelques secondes, dans une dissolution bouillante de 1 partie d'acide salicylique dans 600 parties d'alcool, puis en les séchant entre des feuilles de papier buvard. D'après ce préparateur, le rouge et le violet sont les couleurs qui se prêtent le mieux à ce traitement.

La liqueur de Schelivsky, dont il a été déjà question (pages 45 et 306), et qui n'est qu'une dissolution alcoolique de sublimé corrosif, passe aussi pour conserver aux plantes leurs couleurs naturelles, ainsi que leur souplesse et leur élasticité.

La liqueur de Vickerschenner, préparateur au Zootomical Museum de Berlin, possède les mêmes propriétés que la précédente, et peut-être à un plus haut degré. Nous en avons indiqué ailleurs (page 56) la préparation, qui est du reste assez compliquée.

Au commencement de ce siècle, sir Robert Southwell mouillait les plantes, au sortir de la presse, avec un pinceau très doux trempé dans un mélange, en parties égales, d'eau-forte et d'eau-de-vie, puis il les épongeait jusqu'à siccité entre des feuilles de papier buvard ; enfin il les collait, au moyen de gomme adragante, sur le papier blanc de l'herbier. Après ce traitement, les feuilles conservaient leur verdure, et il était rare que les couleurs des pétales fussent altérées.

2. Rétablissement de la couleur des fleurs.

Tout en cherchant à conserver la couleur des fleurs, on s'est demandé plus d'une fois s'il ne serait pas possible de la rétablir quand la dessiccation l'a fait disparaître. Ici, les recherches n'ont produit que de très faibles résultats. Les fleurs rouges sont même peut-être les seules que l'on puisse traiter avec quelque succès. On a conseillé de les placer dans une feuille de papier buvard imprégnée d'acide nitrique très faible, puis de soumettre le tout, pendant quelques secondes, à une pression modérée.

3. Moyens d'obtenir des empreintes de plantes.

Les feuilles sont les seules parties des plantes dont on puisse faire des empreintes, et encore ne peut-on en obtenir que de celles qui sont à nervures. Plusieurs procédés sont employés pour cela.

Après avoir préparé du plâtre en pâte d'une consistance moyenne, on y étend la feuille, puis, posant par dessus une feuille de carton très mince ou de papier mou, on exerce une pression suffisante pour que toutes les nervures s'enfoncent également dans la matière pâteuse. On a ainsi un moule en creux qui se prête très bien aux procédés de l'électro-chimie, mais on conçoit que ce mode d'opérer n'est pas à la portée de tout le monde.

Un autre procédé permet de produire des empreintes directement sur le papier. Après avoir enduit une feuille de papier fort avec une encre grasse formée d'huile de pavot et de noir d'ivoire ou de tout autre poudre colorée, on pose ce papier sur une planchette bien plane, on met par dessus la feuille dont on veut faire l'empreinte, et l'on exerce sur le tout une pression convenable avec une deuxième planchette semblable à la première. Enlevant alors la feuille, dont les nervures se sont chargées d'encre, on la couche sur du papier blanc et, en la pressant comme ci-dessus, elle transporte son image sur ce dernier.

Ce procédé a été modifié comme il suit, par M. Bertot, en 1876. Cinq choses sont nécessaires : une feuille de papier de grandeur convenable, de l'huile d'olive, de la plombagine en poudre impalpable, de la résine très finement pulvérisée et de la cendre ordinaire bien tamisée.

Après avoir huilé le papier d'un côté, on le plie en quatre pour que le corps gras en pénètre également toutes les parties. Cela fait, on étend la plante dans les rectos du dernier pli ; puis, au moyen d'une légère pression de la main passée à plat, à plusieurs reprises et dans tous les sens, on la force à se charger d'une très petite portion d'huile. On la retire alors du papier huilé, on la couche avec précaution sur une feuille de papier blanc, et, à l'aide d'une pression opérée comme il vient d'être dit, on l'oblige à reporter son image sur ce dernier. Ce résultat obtenu, on enlève la plante. Son image existe sur le papier, mais elle est invisible. Pour la faire apparaître, il suffit de la saupoudrer avec de la plombagine, que l'on promène comme on fait quand on sèche l'écriture avec de la sciure de bois ou du sable. Les parties huilées retenant seules la plombagine, le dessin de la plante se montre aussitôt, et l'on peut le modifier au besoin en augmentant ou en diminuant la proportion d'huile sur les points où cela est nécessaire. Enfin, pour enlever la matière charbonneuse aux endroits qui doivent rester blancs, on a recours à la cendre tamisée. En la promenant sur le papier, elle laisse intact le corps étranger, là où il est fixé par l'huile, et l'entraîne partout ailleurs.

Au lieu de plombagine ou mine de plomb, on pourrait se servir de noir de fumée, ou encore de charbon de bois porphyrisé; mais ces substances ont le défaut d'adhérer à certains papiers, dont le nettoyage devient ainsi assez difficile. Il serait également possible de faire usage de poudres diversement colorées, ce qui permettrait de reproduire les plantes avec leurs teintes naturelles; mais la nécessité de distribuer les poudres exactement aux places convenables, rendrait l'opération aussi longue que délicate.

Quelle que soit la matière employée, plombagine, noir de fumée ou charbon, l'image produite ne présenterait aucune durée, le moindre frottement la ferait disparaître, si l'on n'avait soin d'en assurer la conservation. On obtient ce résultat au moyen de la résine. Suivant l'auteur, il faut en ajouter à la matière colorante un poids égal au sien, puis, quand l'image est formée, chauffer le papier devant un foyer ou avec un fer chaud, jusqu'à la température nécessaire pour fondre le corps résineux.

M. Bertot le dit lui-même, les empreintes fournies par le procédé qui précède ne sont pas toujours d'un dessin irréprochable, elles ne peuvent même pas l'être; mais on ne peut leur contester le mérite de l'exactitude. Dans tous les cas, elles sont plus que suffisantes pour l'étude.

4. Collections de graines et de fruits.

Au lieu de plantes entières ou de fleurs, c'est quelquefois de *graines* ou de *fruits* qu'on veut simplement former des collections. On procède ainsi qu'il suit :

1. Graines.

Il faut distinguer les graines qui sont enveloppées d'un péricarpe charnu et celles qui ne le sont pas. Les unes et les autres doivent avoir été cueillies dans un état parfait de maturité.

Les graines à péricarpe charnu doivent être préalablement plongées, pendant quelques minutes, dans de l'eau bouillante, afin de fixer davantage leur couleur. Il n'y a plus alors qu'à les placer dans une liqueur préservatrice : eau phéniquée, alcool étendu d'eau, etc.

Les graines sans péricarpe se conservent, pendant plusieurs années, dans des vases de verre hermétiquement fermés, mais il faut avoir soin de ne les embouteiller que parfaitement sèches.

2. Fruits.

Ici encore, il faut distinguer les fruits secs, **les fruits simplement charnus et les fruits à la fois charnus et pulpeux. Comme les graines, ils ne doivent être cueillis que parfaitement mûrs.**

Les fruits secs se placent dans des boîtes ou dans des vases quelconques. Ils demandent seulement à être desséchés complètement. On peut ensuite les enduire d'une solution de sublimé corrosif.

Les fruits charnus ou pulpeux ne se conservent bien que dans une liqueur préservatrice : eau phéniquée, alcool faible, acide acétique ou acide pyroligneux étendu, etc. Mais ils s'y décolorent peu à peu au point de devenir méconnaissables. Toutefois, on assure que leur couleur ne s'altère point, quand on emploie la liqueur préservatrice de Vickerschenner.

5. Moyen de produire des cristallisations superficielles.

Certaines productions végétales semblent recouvertes de petits cristaux dont l'ensemble présente à peu près le même aspect que le *givre*, c'est-à-dire la congélation de la rosée. On imite ces cristallisations au moyen d'une dissolution d'alun.

On fait dissoudre à chaud 560 grammes d'alun dans environ un litre d'eau, et l'on verse cette dissolution presque froide sur les objets qui doivent s charger de cristaux.

Plus la dissolution est chaude, plus les cristaux sont nombreux et petits. Toutefois, la meilleure chaleur est celle de vingt-huit degrés Réaumur, ou 35 Centigrades. Les objets doivent être suspendus dans un vase.

§ 4. IMITATION DES FRUITS

Au lieu de fruits naturels, on forme souvent des collections de *fruits artificiels*. On emploie généralement la *cire* pour matière et on la travaille par les procédés de la **Céroplastique. Nous allons donner** une idée de cet art.

On se procure d'abord :

1° De la cire vierge très blanche, préparée de la même manière que pour faire de la bougie la plus fine ;

2° Du plâtre dont on se sert pour couler les bustes ;

3° Des couleurs fines en poudre ;

4° Des ébauchoirs en bois et en fer, des pinceaux, et plusieurs autres objets dont nous parlerons en leur lieu.

Nous supposerons que l'on ait à faire une *poire*. On commence par enduire toute la surface du fruit avec un peu de graisse de cochon, afin que le plâtre ne puisse pas s'y attacher ; on délaie ensuite du plâtre dans une terrine, et on l'applique sur le fruit, mais de manière à ne prendre cette fois que la moitié du moule. Quand le plâtre est bien pris, on en retire le fruit, puis, avec un couteau ou un scalpel, on unit parfaitement les bords du demi-moule, et l'on y fait deux entailles de 2 millimètres de largeur et de profondeur, sur chacun des côtés. On enduit ces bords de la même graisse, afin que le plâtre de la seconde moitié du moule ne s'y attache pas.

Cela fait, on replace le fruit dedans, absolument de la même manière et dans le même sens que la première fois. On délaie du nouveau plâtre, on l'applique de manière à recouvrir tout le reste du fruit, et on le laisse prendre. Alors le moule est fait. On sépare les deux parties, on les nettoie avec le couteau, et l'on s'assure que les crans de l'une s'ajustent parfaitement dans les crans de l'autre, et qu'elles n'ont aucune imperfection en dedans. Enfin, on laisse sécher au moins un jour ou deux avant de s'en servir.

Les fruits anguleux ou ayant des formes irrégulières ne peuvent se couler dans un moule de deux pièces. Il faut donc faire de ces pièces autant que la circonstance l'exigera, mais toujours de la même manière que nous venons de dire. Il ne faut pas oublier surtout de faire au moins un ou deux crans d'engrenage sur les bords de chaque pièce, afin qu'elles puissent toutes s'adapter solidement les unes contre les autres, et reprendre invariablement la même place chaque fois qu'on les ajustera ensemble. Pour parvenir à cet ajustage, il est bon aussi de numéroter chaque pièce dans un ordre symétrique.

Le moule de la poire étant achevé, on fait fondre la cire dans une petite casserole de cuivre, sur un feu très doux, pour ne pas la brûler. Quand elle est parfaitement liquide, on y ajoute la couleur en poudre, afin de lui donner la teinte générale du fruit. Les couleurs métalliques et terreuses, telles que le minium, le cinabre, l'ocre, la terre brûlée, etc., etc., sont les meilleures et celles qui changent le moins; mais il n'y a que l'expérience qui puisse apprendre quelles sont celles d'entre elles dont l'emploi deviendra le plus avantageux. Avant de couler, on essaie sa couleur sur le bout d'une spatule en laissant refroidir la cire et l'approchant d'un fruit pour s'assurer qu'elle en a le véritable ton.

On prend un morceau de corde à boyau, on fait un nœud à une extrémité, et l'on place cette extrémité dans le moule, tandis que l'autre est couchée dans la rainure formée dans le moule par la queue du fruit, que cette corde à boyau représentera plus tard. On mouille l'intérieur du moule avec une éponge ou un chiffon, pour que la cire ne s'y attache pas, et on la **verse dans une des moitiés** pendant qu'elle est aussi chaude que possible. On ajuste promptement l'autre moitié, et, en tenant le moule fortement serré avec la main, on le tourne et retourne dans tous les sens, afin de faire couler la cire sur toute la surface de la paroi interne. La pratique apprendra à tourner le moule et à l'agiter de manière à ce que la couche de cire soit à peu près d'égale épaisseur partout. Quand on juge que la cire est bien prise, on cesse de tourner le moule et on le laisse refroidir.

On le démonte avec précaution, et l'on a un fruit moulé absolument semblable à la nature, quant aux formes, à l'exception de quelques petites imperfections que l'on fait disparaître avec l'ébauchoir, à la manière des modeleurs. Il reste à faire l'œil et la queue. L'œil se fait avec des morceaux de parchemin que l'on découpe d'une manière convenable, et que l'on implante dans la cire à l'endroit indiqué par le fruit naturel. Pour les consolider, on passe la pointe chaude d'une petite spatule autour de leur base afin de faire fondre un peu la cire, qui alors s'y attache.

Pour donner à la queue la grandeur convenable, on mesure avec un compas celle du fruit, et l'on coupe la corde à boyau exactement dans les mêmes proportions. On lui donne l'épaisseur qu'elle doit avoir en la trempant plusieurs fois dans la cire fondue, ou bien en étalant celle-ci dessus avec un pinceau. On achève ensuite de la modeler avec l'ébauchoir.

Nous n'avons pas besoin de dire que toutes ces opérations doivent être faites avec une extrême propreté pour ne pas salir la cire, qui se tache avec la plus grande facilité. Aussi, toutes les fois qu'on sera obligé de prendre le fruit, il faudra avoir les doigts très propres, ou même se servir d'un petit chiffon doux et blanc.

Il ne reste plus qu'à peindre le fruit. Pour cela, on se sert des mêmes couleurs que pour la peinture à l'huile, en donnant la préférence à celles qui sont le plus transparentes ; on les broie sur une petite table de marbre ou de verre ; on les délaie à l'essence de térébenthine ; enfin, on place un fruit naturel devant soi, et l'on copie servilement, et sans y rien changer, les teintes, les panachures, les petites taches, les points, les plus petits accidents, et jusqu'aux traces des piqûres de vers. On peint de même les fragments de calice formant l'œil, et faits avec du parchemin, ainsi que la queue et la cicatrice de son attache.

Les fruits qui sont à demi-transparents, tels que les *prunes*, les *cerises* et autres, se font avec un mélange de cire et de blanc de baleine, ce dernier en beaucoup plus grande proportion que la cire.

Quant à ceux qui sont tout à fait transparents, comme les *raisins blancs*, les *groseilles*, etc., on agit autrement. On se procure des petites boules de verre préparées pour faire de fausses perles. On introduit dedans un peu d'essence de térébenthine colorée en raison du fruit que l'on imite, et on l'agite de manière à teindre tout l'intérieur du ton général que l'on désire, mais avec une couche légère pour ne pas détruire la transparence. Cela fait, on pose les pieds de chaque baie, et on les réunit à une rafle pour former la grappe. Tout ceci doit se faire avec un fil de fer très fin, entièrement recouvert d'un fil contourné autour. Avec de la cire colorée en vert, on donne la grosseur et la forme à la rafle et aux petits pédoncules, on les modèle avec l'ébauchoir, et on les peint comme nous l'avons dit de la poire.

Cela fait, on passe aux baies, que l'on peint également en dehors comme ci-dessus, en copiant servilement la nature jusque dans ses défauts.

Plusieurs fruits, par exemple les *raisins noirs*, les *prunes*, etc., sont couverts d'une poussière glauque plus ou moins bleuâtre. On imite très bien cette production avec de la sandaraque réduite en poussière impalpable, et mélangée avec un peu de bleu de ciel.

Si l'on avait à rendre des parties tout à fait transparentes, comme la pulpe d'un *raisin*, d'une *grenade*, etc., on ne pourrait plus se servir de cire. On emploierait alors une bouillie épaisse composée de gomme et de sucre candi fondus ensemble et colorés avec une couleur transparente.

Si l'on voulait faire des *champignons artificiels*, on agirait absolument comme s'il s'agissait d'une poire, d'une pêche ou de tout autre fruit analogue, sauf que, pour chaque champignon, on ferait deux moules, l'un pour le chapeau, l'autre pour le pied ; puis, lorsqu'il ne resterait qu'à peindre, on souderait ces deux parties. Les feuillets des *agarics* présentent un inconvénient assez difficile à surmonter, surtout lorsqu'ils sont anastomosés les uns avec les autres. Voici cependant comment on peut y obvier : On prépare de la cire colorée comme nous l'avons dit plus haut, puis on la fait passer dans un laminoir, jusqu'à ce qu'elle soit réduite à des lames de l'épaisseur des feuillets. Alors on étend ces lames sur un marbre, et, avec la pointe d'un scalpel très tranchant, on les coupe dans la forme et les dimensions des feuillets. On les réunit en les ajustant et les soudant les uns après les autres dans le chapeau, et en suivant rigoureusement l'ordre, les distances, les inflexions et les anastomoses de ceux du modèle. Cela fait, il ne reste plus qu'à peindre le champignon.

Pour un homme intelligent, nous en avons dit assez sur cette matière. C'est à son génie inventif à s'ingénier pour trouver les moyens de surmonter les difficultés qu'il pourrait rencontrer sur son chemin Le célèbre modeleur de pièces en cire, M. Dupont, n'en savait pas davantage quand il est entré pour la première fois dans cette carrière, dans laquelle il a poussé l'art, en fort peu de temps, à un degré de perfection inconnu jusqu'à lui.

Nous ne terminerons pas sans rappeler que les pièces en cire doivent être conservées sous verre, comme les oiseaux empaillés, et parfaitement défendues de la poussière ; quant aux insectes, ils ne les attaquent pas. Il faut aussi les placer dans un lieu qui ne soit pas exposé à une vive lumière, car, sans cela, leurs couleurs se terniraient à la longue et finiraient par pâlir. Le meilleur serait donc de mettre des rideaux, et même de légers volets en bois, devant les armoires vitrées, et de ne les ouvrir que lorsqu'il serait nécessaire.

CHAPITRE II

Préparation des Minéraux.

Les minéraux ont des formes régulières ou irrégulières. Dans le premier cas, on les nomme *cristaux*, et ceux-ci doivent être ménages de manière à conserver dans la collection la figure géométrique qu'ils ont reçue de la nature. Les autres se brisent en morceaux ou échantillons que l'on choisit avec goût. Ils ne demandent les uns et les autres que d'être nettoyés des corps étrangers qui peuvent y être attachés.

Les *fossiles*, lorsqu'ils se montrent à nu, peuvent être placés tels quels dans la collection ; mais ceux qui sont encroûtés dans la pierre, doivent en être extraits. Pour cela, on a un marteau et des petits ciseaux comme ceux des tailleurs de pierre, des gouges fines de menuisier, etc. On commence par faire sauter la roche par petits éclats, et toujours en frappant avec une extrême précaution, pour ne pas endommager le corps pétrifié que l'on veut mettre en évidence. On le découvre d'un côté seulement, dans le plus grand nombre des cas ; quelquefois on l'extrait entièrement. C'est le goût et l'intelligence qui doivent seuls diriger le naturaliste. Avec un ciseau plat on unit les parties de roche conservées, et avec des gouges on enlève tous les petits morceaux qui pourraient être restés attachés sur le corps fossile. Nous engageons le lecteur à se reporter à ce que nous avons dit, dans la première partie de cet **ouvrage, à l'article : *Recherche des fossiles et des minéraux*.**

Du reste, la préparation des divers minéraux qui doivent figurer dans une collection, appartient en grande partie à la science même, et un chapitre complet sur cette matière devrait renfermer un traité de Minéralogie et de Chimie. Le lecteur trouvera d'excellentes indications à ce sujet dans le grand *Cours de Minéralogie* (Sels, Pierres, Métaux, etc.), de M. Delafosse, 3 vol. in-8 et 4 livraisons de planches, qui fait partie des Suites a Buffon publiées par notre éditeur, et dans le *Dictionnaire de Chimie pure et appliquée* de M. Ad. Wurtz, 4 vol. gr. in-8, édité par la librairie Hachette et Cie.

QUATRIÈME SECTION

CONSERVATION DES CADAVRES ET DES PIÈCES D'ANATOMIE NORMALE

CHAPITRE PREMIER

Conservation des Cadavres.

En soustrayant les cadavres à la décomposition putride, on se propose de les conserver à l'air libre dans un état aussi rapproché que possible, du du moins en apparence, de celui qu'ils offraient au moment de la mort. Mais, tantôt cette conservation doit être indéfinie, tantôt, au contraire, il suffit qu'elle soit temporaire.

§ 1. Conservation indéfinie.

La conservation indéfinie des cadavres constitue l'*embaumement* proprement dit. Elle répond à un sentiment purement moral, l'homme voulant étendre son pouvoir au-delà de la vie, et préserver ceux qu'il a aimés ou respectés de la destruction que subissent après la mort, tous les êtres organisés.

Les cadavres peuvent se conserver indéfiniment :
Par dessiccation ;
Par congélation ;
Par privation du contact de l'air ;
Par les substances antiseptiques.

1° Dessiccation.

La *dessiccation* s'opère en plein air, à l'étuve ou au four. Elle réduit les parties molles au vingtième de leur volume et les altère au point qu'elles deviennent méconnaissables. Excellente pour les substances alimentaires, elle ne saurait être appliquée aux cadavres, pas plus à ceux de l'homme que des autres animaux.

2° Congélation.

La *congélation* est employée, sur une grande échelle, pour conserver les viandes et le poisson, mais elle n'offre aucun procédé pratique pour l'embaumement du corps humain.

Comme exemple de la puissance conservatrice du froid, on cite le fait d'un mastodonte, animal gigantesque des premiers âges, qui, surpris vivant sans doute au milieu des glaces, y est resté emprisonné, selon le calcul des géologues, des milliers d'années ; lorsqu'il fut mis à nu, il y a quelques années, en Sibérie, les chairs devinrent, de la part des habitants, l'objet d'une véritable curée.

3° Exclusion de l'air.

Cette méthode peut être appliquée de deux manières fort différentes. D'après l'une, on enveloppe la matière animale de substances qui la défendent du contact de l'air ; suivant l'autre, on l'introduit dans des vases dont l'air, en laissant son oxygène se combiner avec l'un des principes de la substance à conserver, perd la propriété de développer la fermentation.

Au premier mode se rattache la conservation, dans les cabinets d'histoire naturelle, des pièces anatomiques que l'on place au milieu d'une huile fixe ou volatile, d'un corps gras solide, etc. L'huile d'olive, en particulier, sert à la conservation d'un grand nombre de poissons destinés à l'usage culinaire. A cet effet, on remplit des jarres des pièces à conserver, et l'on verse dessus de l'huile en assez grande quantité pour recouvrir complétement le tout. Les vases sont ensuite hermétiquement bouchés, et les bouchons lutés avec du mastic ou du plâtre. Le vernissage, soit à l'aide de dissolutions alcooliques de résine, soit au moyen de dissolutions de caoutchouc ou de gutta-percha dans le chloroforme, le sulfure de carbone, etc., qui laissent, en se desséchant, une couche imperméable à la surface des objets ; le vernissage, disons-nous, appartient au mode qui nous occupe maintenant. Il en est de même du procédé qui consiste à recouvrir les objets d'une couche de cire ou de résine fondue, de gélatine dissoute, etc.

Au second mode se rattache la conservation des matières animales par le procédé d'Appert. On introduit ces matières dans des vases en verre ou en terre à large ouverture, que l'on remplace, quand elles ont un volume considérable, telles, par exemple, que les viandes destinées aux voyages de long cours, par des boîtes en fer-blanc que l'on soude après l'introduction. On place ces vaisseaux dans l'eau, de manière qu'ils en soient bien enveloppés ; on porte celle-ci à l'ébullition, que l'on entretient pendant environ une demi-heure ; on laisse refroidir et l'on goudronne les bouchons. On juge, pour les matières conservées dans les caisses en fer blanc, que l'opération est bien faite, que l'absorption de l'oxygène est complète, à la légère dépression que subissent les parois des caisses, et, plus tard, sans qu'il soit besoin de les ouvrir, de l'entière conservation des matières qu'elles renferment, à la persistance de la dépression. Pour peu qu'il y ait d'altération, il se développe des gaz, et à la dépression succède une boursouflure.

De quelque manière qu'on applique la méthode par exclusion de l'air, elle ne saurait constituer un procédé d'embaumement.

4° Antiseptiques.

C'est sur l'emploi des *antiseptiques* qu'ont été basés de tout temps, chez les peuples placés aux divers degrés de l'échelle de la civilisation, toutes les méthodes et tous les procédés d'embaumement. Nous ne décrirons ni ces méthodes, ni ces procédés, nous rappellerons seulement qu'anciennement, c'est en mutilant les cadavres pour les bourrer de matières antiputrides, qu'on cherchait généralement à les préserver de la décomposition, tandis qu'aujourd'hui on obtient le même résultat, sans mutilation, en injectant un liquide conservateur par la carotide, d'où il pénètre ensuite dans toutes les parties du système artériel. Quelquefois cependant, on introduit le liquide par la bouche. Dans le premier cas, on opère *par injection* et dans le second *par ingestion*. Passons maintenant en revue les antiseptiques les plus usités, en indiquant les particularités que peut présenter leur mode d'emploi.

1. Sel marin.

Le *sel marin* (chlorure de sodium des chimistes) a été utilisé de temps immémorial pour conserver les matières alimentaires d'origine animale. On l'emploie le plus souvent dissous dans l'eau, et c'est cette dissolution qu'on appelle *saumure*. Après avoir fait fondre une partie de sel dans deux parties d'eau, on plonge les viandes dans ce liquide, puis on place sur elles une planche que l'on charge de sel, et qui baigne dans le liquide. En dégorgant les parties aqueuses qu'elles contiennent, les matières animales affaiblissent nécessairement la saumure, mais le sel placé sur la planche, pare à l'affaiblissement de celle-ci, qui, par conséquent, se maintient toujours au même degré de force. Lorsque la matière animale est restée immergée dans la saumure pendant deux ou trois jours, elle en est retirée et séchée en la frottant avec du son ou du sel bien sec. Dans cet état, elle peut être entassée dans des barils alternativement avec des couches de sel en grains. L'addition d'un peu de salpêtre au sel ordinaire a l'avantage de conserver aux chairs leur couleur naturelle et même de l'aviver. De plus, une addition de sucre améliore leur saveur et leur arome.

La saumure suivante, dont la composition est basée sur ces données, est très usitée en Angleterre.

Sucre brut naturel..................	1 kilog.
Sel gris........................	2 —
Salpêtre......................	500 gram.
Eau.......................... 7 kil. 500	—

Cette solution nous paraîtrait propre à la conservation des pièces de myologie ; car, comme pour les viandes, le nitrate de potasse relève la couleur rouge des muscles.

Le sel marin ne sert pas aujourd'hui à embaumer les cadavres, mais il n'en était pas de même autrefois, surtout en Grèce et à Rome. Dion Cassius et Plutarque racontent que Pharnace envoya à Pompée le corps de Mithridate conservé dans la saumure.

D'après Eutrope, qui vivait au cinquième siècle, il existait alors une secte religieuse dont les membres avaient pour occupation spéciale d'embaumer, dans la saumure les têtes des martyrs.

2. Sublimé corrosif.

Le *sublimé corrosif*, qu'on appelle aussi *chloride* ou *bichlorure de mercure*, conserve parfaitement les matières animales. Il suffit d'en faire une solution saturée, d'y maintenir les matières jusqu'à imprégnation parfaite, puis de les laisser sécher à l'air. S'il s'agit d'un cadavre entier, il faut qu'il macère dans le bain pendant deux ou trois mois. En outre, pour que la liqueur antiseptique pénètre bien dans toutes les parties, il est nécessaire d'y pratiquer d'assez nombreuses incisions ou mutilations. On lui reproche de n'être pas sans danger pour l'opérateur, de donner lieu à des dépenses très fortes, enfin de racornir les chairs, de les rembrunir et de finir par les rendre méconnaissables, à cause de l'action chimique qu'il exerce sur elles. Pour toutes ces raisons, on ne l'emploie plus en France pour embaumer les cadavres.

3. Acide pyroligneux.

Pris à l'état brut, l'*acide pyroligneux* a des propriétés antiseptiques si remarquables que, si l'on y plonge, pendant quelque temps, des matières animales charnues, et qu'ensuite on les expose à l'air, elles se dessèchent peu à peu sans se putréfier. Les anciens l'appelaient *cedrium*, et Pline nous apprend que les Egyptiens s'en servaient pour embaumer les morts. C'est la même substance qu'à l'époque de l'arrivée des Européens dans l'Amérique du Sud, les habitants du Pérou appliquaient au même usage. Ils brûlaient, dit l'historien Zarate, un bois odorant d'où sortait une liqueur d'une odeur si pénétrante qu'elle finissait par incommoder. Les cadavres, vernis de cette liqueur, et dans lesquels on en introduisait une certaine quantité par la gorge, ne se corrompaient jamais.

4. Alcool, éther, chloroforme, etc.

L'immersion, soit dans l'*alcool*, soit dans une atmosphère confinée et saturée de vapeur d'*éther*, ou de *chloroforme*, ou de *sulfure de carbone*, ou de *benzine*, ou d'*acide cyanhydrique*, conserve parfaitement les matières animales ; mais la nécessité où l'on est d'employer des vases hermétiquement clos rend impossible l'emploi de ces agents pour l'embaumement des cadavres, dont le volume serait d'ailleurs un obstacle insurmontable. On ne peut y avoir recours que pour la conservation des pièces anatomiques de faibles dimensions, et tout le monde connaît l'usage que l'on fait journellement, sous ce rapport, de quelques-uns d'entre eux, particulièrement de l'*alcool*.

5. Créosote, acide phénique, acide thymique.

Ces substances ont une action antiseptique au moins égale à celle du sublimé corrosif, des préparations arsenicales et des sels de zinc; mais leurs solutions se dessèchent comme celles des sels métalliques, et produisent le même effet. Pour avoir une idée de leur efficacité, il suffit de faire macérer, pendant quelques jours, le corps d'un animal quelconque, dans une solution à un cinq-centième de l'un quelconque de ces composés. Au bout de ce temps, le corps devient absolument imputrescible et, après avoir été retiré du bain, il se dessèche à l'air et se momifie. Il se momifie également quand on le maintient dans des mélanges de poudres inertes renfermant 20 à 25 pour 100 d'acide phénique impur, ou même de goudron de houille. Si donc, on voulait se contenter de momifier un cadavre, l'emploi de l'une de ces matières dispenserait des soins et de l'embarras qu'exige l'injection vasculaire.

Nous ne pouvons que répéter ici ce que nous disions de l'*acide phénique*, en particulier, dans la précédente édition.

Cet acide ne peut être employé en injections, à cause de sa volatilité. Cependant, quand il s'agit simplement d'une conservation temporaire, comme celle des pièces d'étude dans les amphithéâtres, rien n'empêche qu'on n'y ait recours. Il a même, dans ce cas particulier, sur les substances ordinairement usitées, telles que le chlorure de zinc et l'hyposulfite de soude, des avantages qui devraient lui faire donner la préférence. Ainsi, dit le docteur Lemaire, « il n'a aucune action sur les instruments, il empêche le développement des moisissures, il favorise le desséchement, et lorsque les tissus se sont desséchés sous son action, ils reprennent leur souplesse et leur aspect anormal en les faisant macérer dans l'eau. » « Pour la conservation des cadavres par injection pour l'étude, continue le même auteur, je conseille l'emploi de l'eau phéniquée au centième. Les membranes séreuses et fibreuses prennent une légère teinte blanche, les tissus conservent pendant longtemps leur souplesse. Si la température ne dépasse pas 20 degrés centigrades, le cadavre peut se conserver pendant deux mois. La conservation serait moins longue par les grandes chaleurs, qui font volatiliser l'acide. En arrosant chaque jour le cadavre avec de l'eau phéniquée saturée, on peut prévenir cette décomposition. »

Dans le système de conservation par immersion, l'eau phéniquée est beaucoup plus économique et au moins aussi efficace que l'alcool, qui est le préservatif généralement usité. Elle doit contenir un centième d'acide. Si elle en renfermait davantage, l'acide se combinerait avec les tissus et les rendrait durs. Enfin, il ne faut pas oublier que les pièces doivent être déposées dans des vases hermétiquement fermés.

. L'acide phénique peut encore jouer un rôle important dans la conservation au moyen de la dessiccation. On sait combien est longue la préparation des pièces par ce procédé, surtout quand on veut en conserver toutes les parties solides. Il arrive très souvent, pendant le cours des opérations, que les tissus éprouvent un commencement de putréfaction, que des moisissures s'y développent, et lorsque toutes les difficultés ont été surmontées, les dermestes attaquent et réduisent en poussière les objets dans les armoires ou sur les étagères où on les a placés. « L'acide phénique permet de remédier à tous ces inconvénients. Avec lui, plus de fermentation putride, plus de moisissures, ni de dermestes. En outre, comme le coaltar, il possède la propriété de favoriser le desséchement. Voici, dit à ce propos le docteur Lemaire, comment je conseille d'employer cet acide pour ces conservations : injectez préalablement l'animal ou la pièce par les artères avec de l'eau phéniquée au centième. Dans les cas où les **vaisseaux doivent être injectés avec des matières grasses ou résineuses, l'acide serait incorporé avec** ces matières, qui le retiendront plus longtemps que l'eau (1). On ne l'ajouterait à ces matières qu'au moment de faire l'injection; sans cette précaution, la chaleur en ferait volatiliser une partie. Les injections ainsi faites et la pièce étant disséquée et placée dans les conditions les plus convenables pour le desséchement, on place au-dessous d'elle un petit vase plat contenant de l'acide phénique. Ses émanations se répandent sur la pièce, la protègent contre les destructions dont il a été question plus haut, et favorisent son desséchement. Lorsque la dessiccation est complète, on enduit les tissus, à l'aide d'un pinceau, d'une solution faite avec parties égales d'alcool et d'acide phénique; enfin, on les vernit. Préparées de cette manière, les pièces se conservent sans altération et sont à l'abri des mucédinées et des dermestes, tant qu'elles contiennent de l'acide phénique. Comme après un temps plus ou moins long, suivant la température, l'acide phénique finit par se volatiliser, il est indispensable de surveiller et d'appliquer de temps en temps sur les pièces une nouvelle couche de la solution alcoolique. Quand les pièces sont placées dans des vitrines, on peut prévenir les attaques des dermestes et des moisissures en y plaçant un vase débouché contenant de l'acide phénique. »

Enfin, l'acide phénique donne le moyen de conserver des animaux entiers à l'état frais, ce qui permet de faire arriver des pays lointains les espèces les plus délicates sans que leurs plumes, leurs poils ou leurs tissus aient éprouvé la moindre altération, et

---

(1) Il faudrait de plus forcer la dose de l'acide, parce que les matières grasses détruisent en partie son action antiputride.

de soustraire à la destruction les pièces anatomiques rares destinées à l'étude. Le procédé est, du reste, des plus simples. Au fond d'un vase quelconque, que l'on puisse boucher hermétiquement, on met une couche de filasse ou de chiffons imbibés d'acide phénique, on passe par dessus d'autre filasse ou d'autres chiffons, mais non préparés et parfaitement secs, afin d'éviter le contact de l'acide sur les plumes ou sur les poils, et c'est sur cette deuxième couche que l'on étend l'animal ou la pièce anatomique que l'on veut conserver; mais, comme nous l'avons dit en parlant des propriétés générales de l'acide phénique, si le vase est fermé hermétiquement, les objets peuvent se conserver indéfiniment à l'état frais, tandis que leur conservation n'est que temporaire s'il présente la moindre fissure. Suivant les circonstances, on doit employer de préférence des boîtes de fer blanc, parce qu'il est facile d'en obtenir, au moyen de la soudure, une fermeture parfaite, ou des bocaux de verre ayant leur couvercle luté avec de la gutta-percha.

6. Tannin.

Les propriétés antiseptiques de ce corps sont bien connues. En les combinant avec celles de l'*éther*, le docteur italien Brunetti a imaginé, pour la conservation des cadavres et des pièces anatomiques, un procédé qui a fait beaucoup de bruit, lors de son apparition, en 1867, à l'exposition universelle de Paris. Ce procédé comprend cinq opérations :

1° Lavage des vaisseaux par une injection d'eau froide poussée dans la carotide et continuée jusqu'à ce que le liquide s'échappe parfaitement clair, ce qui exige de deux à cinq heures;

2° Injection d'éther sulfurique du commerce pour dégraisser entièrement le cadavre ; elle dure de deux à dix heures ;

3° Injection d'une solution de tannin dans l'eau tiède, (15 à 20 pour 100 de tannin) ; elle dure deux à cinq heures ;

4° Dessiccation dans une atmosphère sèche et chaude. Le sujet est placé dans une étuve en fer-blanc, chauffée à l'eau bouillante, et dans laquelle une pompe foulante envoie un courant d'air continu, préalablement desséché en traversant un tube rempli de chlorure de calcium fondu, puis chauffé à 50 degrés dans une boîte métallique placée dans un fourneau. L'opération dure de une heure et demie à cinq heures, suivant le volume des objets.

Le procédé est applicable aux cadavres entiers aussi bien qu'aux pièces anatomiques. Les préparations sont inaltérables ; en outre, elles conservent leur volume et leurs formes, et ont les organes et les tissus dans l'état le plus convenable pour les études anatomiques ; mais elles perdent leur couleur naturelle et deviennent d'une teinte uniformément grisâtre.

7. Glycérine.

Outre qu'elle ne se dessèche pas, la *glycérine*, comme plusieurs des préparations dont il a été parlé, possède à un très haut degré la propriété de conserver les corps, surtout si elle est additionnée de sels métalliques, de sucre, de créosote, d'acide tannique, d'acide phénique ou d'acide thymique, seuls ou plusieurs ensemble. Le mélange suivant, qui a été indiqué en 1868, paraît donner de bons résultats.

Glycérine	14 gram.
Sucre brut	2 —
Salpêtre	1 —

Après quelques jours de macération dans la liqueur ainsi obtenue, les pièces anatomiques deviennent rigides, mais elles reprennent bientôt leur souplesse dans un air sec et chaud, et, quand elles sont ressuyées, elles peuvent être vernies. Elles se conservent alors indéfiniment, sans changer ni d'aspect, ni de volume, et se prêtent aux dissections les plus délicates.

Il est à présumer qu'une immersion suffisamment prolongée dans un bain de glycérine et d'acide phénique, suivie de plusieurs essuyages dans une atmosphère sèche, permettrait d'obtenir l'embaumement parfait de cadavres entiers.

8. Acide arsénieux.

L'*acide arsénieux* est aussi efficace que le sublimé. Comme lui, son emploi pour l'embaumement des cadavres remonte à une époque très ancienne. Comme lui encore, l'on s'en sert à l'état de dissolution ; mais, au lieu de plonger les corps dans la liqueur préservatrice, comme c'était primitivement l'usage, on y fait pénétrer celle-ci au moyen d'une seringue à injection, ce qui, ainsi que nous l'avons dit, dispense de toute mutilation. La supériorité de ce mode d'opérer, qui a été introduit dans la pratique peu après 1830, par les docteurs Gannal et Tranchina, lui a valu d'être adopté partout. Mais l'autorité publique ayant reconnu que les préparations arsenicales rendraient impossible la constatation de l'empoisonnement, par l'analyse chimique des viscères, et inviteraient le crime à se voiler derrière l'hypocrisie d'une piété suprême, ces préparations furent interdites pour l'embaumement des cadavres.

9. Sels d'alumine et de zinc.

L'interdiction de l'acide arsénieux eut pour conséquence d'engager les chimistes à chercher des substances non toxiques pour conserver les cadavres. Gannal proposa d'abord une solution d'*acétate d'alumine*, puis une solution composée d'un mélange, en parties égales, de *sulfate d'alumine* et de *chlorure d'aluminium*, ayant une densité de 1.30 (34° B.). En même temps et concurremment, le docteur Sucquet proposa une solution de *chlorure de zinc,* ayant une densité de 1.38 (40° B.), étendue d'un cinquième de son volume d'eau. L'expérience comparative qui fut faite (1847), en présence d'une Commission de l'Académie de médecine, sur deux cadavres inhumés séparément, l'un après une injection de solution alumineuse, exécutée par Gannal, l'autre après une injection de chlorure de zinc, effectuée par Sucquet, puis exhumés quatorze mois plus tard, démontra l'insuffisance de la première des deux solutions, et, au contraire, l'efficacité de la seconde. En outre, le rapporteur de la Commission conclut que les sels d'alumine employés par Gannal ne pouvaient conserver les cadavres que moyennant l'addition d'une préparation arsenicale, tandis que la solution de chlorure de zinc, employée par Sucquet, ne laissait rien à désirer, du moins dans les limites de la durée de l'expérience qui avait été effectuée. D'ailleurs, les sels d'alumine ont le grave inconvénient de dissoudre les os. Voici la formule de la solution de zinc recommandée par le Codex de 1866 :

Chlorure de zinc fondu, 1; eau distillée, 2. **Faites** dissoudre et filtrez. Densité : 1.33 (36° B).

Au lieu de la liqueur à base de chlorure de zinc, on a proposé, soit une solution concentrée de *sulfate de zinc* (14 de sulfate pour 10 d'eau, ou bien 1 de sulfate pour 2 d'eau), soit une solution de *sulfate d'alumine et de zinc*. D'après le Codex ci-dessus, celle-ci s'obtient en faisant dissoudre 60 parties de sulfate d'alumine exempt de fer et 6 parties d'oxyde de zinc dans 40 parties d'eau, puis filtrant et évaporant jusqu'à la densité de 1.35 (38° B.). Toutefois, c'est le chlorure de zinc qui a paru mériter la préférence. On emploie aussi le *sulfate d'ammoniaque* seul ou combiné avec le chlorure de zinc, ainsi que l'*hyposulfite de soude*. Le plus souvent les liqueurs sont additionnées d'une matière colorante et d'un parfum tel que l'essence de lavande ou l'essence de menthe.

L'embaumement se fait actuellement, dans le plus grand nombre des cas, par injection, mais suivant deux méthodes. La première consiste : 1° à injecter le visage par les deux artères carotides externes, en se servant d'une solution de sulfite d'ammoniaque coloré; 2° à injecter le corps proprement dit, par la partie centrale de l'une des carotides primitives, avec une solution de chlorure de zinc. Dans la seconde, on injecte le corps entier de sulfite de soude coloré, par l'artère crurale.

L'injection présente cependant deux défauts assez graves. En premier lieu, il peut arriver qu'une partie de l'arbre artériel soit obstruée par des caillots fibrineux résistants. Le liquide conservateur ne pénétrant pas alors dans certaines parties du corps, aux extrémités des membres, par exemple, ces parties se trouvent forcément vouées à la décomposition. En second lieu, le liquide s'évaporant peu à peu à l'air libre, le cadavre se dessèche à la longue et finit par prendre un aspect squelétique, qui est précisément le contraire du but qu'on se propose d'atteindre par l'embaumement. On prévient, autant que possible, ce dernier effet en déposant les cadavres, après leur préparation, dans un milieu préservateur.

10. Liqueur de Vickerschenner.

Comme on l'a vu (pag. 56-57), c'est un mélange d'eau, de sel marin, de salpêtre, d'alun, de potasse, d'acide arsénieux, de glycérine et d'alcool méthylique. Elle s'emploie pour conserver les matières animales de toute espèce, ainsi que les végétaux. D'après l'inventeur, les cadavres d'hommes ou d'animaux gardent parfaitement leur forme, leur couleur et leur souplesse, au point qu'on en peut faire des sections plusieurs années après, soit dans un but scientifique, soit dans un but de justice criminelle. Après le traitement, les odeurs malsaines qui se sont produites cessent complètement. Enfin, le tissu musculaire présente, quand on le coupe, une condition semblable à celle des corps frais : les parties de choix, telles que les ligaments, les poumons, les intestins, etc., n'ont rien perdu de leur souplesse et de leur flexibilité ; les parties creuses peuvent même être gonflées.

La liqueur en question s'emploie par immersion ou par injection.

Si les préparations doivent être conservées à l'état sec, il faut les tenir dans le bain pendant six à douze jours, suivant leur volume, puis les faire sécher à l'air. Ainsi traités, les ligaments des squelettes, les muscles, etc., restent mous et flexibles, mais perdent leurs couleurs. Si les sujets sont de petites dimensions et qu'on désire ne pas changer leurs couleurs, il ne faut pas les faire sécher, mais les laisser dans le liquide.

L'injection s'applique particulièrement aux cadavres ou aux animaux qui doivent n'être utilisés dans un but scientifique qu'après un temps plus ou moins considérable. Dans ce cas, la quantité de liquide varie nécessairement suivant les dimensions de l'objet. Il en faut environ un litre et demi pour un enfant de deux ans, et cinq litres pour une grande personne. Dans tous les cas, les muscles, même après plusieurs années, auront l'aspect frais quand on les coupera. Toutefois, si les sujets injectés sont tenus à l'air, ils perdront leur apparence fraîche et leur épiderme deviendra brun ; mais on préviendra ce double inconvénient en les frottant avec le liquide, puis les enfermant dans une caisse, à l'abri de l'air. L'auteur recommande l'injection pour les cadavres qui ne doivent pas être ensevelis immédiatement : de cette manière, leurs traits et leurs couleurs n'éprouveront aucune altération, et ils n'exhaleront aucune mauvaise odeur.

On a vu qu'au lieu de l'injection, on a quelquefois recours à l'*ingestion* et que, dans ce cas, l'opération consiste à introduire par la bouche le liquide préservateur. Mais ce procédé n'est généralement employé que pour l'embaumement temporaire. Dans ce but, un des plus habiles praticiens de Paris se sert d'un mélange composé de 500 grammes d'acide azotique à 36° B., de 300 grammes de sel marin, de 90 grammes de sulfate de zinc cristallisé, enfin de 10 grammes de lavande et de thym. En outre, il place dans le cercueil de la sciure de bois imprégnée du même mélange.

§ 2. CONSERVATION TEMPORAIRE

Au lieu de vouloir conserver indéfiniment les cadavres entiers ou seulement une ou plusieurs de leurs parties, on a souvent besoin de ne les soustraire à la putréfaction que pendant un temps limité, soit afin de faciliter les études anatomiques, soit afin de prévenir les émanations infectes qu'exhalent les corps que, pour une raison quelconque, on juge convenable ou nécessaire de ne pas inhumer immédiatement. Quand on se propose d'atteindre le premier de ces buts, on met en œuvre les divers antiseptiques dont il a été question dans les paragraphes précédents. Quand, au contraire, c'est le second, on a recours généralement à des substances moins chères et surtout plus faciles à se procurer sur place.

1° Etudes anatomiques.

Les pièces destinées aux études anatomiques sont conservées par immersion ou par injection, suivant leur forme ou leur volume, mais surtout suivant la nature des antiseptiques employés. On a vu plus haut que ces derniers se divisent en deux classes : antiseptiques organiques et antiseptiques inorganiques.

A. *Antiseptiques inorganiques*. — Ceux dont on fait habituellement usage sont :

Une solution aqueuse et saturée d'*hyposulfite de soude*;

Une solution **aqueuse** de ***chlorure de zinc*** à 5 pour 100;

Une solution de *sulfate de zinc* ;

Une solution aqueuse obtenue en faisant dissoudre 4 parties de sel marin, 1 partie de salpêtre et 2 parties de sucre blanc, dans 15 parties d'eau tiède.

Toutes ces préparations s'appliquent en injection. On ne se sert plus du *sublimé corrosif*, à cause de son prix élevé et du danger qu'il peut faire courir à l'opérateur. On a également abandonné, pour ce dernier motif, les *solutions arsenicales* mises jadis à la mode par Franchina.

B. *Antiseptiques organiques*. — Comme on l'a vu précédemment, l'immersion dans l'*alcool* constitue l'un des moyens de conservation les plus usités. On y a recours dans tous les amphithéâtres.

L'emploi de l'*acide phénique*, de la *créosote* et de l'*acide thymique* est également très répandu. On en fait le plus souvent des injections.

En associant la *glycérine* à l'*acide phénique*, ce dernier dans la proportion de 1/200, on obtient un composé sirupeux qui produit les effets les plus merveilleux. Quand on enduit, de temps en temps, avec ce composé, les pièces préparées pour la démonstration, on les préserve complètement de toute altération putride, sans nuire à leur souplesse et à leur couleur, et leur conservation est telle qu'elles peuvent servir pendant des années.

2° Inhumation retardée.

Une foule de recherches ont été faites dans le but de prévenir les exhalaisons putrides des cadavres dont l'inhumation doit être retardée et, par suite, **d'en suspendre la décomposition.**

Une injection d'*hyposulfite de soude* dans le réseau vasculaire proposée par le docteur Sucquet, produit d'excellents effets, mais, outre qu'elle constitue une opération purement médicale, elle donne lieu à des dépenses relativement considérables. Il a donc fallu trouver des moyens moins coûteux et d'une application plus simple.

On a imaginé alors d'entourer les cadavres de mélanges pulvérulents diversement composés, tels que les suivants :

1° Mélange de *sciure de bois* et d'*acide phénique* (du commerce), dans les proportions, en poids, de :

    Sciure........................... 16
    Acide phénique.................... 4

On remplace quelquefois la sciure par du *charbon en poudre*. Que le mélange soit fait avec la sciure ou le charbon, sa puissance antiseptique est la même. Les cadavres sont soustraits complètement à la putréfaction et se momifient. En outre, si celle-ci est commencée, elle disparaît immédiatement.

2° Mélange de *sciure de bois* et de résidu desséché de *goudron végétal*, dans la proportion de :

    Sciure 100
    Goudron .... 20 à 25

3° Mélange de *sciure de bois*, ou de *charbon végétal*, et de *coaltar*, dans la proportion de :

    Sciure ou charbon................. 100
    Coaltar...................... 20 à 25

Ces deux mélanges sont moins efficaces que celui de sciure et d'acide phénique, bien que l'agent antiseptique y soit le même que dans ce dernier. Cette infériorité provient uniquement de ce que cet agent, l'acide phénique, s'y trouve en moindre proportion.

4° Mélange de *sciure de bois*, de *charbon végétal* et de *plâtre*, additionné ou non de *chlorure de chaux*.

Sciure de bois	50
Charbon végétal	40
Plâtre	20
Chlorure	10

5° Mélange de *sciure de bois* et de *sulfate de fer* ou de *sulfate de zinc*, parfumé à l'*essence de lavande*. Il est très efficace, pourvu qu'il contienne au moins un tiers de son poids de sulfate. Le Codex en donne la formule que voici :

Sciure	50
Sulfate	20
Essence	1

On peut remplacer les sulfates de fer et de zinc par *le sulfate de manganèse* ; mais il faut toujours avoir soin que le sel qu'on préfère soit absolument exempt d'arsenic.

Ces cinq mélanges sont classés d'après leur valeur comparative au point de vue de leurs propriétés conservatrices. Celui de sciure et d'acide phénique est donc le plus puissant. Dans les saisons froides, il n'en faut guère qu'un kilogramme pour un cadavre ; en été, la dose doit être doublée et même triplée.

Quant au mode d'emploi, il est le même pour tous. On place le cadavre sur une couche de 5 à 6 centimètres d'épaisseur, puis on le recouvre d'une couche semblable. S'il est mis provisoirement en bière, la dernière partie de l'opération est des plus simples, puisqu'il suffit de remplir la bière avec la même poudre, aussitôt qu'on y a déposé le corps.

———

Beaucoup d'autres poudres antiputrides ont été imaginées. L'une d'elles ayant été proposée à la préfecture de police, il y a quelques années, donna lieu à des expériences et, par suite, à un rapport dont nous devons dire quelques mots. Elle était formée de *chaux éteinte*, de *naphtaline* et d'*acide phénique* (impur, contenant 30 pour 100 d'acide réel), le tout aromatisé avec de l'*essence de mirbane*. « Répandue sur les corps, dit le rapporteur, elle
« forme un magma très consistant avec les liquides
« qui s'en écoulent; répandue sur la face, elle défi-
« gure complétement la physionomie; ce magma une
« fois formé et laissé quelque temps à l'air, il de-
« vient impossible de l'enlever par des lavages.
« D'où il résulte que l'emploi de cette poudre pour-
« rait s'opposer à la constatation de l'identité des
« corps. »
Après avoir fait remarquer que tous les mélanges d'*acide phénique* avec des *terres*, et principalement des *terres siliceuses*, conduisent au même résultat, le rapporteur conclut en disant : « En résumé,
« on peut substituer la poudre en question au chlo-
« rure de chaux dans les opérations de désinfection,
« en s'abstenant de s'en servir dans les cas où il y
« aurait intérêt à conserver l'aspect de la configura-
« tion des parties. Tout autre mélange d'acide phé
« nique remplira du reste le même but et sera

« exempte de tout inconvénient s'il n'a pas pour
« base la chaux. »

Au lieu des poudres antiputrides, on peut se servir de liquides doués de la même propriété. Vickerschenner recommande de frotter les corps, à plusieurs reprises, avec la liqueur de son invention (page 56), et de les enfermer ensuite dans des caisses hermétiquement closes. A la Morgue de Paris, on conserve bien les cadavres à l'air libre pendant tout le temps que réclament les besoins du service, en faisant tomber sur eux, de la tête aux pieds, au moyen de tubes terminés par des pommes d'arrosoir, une solution aqueuse d'acide phénique. Dans cet établissement, les choses sont disposées de manière à obtenir un écoulement continu d'eau phéniquée au $0,002^{me}$, avec une dépense réellement minime. Dans le même établissement, on obtient également de bons effets du *froid artificiel*. On peut encore recourir au mélange d'acide azotique, de sel marin, etc., appliqué par ingestion (voy. page 350).

CHAPITRE II

Conservation des pièces d'anatomie normale.

L'étude de l'anatomie et la dissection sont devenues, grâce aux rapides progrès de l'histoire naturelle, des occupations indispensables à celui qui veut devenir un véritable naturaliste.

Cependant, pendant des siècles, la dissection lui a présenté de grandes difficultés. Voici pourquoi : le corps d'un grand animal, tel que le *loup*, le *chevreuil*, le *cerf*, dans nos pays ; le *lion*, la *panthère*, etc., dans les pays chauds, ne tombe que rarement et difficilement entre les mains d'un naturaliste, et leur prix est toujours élevé. Comme ce corps ne peut se conserver que quelques heures en été, et seulement quelques jours en hiver, il en résultait tout naturellement qu'en été on renonçait à sa dissection, et, qu'en hiver, on se bornait à étudier quelques-uns des principaux organes, selon que les progrès de la putréfaction en laissaient le temps.

S'il s'agissait d'étudier le *corps humain*, comme type de comparaison, cette occupation devenait fort dangereuse et même impraticable en été, à cause des miasmes putrides qui s'exhalaient des cadavres, et qui occasionnaient fort souvent des fièvres typhoïdes mortelles. Personne n'ignore les suites toujours dangereuses et souvent funestes qu'a une simple égratignure faite avec l'instrument dont on se sert pour disséquer, pour peu que le cadavre soit infiltré. Il n'y avait qu'un moyen de parer à cet inconvénient : c'était de se procurer, tous les deux ou trois jours, un cadavre nouveau. Mais ce changement de sujet offrait, outre une dépense très forte, au-dessus des moyens ordinaires de beaucoup d'élèves, d'autres inconvénients : par exemple, celui de recommencer plusieurs fois des préparations, quelquefois très longues, pour mettre l'organe d'étude à découvert et en état, etc.

Aujourd'hui, grâce aux découvertes de plusieurs savants, le naturaliste peut conserver le corps d'un animal rare autant de temps qu'il en a besoin pour l'étudier, et le jeune étudiant en anatomie, avec un seul cadavre, peut disséquer sans aucun inconvénient, pendant un ou plusieurs mois. Nous allons exposer les moyens qu'on emploie pour atteindre ce but : ce sera le complément de ce qui a été dit au chapitre qui précède.

§ 1. PRÉPARATIONS OSTÉOLOGIQUES

En commençant l'histoire des préparations par celle des *os*, nous trouvons l'avantage de présenter à la fois les opérations les plus faciles, et celles dont les résultats sont les plus utiles aux naturalistes. Nous exposerons ici la méthode publiée par M. J. Cloquet, parce qu'elle nous a paru la plus simple et la meilleure. Quelquefois même, nous citerons textuellement cet habile anatomiste.

1°. Opérations préliminaires.

La première chose à faire consiste à choisir un sujet capable de donner des os bien blancs, après quoi on met ces derniers en état de servir à monter le squelette. S'il s'agit de l'homme, il faut disséquer un cadavre maigre, provenant d'un individu de trente à quarante ans, mort d'une maladie chronique qui n'a point attaqué les os. Si l'on a l'intention d'en faire un squelette entier, on aura soin d'en choisir un qui ait toutes ses dents. Les cadavres des phthisiques sont les plus propres à ce genre de préparation. Quand il s'agira d'un animal assez commun pour qu'on puisse avoir le choix, on le prendra adulte et, surtout, si c'est un mammifère, avec toutes ses dents au moment de leur entier développement et avant qu'elles soient usées. Dans un chien, par exemple, trois ans est l'âge le plus favorable, parce que les dents incisives ont encore ces petites cannelures nommées *fleurs de lys* par les chasseurs.

Le sujet étant choisi, on enlève les chairs le mieux possible avec des pinces et le scalpel, en prenant bien garde de ne pas attaquer le périoste ou membrane qui recouvre les os. On détache le sternum en coupant les cartilages des côtes à leur insertion, et l'on sépare les membres du tronc. Nous n'avons pas besoin de dire que ces sections ne doivent se faire que lorsqu'on veut préparer les os isolément, c'est-à-dire monter un *squelette artificiel;* si l'on veut au contraire avoir ce qu'on appelle un *squelette naturel*, c'est-à-dire les os conservant pour attaches leurs ligaments, il est clair qu'il ne faut pas couper les cartilages qui unissent les côtes au sternum, ni séparer les membres.

Après ces opérations, on procède à la *macération* ou à l'*ébullition*, puis au *blanchiment*.

1. Macération.

Pour effectuer la macération, on prépare un grand baquet rempli d'eau de fontaine, et on le dépose dans un lieu aéré et écarté, afin que les miasmes putrides qui s'en exhaleront n'aient aucun inconvénient. On y plonge les os, avec la précaution de les y tenir constamment immergés. Tous les quatre ou cinq jours, on change l'eau dans le commencement, et on la renouvelle moins souvent à mesure qu'on la voit se corrompre moins vite.

Il est important de saisir le moment favorable de la macération pour retirer les os du bain. On reconnaît qu'il en est temps lorsque les parties fibreuses se séparent facilement des os, que les fibro-cartilages intervertébraux et les ligaments jaunes se détachent aisément des vertèbres, ce qui peut avoir lieu au bout d'une semaine ou de plusieurs mois, suivant le volume des os.

On retire alors les os du baquet, on les met dans de l'eau propre, on les nettoie en enlevant avec un fort scalpel les parties fibreuses qui peuvent encore y adhérer, et en les frottant sous l'eau avec une brosse très rude. On les place ensuite, après les avoir tous réunis avec attention pour ne pas en perdre, sur une grosse toile où on les fait sécher.

2. Ebullition.

L'*ébullition* procurant les résultats voulus en beaucoup moins de temps que la macération, c'est à elle que l'on a le plus souvent recours. Pour cela, après avoir, comme nous l'avons dit, grossièrement dépouillé les os de leur chair, on les place dans une chaudière remplie d'eau et on les fait bouillir pendant six ou dix heures, selon les sujets.

« On active l'action de l'eau, et l'on dépouille plus exactement les os de leurs parties fibreuses et de leur graisse, en mettant dans la chaudière, une heure avant la fin de l'opération, de la potasse ou de la soude du commerce (sous-carbonate de potasse ou de soude), 1/2 kilog. pour 80 à 100 litres de liquide.

« Après avoir enlevé avec soin la graisse qui nage à la surface de l'eau, on retire les os, on les plonge dans une nouvelle lessive alcaline, tiède et très légère ; on les nettoie avec soin, comme dans le cas précédent ; on sépare exactement des surfaces articulaires les cartilages gonflés et ramollis qui leur restent assez adhérents.

« Les os étant propres, il n'y a plus qu'à les laver à plusieurs eaux avant de les faire sécher

« En employant l'ébullition, on a l'avantage de préparer plus promptement les os, et d'une manière moins insalubre que par la macération. Cependant, ce mode de préparation a des inconvénients :

« 1° Les os qui ont bouilli deviennent en général moins blancs que ceux qui ont macéré ; le sang coagulé dans leurs pores leur laisse une teinte brune qu'il est souvent impossible de faire disparaître ;

« 2° Ils retiennent ordinairement une plus grande quantité de suc médullaire, qui ne tarde pas à leur donner, en rancissant, une couleur jaune et une odeur fort désagréable ;

« 3° L'ébullition n'est point applicable aux os des jeunes sujets, dont les épiphyses ne sont point encore soudées ; elle agit sur leur tissu gélatineux, et dépouille en partie les os courts et les extrémités des os longs de la lame compacte qui les enveloppe. Ce dernier inconvénient se manifeste même sur les os des adultes. »

3. Blanchiment.

Quand les os sont parfaitement débarrassés de leurs parties molles, il faut les *blanchir*. Cette opération a reçu des anatomistes le nom de *déalbation*. Elle peut se faire de plusieurs manières.

Pour obtenir parfaitement blancs des os qu'on a fait macérer, les meilleurs procédés consistent, d'après M. Jules Cloquet :

« 1° A les exposer sur un pré à l'action combinée de l'air, du soleil et de la rosée, comme cela se fait pour le blanchiment de la cire et de la toile, en ayant soin de les retourner tous les quinze jours, afin qu'ils blanchissent d'une manière égale; deux ou trois mois d'une semblable exposition suffisent, surtout au printemps, pour leur donner une blancheur éclatante ;

« 2º A les soumettre à l'action du chlore, soit liquide, soit gazeux. Dans le premier cas, on les plonge deux ou trois fois par jour dans une lessive qui tient du chlore en dissolution, et l'on répète ces manœuvres pendant dix ou douze jours ; dans le second, il faut les tremper dans l'eau, les placer sur une claie, et les couvrir avec une toile cirée ou du taffetas gommé ; on les expose alors au-dessus d'une terrine dans laquelle on a mis, en proportions convenables, du chlorure de sodium, de l'oxyde de manganèse et de l'acide sulfurique : on chauffe légèrement ce mélange de temps à autre ;

« 3º Au lieu de chlore gazeux, on peut employer avec avantage l'acide sulfureux en vapeur, comme on le fait dans les arts pour le blanchiment de la laine, de la soie, etc. On fait brûler lentement du soufre au-dessous de la claie, sur laquelle on a placé les os humectés ;

« 4º Les lessives alcalines peuvent encore être mises en usage pour la déalbation des os ; cependant elles ne m'ont pas paru aussi avantageuses que les moyens précédents. »

Pour blanchir les os, les préparateurs anglais emploient souvent les solutions suivantes :

1. Carbonate de soude............ 125 gram.
   Chaux vive.................... 30 —
   Eau bouillante .... 2 kil. 500
2. Carbonate de soude............ 125 gram.
   Chaux vive.................... 30 —
   Eau bouillante................ 1 kil. 250

Après avoir fait dissoudre le sel de soude dans l'eau, on ajoute la chaux; après un repos suffisant, on agite et l'on décante le liquide clair qui surnage au-dessus de la solution.

Les os, débarrassés autant que possible de la graisse et de la moelle, sont mis à macérer dans ces liqueurs pendant une semaine ou deux. Quand ils commencent à blanchir, on les fait bouillir, pendant un quart d'heure, dans la même liqueur, puis on les lave à grande eau et on les fait sécher. Une précaution à ne pas oublier, c'est de ne pas les laisser trop longtemps dans l'une ou l'autre des compositions, parce qu'elles finiraient par attaquer la partie gélatineuse.

Un procédé, qui est beaucoup plus simple que tous les précédents et d'une exécution plus rapide, est celui du chimiste Cloez. Il repose sur l'action combinée de la lumière solaire et de l'essence de térébenthine ou de l'essence de citron. On dispose les os dans une caisse vitrée contenant une certaine quantité d'essence, et l'on expose le tout au soleil. Au bout de trois ou quatre jours, ils deviennent d'une blancheur parfaite; à l'ombre, il faudrait un peu plus de temps. Une précaution essentielle à prendre est de placer les os sur de petits chevalets de zinc qui les soutiennent à quelques millimètres au-dessus de l'essence. En effet, cette dernière est un oxydant très énergique, et le produit de sa combustion forme une liqueur acide, laquelle s'étend au fond de la caisse et attaquerait promptement les os, si ceux-ci venaient à y tremper.

Observations.

« Dans la préparation ordinaire des os, on dissèque la tête entière d'une seule pièce, à l'exception de la mâchoire inférieure. Si l'on veut désarticuler les os du crâne par une méthode mécanique manuelle, on risque de fracturer quelques parties. Voici un moyen fort simple par lequel on y parvient aisément sans courir aucune chance de fracture.

« Par le trou occipital, on remplit le crâne de pois secs, et on les y tasse le plus possible; puis on bouche le trou avec un tampon de liège ou autre. On plonge la tête dans un vase rempli d'eau que l'on met bouillir sur le feu. Les pois se gonflent et chassent au dehors les os du crâne qui se désarticulent aisément. J'ai obtenu le même résultat en plaçant la tête remplie de pois secs dans un lieu chaud et humide, après les avoir préalablement arrosés. Le gonflement résultant de la germination produisait le même effet, quoique plus lentement, »

2° Montage du squelette.

Nous avons dit qu'on distingue deux sortes de squelettes : le *squelette naturel* et le *squelette artificiel*.

1. Squelette naturel.

On a vu que le *squelette naturel* est celui dans lequel on a conservé les ligaments. Il fournit donc à l'étude les attaches qui réunissent et maintiennent toute la charpente osseuse. Le squelette artificiel a sur lui l'avantage de permettre l'étude de l'os dans toutes ses parties, puisque toutes ces parties sont à découvert.

Pour la plus grande quantité des animaux, *mammifères*, *oiseaux*, *reptiles* et *poissons*, on ne prépare guère que des squelettes naturels, à moins que ces animaux soient d'une grande taille. D'ailleurs, dans ceux qui sont petits, et c'est de beaucoup le plus grand nombre, le montage artificiel deviendrait extrêmement difficile, comme par exemple dans la *souris*, le *roitelet*, etc.; et même impossible, comme dans le *goujon*, l'*éperlan*, le *lézard gris* de nos murailles, etc. L'important pour le naturaliste préparateur est donc le squelette naturel, et c'est par lui que nous allons commencer. Pour ne pas trop allonger la matière, nous ne décrirons pas ici les divers modes de préparation inventés par les auteurs, par la raison fort simple que le nôtre est facile, peu embarrassant, et nous a toujours parfaitement réussi.

A. Squelettes de très petits animaux.

Nous supposons que nous ayons à disséquer une *grenouille*, ou un *moineau*, ou un animal quelconque dont la grosseur se trouve comprise entre celle d'une *souris* et celle d'un *écureuil*. On devra se procurer une planchette de peuplier, ou d'autre bois blanc très tendre, large de 325 millimètres. Il faut que le bois soit assez mou pour pouvoir y ficher facilement de grosses épingles, dont on aura une douzaine, avec autant de fils de grosse soie. Ce petit appareil sert à maintenir le corps sur la table de peuplier, chose nécessaire vu la légèreté du corps, qui se déplacerait sans cesse sous la main du préparateur. On attache, toutes les fois que cela est nécessaire, avec un morceau de bois, la partie que l'on veut tenir tendue; on passe une épingle à l'autre extrémité du fil de soie, qui est double, et l'on implante cette épingle dans la table ou planchette. Pour fixer le fil à la partie que l'on veut tenir tendue, on l'accroche au moyen d'une toute petite épingle courbée en crochet, ou hameçon, et attachée au bout de la soie. Ces préparatifs, qui semblent minutieux au premier abord, font cependant gagner beaucoup de temps. On aura de plus une très petite seringue à injection, une forte loupe de 54 millimètres de foyer au moins, des pinces de dissection, trois ou quatre scalpels très fins et très coupants, des ciseaux courbes et des ciseaux droits. Quel que soit le volume de l'animal, on préparera un bain composé d'une forte dissolution de sublimé dans l'esprit-de-vin. Cela prêt :

On place le corps sur la table et on commence par enlever la peau par lambeaux, mais avec l'extrême attention de ne pas tirer dessus assez fort pour rompre les ligaments d'une ou plusieurs articulations. Chaque fois qu'il en est besoin, on maintient le corps dans l'attitude que l'on trouve convenable, au moyen des crochets et des fils de soie que l'on fixe temporairement où l'on veut.

On enlève d'abord grossièrement toutes les parties molles, en ménageant partout les ligaments des articulations. On revient ensuite aux os les uns après les autres et l'on achève de les nettoyer entièrement. Pour cela, on saisit les parties fibreuses avec les pinces, et on les coupe à leur insertion, soit avec les ciseaux courbes ou droits, soit avec le scalpel. Avec le tranchet de ce dernier on râcle parfaitement les os dans le sens de leur longueur, afin de les dépouiller de leur périoste qui, dans les très petits animaux, est à peine visible. On se servira de la loupe pour nettoyer les très petits os des tarses et des carpes, et, par son moyen, on verra les ligaments, que l'on s'abstiendra de couper. Pour faciliter ce travail, il est bon de monter la loupe sur un support dans le genre du télégraphe que nous avons figuré page 2 ; au lieu du porte-juchoir *a*, on ajuste un porte-loupe que l'on peut hausser, baisser, tourner dans tous les sens de la même manière. Par ce moyen on peut voir l'objet à disséquer tout en conservant la liberté des deux mains.

On videra le crâne le mieux possible par un des orbites de l'œil, au moyen d'un cure-oreille ou d'un morceau de fil de fer. On y introduira, mais très délicatement pour ne pas trop endommager les os du fond de l'orbite, du coton fin et sec, à plusieurs reprises, afin d'entraîner après lui les fragments de cervelle ; puis on injectera de l'eau à plusieurs reprises jusqu'à ce qu'elle sorte très claire.

Il nous est arrivé souvent, quand nous voulions ménager les orbites, de séparer la tête du cou, et de la nettoyer par le trou occipital. Nous profitions de cette circonstance pour enfoncer un fil de fer dans le trajet de la moelle quand le squelette était mis en macération. Nous rajustions la tête sur sa vertèbre au moyen d'un fil de fer quand nous montions le squelette.

Toutes ces opérations sont très minutieuses ; elles exigent beaucoup d'attention et de soin, mais elles ne sont ni longues ni difficiles. Autant qu'on le peut, il faut faire le squelette d'une seule séance, afin de ne pas donner le temps aux fragments des parties molles de se dessécher sur les os. Mais si l'on était forcé de s'interrompre jusqu'au lendemain, on en serait quitte pour conserver dans de l'eau la pièce commencée ; si on renvoyait la fin de l'opération à plusieurs jours, il faudrait faire macérer le sujet dans le bain d'alun dont nous parlons plus loin.

Quand le squelette est net et propre, on le plonge dans une dissolution de sublimé, et on l'y laisse plus ou moins longtemps en raison de sa grandeur. Celui d'une *souris*, par exemple, est suffisamment saturé en vingt-quatre heures; il faudra trois ou quatre jours pour celui d'un *écureuil*. Ce bain a pour but de préserver les ligaments de la dent meurtrière des insectes rongeurs des collections; il est indispensable, si l'on veut assurer au squelette une longue conservation, et ne peut se remplacer par aucune autre solution.

On retire la pièce du bain, et on la monte, c'est à dire qu'on lui donne l'attitude que l'on désire, pendant que les ligaments ont encore de la souplesse. Pour cela, on a un petit carré de carton ferme et blanc, ou une petite planchette de bois d'une grandeur proportionnée à la pièce, que l'on place dessus, et que l'on maintient au moyen d'un fil de fer. (Fig. 71.)

Dans une pièce rationnellement préparée, le fil de fer ne doit entamer aucun os, mais leur servir d'appui en les entourant, s'il est nécessaire, par une sorte d'anneau qui les maintient, ou par le moyen de la fourche qu'il forme à son extrémité, et entre laquelle l'os (ordinairement la colonne vertébrale) vient de se poser. La fig. 72 nous fera parfaitement comprendre. Le fil de fer *a* forme la fourche à son extrémité *b*, et soutient la colonne vertébrale *c*. Son extrémité inférieure *d* traverse la planchette *e*. Quand la pièce est un peu grosse, le fil de fer est taraudé à son extrémité inférieure, de manière qu'on peut le fixer solidement à la planchette au moyen de deux petits écrous en fer *i o*, qui la serrent à volonté.

Fig. 71.

Mais, quand l'animal est très petit, on ne peut agir ainsi, et voici comment on opère : on prend un fil de fer d'une grosseur et d'une longueur convenables (fig. 73), et l'on forme, à son extrémité supérieure, une boucle que l'on rend très solide au moyen de cinq ou six tours de torsion, comme on le voit en *a*. On coupe ensuite la boucle au milieu, on écarte ses deux côtés *cc*, et l'on obtient ainsi la fourche de la grandeur

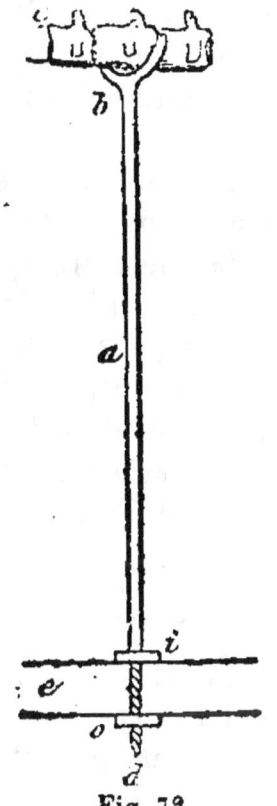

Fig. 72.

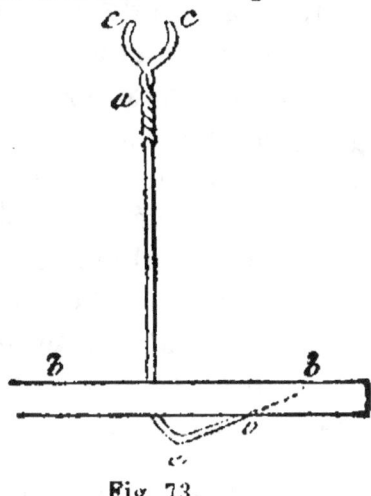

Fig. 73.

qu'on juge convenable; on appointit l'extrémité inférieure du fil de fer, que l'on fait passer à travers la planchette *bb*; enfin, on recourbe la pointe obliquement en *e*, et on la fait entrer de force dans le dessous de la planchette en *o*. La pointe doit s'y enfoncer obliquement, comme nous l'avons représentée par une ligne ponctuée en *ob*, pour ne pas ressortir en dessus, ce qui produirait un fort mauvais effet lorsque le montage serait achevé.

Nous avons dit qu'on pouvait se servir d'un morceau de carton blanc, au lieu de planchette ; voici dans quelle circonstance : les reptiles batraciens en général, et beaucoup d'autres petits animaux, ont une charpente si légère et si mince, que si l'on a l'attention de les faire dessécher, après la macération, dans une bonne attitude, elle se soutient fort bien, et l'animal n'a pas besoin de support en fil de fer. Il suffit de poser le squelette sur le morceau de carton, et de l'y fixer par les extrémités avec un petit morceau de cire blanche.

Lorsque le squelette placé sur sa planchette est parfaitement desséché, il ne reste plus, pour le soustraire à l'action de l'air et de la poussière, qu'à lui donner une couche générale de vernis. Nous avons employé pour cela, avec beaucoup d'avantage, du vernis à tableau que nous rendions un peu plus fluide en y ajoutant une légère quantité d'esprit de vin. Ce vernis est préférable aux autres en ce qu'il ne jaunit pas en vieillissant, et qu'il est d'une transparence parfaite.

B. Squelettes d'animaux de grandeur moyenne.

Il s'agit ici des animaux dont la grosseur varie depuis celle d'un *lapin* jusqu'à celle d'un *grand chien*.

Comme le corps de ces animaux a une pesanteur suffisante pour ne pas glisser sous le scalpel du préparateur, toutes les petites précautions que nous avons recommandées dans l'article précédent deviennent superflues. La loupe devient aussi inutile.

On commence par écorcher l'animal avec quelque précaution, parce qu'il est rare que la peau n'ait pas une utilité quelconque. Ensuite on le dissèque grossièrement, et on le plonge dans un bain d'eau de rivière dans laquelle on a fait dissoudre un demi-kilogramme d'alun calciné à raison de six litres d'eau. On peut laisser macérer le squelette dans cette composition pendant un certain temps, sans inconvénient pour les ligaments : si l'eau se corrompait, il faudrait avoir soin de renouveler le bain. Au moyen de cette macération prolongée pendant un certain

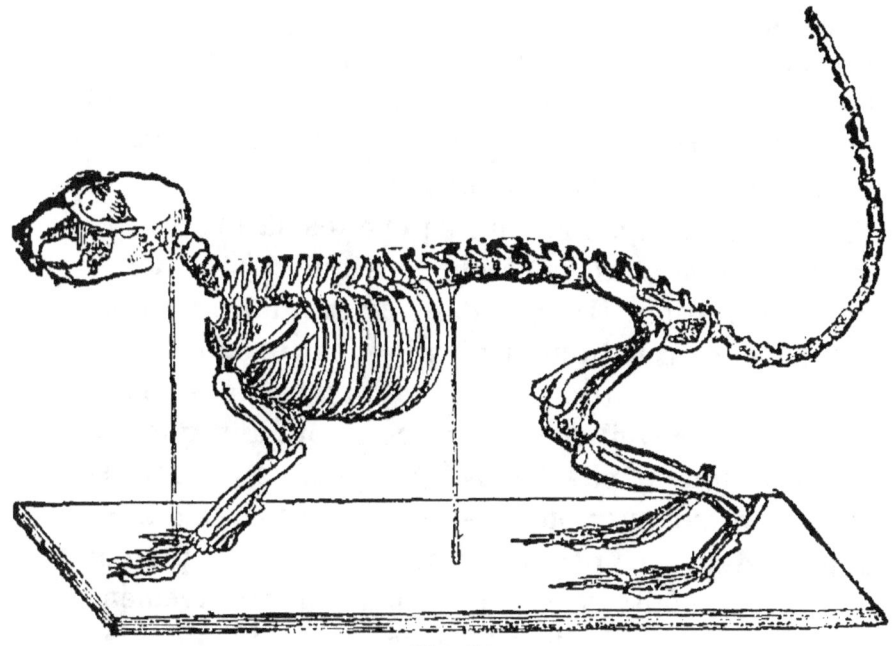

Fig. 74.

temps, les os blanchissent assez bien, se dépouillent de leur gélatine, et ne répandent plus d'odeur après leur dessiccation.

On achève de nettoyer parfaitement les os, toujours en ménageant les articulations, puis on fait sécher le squelette. On le plonge ensuite dans une solution de sublimé dans laquelle on le laisse de quatre à huit jours, selon la grandeur de l'animal; puis on le monte d'après les principes que nous avons enseignés plus haut pour les petits squelettes;

seulement on met, pour le soutenir, des tringles de fer plus grosses, et l'on en place deux ou même trois, si cela est nécessaire. (Voy. fig. 74.) On peut aussi mettre des branches aux tringles, pour soutenir quelques parties, comme on le voit dans la figure.

Il est quelquefois nécessaire de passer un fil de fer dans le trajet de la moelle épinière pour soutenir la colonne vertébrale et le cou : dans ce cas, on la désarticule vers la tête ou vers le sacrum, selon qu'on le juge nécessaire, puis, après avoir passé la tringle, on rapproche les parties.

Il arrive quelquefois aux squelettes naturels de se couvrir d'une graisse fétide, quelque temps après leur préparation. Il faut, dans ce cas, faire tremper la pièce dans une liqueur alcaline, par exemple dans une légère dissolution de soude ou de potasse, mais il faut bien surveiller cette macération, afin que ces sels n'attaquent pas les os. Quelquefois on peut se contenter, surtout pour des os détachés, de tremper la pièce dans une pâte d'alumine marneuse, que l'on humecte et fait sécher au soleil alternativement, jusqu'à ce que l'argile ait absorbé les huiles fétides.

On passe le squelette entier au vernis, comme nous l'avons dit.

2. Squelette artificiel.

Ainsi qu'on l'a vu, le *squelette artificiel* est celui dans lequel les attaches naturelles ont été détruites et sont remplacées par des ligaments artificiels, vis, fils de fer, de cuivre, de laiton, etc. Comme on l'a vu, il permet l'étude des os dans toutes leurs parties, qui sont entièrement à découvert. On monte de cette manière les squelettes des grands animaux.

Après avoir préparé et fait blanchir les os, on les réunit chacun à leur place, et on les y fixe au moyen d'articulations artificielles qui remplacent les ligaments.

Ces articulations, en fil de fer ou en cuivre, sont plus ou moins ingénieuses, selon les idées des différents préparateurs. L'essentiel est qu'elles soient solides, qu'elles puissent se monter et se démonter aisément et à volonté; enfin, qu'elles laissent à chaque os son mouvement naturel, c'est à dire celui qu'il avait pendant la vie de l'animal. Nous ne donnerons, de toutes ces méthodes, que celle qui est la plus généralement employée en Angleterre, parce qu'elle nous a toujours paru la plus simple et la plus facile de celles qui remplissent les conditions voulues.

On aura : 1° un taraud pour faire des vis de toutes les grosseurs nécessaires ; 2° de petites plaques de cuivre assez minces et dans diverses proportions, semblables à celle que nous avons figurée en *a*, fig. 75; plus des clous d'épingle en cuivre, dont les uns avec une tête seront en forme de vis à la pointe (fig. 76), et les autres, sans tête, seront en forme de vis aux deux bouts, fig. 77.

Pour réunir deux os, on leur fera, près de l'articulation, en *b c*, fig. 75, à chacun un petit trou, avec une mèche conduite à l'archet. Il sera nécessaire, pour cela, d'avoir des mèches de plusieurs grosseurs, et un petit étau pour tenir les os pendant qu'on les perce. La largeur et la profondeur des trous seront calculées en raison de la grosseur et de la longueur des clous d'épingles qui doivent y entrer, mais avec un peu de peine, et de manière à ce que la vis **morde dans l'os et y fixe le clou avec solidité.**

On applique sur les deux os la plaque de cuivre *a*, de telle sorte que les deux trous dont elle est percée à ses extrémités correspondent aux trous des os. Dans l'un, en *c*, on enfonce un clou d'épingle à tête et on le visse solidement dans l'os, de manière à tenir la plaque sans l'empêcher de tourner aisément autour de la tête du clou. Dans l'autre trou, en *b*, on enfonce un clou d'épingle sans tête, on le fixe dans l'os, puis on place à son extrémité saillante un petit écrou en boulon, *d*, que l'on serre assez pour maintenir le tout, sans empêcher la plaque de cuivre de tourner.

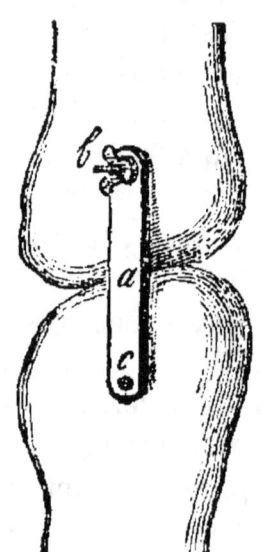

Cette articulation artificielle se place toujours sur le côté intérieur ou extérieur des os, parce que, la plaque glissant sur les os et tournant dans ses deux axes, permet le mouvement articulaire en avant et en arrière. Mais pour cela il ne faut pas que les deux os se touchent tout à fait, surtout quand les têtes d'os ne sont pas exactement arrondies.

Fig. 75.   Fig. 76.   Fig. 77

Quelques préparateurs emploient, par économie, des clous d'épingle en fer au lieu de cuivre. Toutes les fois que le squelette n'a pas macéré dans la solution de sublimé, ceci est sans inconvénient; mais quand il a été préparé avec ce sel mercuriel, il en est tout autrement. Le sublimé a une action très prompte et très puissante sur le fer, qu'il oxyde et détruit en quelques instants; aussi les graveurs en taille-douce l'emploient-ils pour faire mordre leurs planches d'acier. Il résulte de cette action, qu'il doit être rejeté de toute préparation anatomique, pendant tout le temps qui nécessite l'emploi des instruments tranchants. C'est aussi pour cette raison que l'on ne doit jamais employer le fer quand on monte une préparation anatomique dans laquelle entre le deutochlorure de mercure.

Nous nous en tiendrons là sur les préparations ostéologiques, car, quand même nous ferions un livre entier sur cette matière, pour prévoir tous les cas qui peuvent se présenter, nous n'en dirions pas assez pour certaines personnes. Les autres trouveront toujours dans leur industrie les moyens de surmonter les petites difficultés qu'elles pourront rencontrer.

§ 2. CONSERVATION PAR LA VOIE HUMIDE

Pour conserver les pièces anatomiques, il suffit de les tenir plongées, à l'abri de l'air, dans des liquides diversement composés. Nous avons énuméré ailleurs (page 337) ceux de ces liquides qu'on emploie le plus fréquemment. A ce que nous en avons dit nous n'ajouterons que quelques mots pour montrer dans quelles circonstances particulières les uns doivent être choisis de préférence aux autres, parce que, comme le fait remarquer M. Lecanu, ils ne sont pas tous applicables avec un égal succès à la conservation de toutes les pièces.

L'*alcool* forme le bain dont on se sert le plus souvent. On peut prendre indifféremment celui de vin, de grains ou de pommes de terre, mais celui de canne (rhum, tafia) doit être rejeté, parce qu'il renferme un principe résineux qui colore en jaune les objets qu'on y fait séjourner. Toutefois, on ne doit pas oublier que l'alcool concentré contracte les matières essentiellement cartilagineuses, d'où la nécessité d'employer, en commençant, de l'alcool très faible et de le remplacer graduellement par de l'alcool très fort quand on tient à prévenir leur racornissement et par suite leur déformation. L'addition d'un peu d'ammoniaque à l'alcool combat, dit-on, ce fâcheux effet; mais elle a l'inconvénient de jaunir les pièces qu'on y laisse longtemps séjourner et de détruire leurs couleurs naturelles. Quelques gouttes d'acide chlorhydrique possèdent la même propriété que l'ammoniaque, mais elles changent quelquefois l'aspect des objets.

Le *tannin* conserve parfaitement la peau, qu'il transforme en cuir, mais très mal la chair musculaire.

Le *persulfate de fer*, utilisé par quelques préparateurs, a le défaut de recouvrir, à la longue, les objets d'une couche ocracée de sulfate simple. On prétend aussi qu'il attaque les os.

Le *protochlure d'étain* est rarement usité. Comme il décompose les sels calcaires des os, il ne convient réellement que pour les matières fibreuses et cartilagineuses.

Les *acides*, en général, ne conservent bien que les pièces chargées de graisse. Ils corrodent et désorganisent les tissus, altèrent leur couleur, détruisent la partie calcaire des os. Ces diverses actions sont d'autant plus rapides et énergiques que les acides sont plus concentrés. Toutefois, quelques acides faibles, l'acide nitrique à 5 degrés par exemple, peuvent être employés quand on veut étudier le système nerveux. Dans ce cas, les os perdent leur matière saline et sont réduits à leur trame organique ; en même temps, les muscles sont décolorés et deviennent flasques, ainsi que les viscères : les nerfs seuls restent d'un blanc nacré fort remarquable.

L'*acide arsénieux* est un excellent agent de conservation, mais des propriétés dangereuses empêchent de se servir de ses dissolutions.

L'*acide sulfureux* convertit les parties tendineuses et le tissu cellulaire en une sorte de bouillie transparente, tandis qu'il n'exerce aucune action nuisible sur les parties fibreuses.

Les *alcalis* ne sont, à proprement parler, que des moyens préparatoires à la conservation proprement dite, et non des agents de conservation même.

Les *huiles essentielles* constituent de bons préservatifs. Toutefois, comme elles dissolvent les parties grasses que l'on pourrait avoir intérêt à conserver, on ne doit les employer que pour les objets où cet effet n'est pas à craindre. On leur reproche, il est vrai, de déposer et de se troubler avec le temps ; mais rien n'empêche, quand on s'aperçoit de cet effet, de les renouveler ou, ce qui est plus économique, de les filtrer. Lorsqu'on fait sécher les pièces qui y ont séjourné, celles-ci deviennent quelquefois transparentes.

L'*alun* conserve bien les parties membraneuses ; mais il les racornit, les décolore et laisse déposer, à la longue, un sédiment blanc à la surface des pièces et sur les parois des vases.

Le *sublimé corrosif*, souvent employé malgré le danger de son maniement, racornit les matières animales, les rend dures et brunes, à l'exception des muscles qu'il blanchit. C'est un agent de conservation pour les substances dont on ne tient pas à laisser intact l'aspect naturel, mais il ne convient que médiocrement pour celles qui sont dans le cas contraire.

Des expériences ayant montré que le *borax* empêche la putréfaction des matières, on a d'abord eu l'idée de s'en servir pour la conservation des viandes, mais on a bientôt reconnu qu'il est toxique et qu'il ne pouvait avoir d'emploi que dans la préparation des pièces anatomiques. On l'utilise en solution dans l'eau, accompagné de salpêtre, d'acide borique et de sel commun. La formule suivante, qui a été proposée pour la viande, pourrait sans doute être employée, dans certaines circonstances, pour les pièces anatomiques :

Borax....................................	8
Acide borique.......................	2
Salpêtre................................	3
Sel commun.........................	1
Eau.......................................	86

Pour les autres substances que l'on peut employer, nous renverrons à ce qui a été dit précédemment. Toutefois nous indiquerons encore plusieurs formules dont le préparateur anglais Goodby obtient d'excellents résultats, bien qu'elles renferment presque toutes du sublimé corrosif et quelques-unes de l'acide arsénieux.

N° 1. Sel gris......................	125	gram.
Alun..........................	60	—
Sublimé corrosif..............	1	décig.
Eau distillée....................	1	kilog.

Faites dissoudre.

N° 2. Sel gris........................ 125 gram.
    Alun........................ 60 —
    Sublimé corrosif................ 2 décig.
    Eau distillée.................... 2 kilog.
Faites dissoudre.

N° 3. Sel gris........................ 250 gram.
    Sublimé corrosif............... 1 décig.
    Eau.......................... 1 kilog.
Faites dissoudre.

N° 4. Sel gris........................ 250 gram.
    Acide arsénieux .... 1 —
    Eau distillée .... 1 kilog.
Faites bouillir jusqu'à dissolution.

N° 5. Sel gris........................ 520 gram.
    Acide arsénieux .... 1 —
    Sublimé corrosif............... 1 —
    Eau distillée.................... 1 kilog.
Faites bouillir jusqu'à dissolution.

Le soluté n° 1 est celui que M. Goodby emploie le plus ordinairement. Il se sert du n° 2 dans les cas de tissus délicats qui pourraient être altérés par un soluté concentré. Le n° 3 est destiné dans les cas où les matières animales contiennent du carbonate de chaux (os), que l'alun décompose. Le n° 4 est convenable pour les vieilles préparations anatomiques, ou celles qui ont une grande tendance au ramollissement ou à la moisissure. Le professeur Owen a trouvé ces solutés beaucoup plus avantageux que l'alcool pour la conservation des matières nerveuses, et les a employés presque exclusivement pour la **conservation des pièces du Musée de chirurgie de Londres.**

Les animaux entiers, ainsi que leurs parties isolées, peuvent être conservés par la voie humide. Nous citerons seulement les *viscères*, dont on assure parfaitement la conservation en les tenant immergés dans de l'alcool peu concentré afin de les empêcher de se racornir. Les *embryons* et les *fœtus*, aux divers degrés de la génération, se conservent également avec facilité, mais on est souvent obligé d'employer à la fois le procédé de l'immersion et celui de l'injection. Voici, du reste, ce que dit à ce sujet le docteur Breschet :

« L'œuf, considéré aux diverses époques de la grossesse, ne peut être conservé que dans l'alcool peu concentré, afin qu'il ne racornisse pas les membranes. Un kirsch-wasser, dans lequel on fait dissoudre du nitrate d'alumine, forme une liqueur limpide dans laquelle l'œuf se conserve sans altération. On peut, pour démontrer le développement des organes, injecter plusieurs parties. Ainsi, dans les premiers temps, le pédicule de la vésicule ombilicale admet le mercure qu'on y porte avec une petite seringue de verre, dont le tube est filé à la lampe; cette injection doit être faite du côté de la vésicule, et quelquefois on voit le métal passer jusque dans l'intestin.

« Les vaisseaux omphalo-mésentériques doivent aussi être injectés. L'ouraque sera ouvert, et l'on démontrera sa communication avec la vessie, d'une part, avec l'allantoïde, de l'autre. Toutes ces parties seront tenues écartées les unes des autres, et attachées avec de petites épingles sur un plateau de cire.

« Dans le fœtus près du terme de la gestation, on injecte les vaisseaux par lesquels il s'établit une communication entre lui et la mère.

« Les os de l'embryon, après avoir été injectés, seront plongés dans de l'huile de térébenthine, sans qu'il soit nécessaire de les mettre auparavant dans un acide affaibli.

« Quant aux enveloppes du fœtus et au placenta qu'on veut conserver après un accouchement à terme, on pousse d'abord une injection colorée différemment dans les artères ombilicales et dans les veines du même nom. Cette injection ne doit pas être trop délicate ou poussée avec beaucoup de force, car alors elle passe d'un des vaisseaux dans l'autre. On laisse tremper pendant quelque temps ces deux parties dans une eau alumineuse, ou mieux dans une solution alcoolique de sublimé, puis on place une vessie de cochon dans la cavité des membranes ; on insuffle la vessie, et les parties ainsi disposées sont exposées à l'air pour obtenir la dessiccation : alors la vessie est retirée. On peut conserver de la sorte des membranes avec le placenta, en plaçant la face utérine de celui-ci tantôt en dedans, tantôt en dehors de la cavité des membranes. Ces mêmes parties peuvent être conservées dans des liqueurs. »

§ 3. CONSERVATION PAR LA VOIE SÈCHE

Les pièces d'anatomie sèches peuvent être obtenues de plusieurs manières. Nous parlerons d'abord de celle de l'anatomiste anglais Swan, qui repose sur l'emploi du sublimé corrosif, et nous l'appliquerons à la préparation d'un *bras,* en laissant la parole à l'auteur lui-même.

Le membre sera choisi débarrassé de graisse autant que possible. Une solution de 60 grammes de bichlorure de mercure dans un demi-litre d'esprit-de-vin rectifié sera injectée dans les artères, et, le lendemain, on fera une autre injection avec une pareille quantité de vernis blanc à l'alcool, dans lequel on ajoutera un cinquième de **vernis de térébenthine** et un peu de vermillon.

Ces opérations terminées, le membre sera placé dans de l'eau chaude, et y restera jusqu'à ce qu'il soit convenablement échauffé pour faire la grosse injection dans les artères, et dans les veines elles-mêmes, si cela est nécessaire.

Si l'on doit injecter les veines, il **vaut mieux** faire sortir le sang qu'elles contiennent, avec de l'eau, avant de pousser dans les artères la solution de bichlorure de mercure, parce qu'il revient toujours par les veines quelques portions de cette injection, qui coagule tout le sang qu'elles contiennent, et empêche la grosse injection de parvenir dans les plus petites branches.

Quand le membre a été injecté, on le dissèque. Chaque fois que l'on quitte ce travail, il est bon de couvrir avec un linge imbibé d'eau les parties qui ont été mises à découvert; et lorsqu'on le reprend, on remarque que les parties injectées avec la solution de sublimé souffrent **très peu d'altération en plusieurs jours, et sont retrouvées dans le même état** où on les a laissées, tandis que, **par la méthode** ordinaire, elles sont tellement changées en un ou deux jours, qu'il y a peu de profit à **revoir ce qui a été fait.** De plus, si la dissection est longue, on le reconnaît à peine, **par la nouvelle méthode,** lorsque tout est fini. Enfin, par cette même méthode, **on peut disséquer en tout lieu,** puisque la préparation est sans odeur.

Lorsque toutes les parties sont à découvert, et que l'on a ôté toute la graisse et le tissu cellulaire, il faut mettre le membre ainsi préparé dans une solution de 60 grammes de bichlorure de mercure dans un litre d'esprit-de-vin rectifié, et l'y laisser plongé entièrement pendant une quinzaine de jours au moins, car il ne peut y rester trop longtemps. Une boîte de chêne, peinte en blanc et vernie, est ce qu'il y a de mieux pour contenir le membre dans la solution ; le couvercle ferme hermétiquement pour empêcher l'évaporation de l'esprit-de-vin.

On retire le membre tous les deux ou trois jours, et l'on ôte tout ce qui peut rester du tissu cellulaire, puis on le remet, en plaçant la partie qui touchait le fond de la boîte en dessus. La meilleure chose pour placer le sujet, lorsqu'on la retire de la solution, est une auge de boucher qu'on a d'abord bien huilée, sans quoi le vase s'imbiberait, et il en résulterait une grande perte de la liqueur.

Quand le membre est resté assez longtemps dans la solution, on l'en retire pour le vernir et le peindre. Après l'avoir suspendu, on l'essuie, on le tend et on le vernit de blanc. Le même jour, les nerfs, les tendons et les expansions tendineuses doivent aussi être vernis ; ce que l'on répète, tous les jours, une fois, pendant trois jours de suite. Le cinquième jour, les tendons doivent être recouverts d'une couche de vernis jaune et de peinture blanche mêlés par parties égales ; on recommence cette opération le septième, le huitième et le neuvième jour. On enduit les nerfs aussi souvent qu'il paraît nécessaire avec un mélange par parties égales de peinture blanche et de vernis blanc.

Aussitôt que les muscles sont devenus raides, ils **peuvent être peints**, en faisant attention que les **nerfs et les tendons** ne soient pas touchés par la peinture.

Environ un mois après que le membre a été retiré de la solution, ceux des nerfs et des tendons qui ne sont pas suffisamment peints doivent être recouverts de peinture et de vernis autant de fois qu'on le juge nécessaire. Mais il faut toujours laisser un jour d'intervalle entre chaque application de peinture ou de vernis.

Cette opération étant terminée, on lave les tendons et les nerfs avec de l'huile de lin bouillie en un seul trait. Cette couche sèche, l'on en donne une seconde sur tout le membre; enfin plusieurs couches de vernis copal terminent la préparation. On sait que la première couche de vernis copal s'applique sur les artères, avec une légère addition de vermillon et de bleu de Prusse pour les veines.

Pour conserver le *foie*, il faut injecter d'abord la veine-porte et les conduits excréteurs avec de l'esprit de vernis de térébenthine et quelque matière colorante, telle que le rouge de plomb, puis on fait la grosse injection, après laquelle le foie est mis dans la solution pendant quinze jours au moins; il n'est pas nécessaire de le chauffer avant de l'injecter. Les ligaments se préparent de la même manière que les tendons.

Voici la composition des peintures et des vernis employés dans les préparations précédentes :

1. Vernis blanc.

Baume de Canada.................. 90 gram.
Essence de térébenthine.......... 80 —
Vernis mastic.................... 90 —

Mettez le tout dans une bouteille et agitez jusqu'à mélange parfait.

2. Vernis mastic.

Mastic en poudre.................. 125 gram.
Essence de térébenthine......... 1 litre.

Le tout mis dans une bouteille, agitez jusqu'à ce que le mastic soit fondu.

3. Vernis jaune.

Gomme-gutte en poudre........... 30 gram.
Essence de térébenthine.......... 250 —

Faites infuser, pendant quinze jours, la gomme-gutte dans l'essence de térébenthine, puis, avec parties égales de cette liqueur tirée à clair, de baume de Canada et de vernis mastic, on compose le vernis jaune.

4. Peinture blanche.

90 grammes de peinture blanche et 30 grammes d'essence de térébenthine servent à la former.

5. Peinture pour les muscles.

Elle se fait de laque, de bleu de Prusse et de vernis blanc, auxquels on ajoute un quart de vernis de térébenthine.

6. Injection rouge.

Cire............................. 125 gram.
Vernis copal..................... 15 —
Plomb rouge..................... 15 —
Vermillon........................ 8 —

Faites fondre ensemble.

7. Injection verte.

Cire............................. 125 gram.
Cendres bleues.................. 15 —
Vernis copal..................... 15 —

Faites fondre ensemble.

8. Injection bleue.

Pour la composer, il suffit d'ajouter à l'injection verte 2 grammes de bleu de Prusse en poudre.

On reproche au procédé de M. Swan :

1° De faire retirer considérablement les muscles par le racornissement qui s'opère pendant la dessiccation, ce qui leur fait perdre leur forme et leur grosseur naturelles.

2° De rendre la dissection, pendant les opérations, funeste aux instruments tranchants, parce que le sublimé les attaque et les détruit rapidement.

On évite plus ou moins ces inconvénients en remplaçant le sublimé corrosif, soit par les sels d'alumine ou de zinc, soit par l'un des autres antiseptiques dont il a été parlé précédemment.

———

Le *sel alembroth* indiqué par Baldaconni, il y a une quarantaine d'années, pourrait aussi rendre des services. C'est un mélange en parties égales de sublimé corrosif, et de sel ammoniac. Il est plus soluble que le sublimé seul. Les objets qu'on y fait macérer acquièrent, en quelques jours, la dureté de la pierre sans se déformer et sans perdre leur couleur naturelle. Et, ce qu'il y a de remarquable, c'est que les effets sont les mêmes sur les corps mous et gélatineux que sur les corps les plus fermes.

Le procédé de Baldaconni nous engage à dire quelques mots des préparations anatomiques pétrifiées que, depuis un grand nombre d'années, certains spécialistes italiens s'appliquent à produire. Ces préparations sont dures comme de la pierre et ne le cèdent en rien, pour la perfection du modelé, aux plus belles œuvres de la céroplastique scientifique. On a fabriqué avec des tissus animaux ainsi pétrifiés, tels que les reins, le cerveau, les testicules, etc., des petits meubles qui, après avoir subi le poli du marbre, ressemblaient à des mosaïques par la richesse et la variété de leur composition et de leurs couleurs.

Parmi les préparateurs auxquels on est redevable des pièces dont il s'agit figurent, au premier rang, le docteur Gorini, professeur d'histoire naturelle à Lodi, et M. Marini, de Cagliari.

A l'une de nos expositions universelles, M. Gorini montra des têtes humaines préparées depuis plus de trente ans, et qui avaient toutes les apparences de la vie. Une canne avait sa pomme formée par un œil humain d'une conservation parfaite et aussi dur que le cristal. Des pieds, des bras, une langue, des pénis, des portions de muscles, des morceaux de foie, etc., offraient, au plus haut degré, aux visiteurs, leurs formes et leurs couleurs naturelles ; tout y était parfaitement conservé, jusqu'au réseau veineux et aux callosités de la peau.

Les préparations de M. Marini ne sont pas moins extraordinaires que celles de M. Gorini. Elles leur sont même supérieures sous certains rapports. En effet, non-seulement M. Marini conserve, momifie ou pétrifie à son gré les corps ou portions de corps, ainsi que toutes les matières solides ou liquides des organismes vivants, la chair, le sang, le cerveau, la bile, etc.; mais, de plus, aussi longtemps que la dessiccation n'est pas absolue, il rend à volonté aux corps et aux membres momifiés la transparence, la souplesse et les autres caractères qu'ils avaient quelques heures avant la mort.

En 1867, M. Marini montra à Paris plusieurs pièces d'une beauté remarquable, notamment : un fragment de bras d'une momie égyptienne, qui comptait peut-être cinq mille ans, et auquel il avait rendu, sinon sa couleur, du moins sa souplesse et son apparence de membre humain ; un bras qui, cent fois desséché, cent fois ramolli, gardait toutes les apparences d'un bras vivant ; le corps entier d'un lapin qui, à travers les tissus restés transparents, laissait voir les détails les plus intimes de l'organisation ; enfin, couronnant le tout, une table consistant en une mosaïque étrange, formée de cervelle, de sang, de bile pétrifiés, où étaient enchâssées quatre oreilles humaines, et sur laquelle se dressait un pied de jeune femme, avec sa couleur et sa transparence naturelles.

Par quels moyens de tels résultats peuvent-ils être obtenus ? On l'ignore. Tout ce qu'on a pu savoir, c'est que le procédé est fort dispendieux.

§ 4. INJECTIONS.

Il a été déjà plusieurs fois question des *injections* et des liquides qu'on y emploie. On sait qu'elles seules donnent les moyens de préparer les vaisseaux. En raison de leur importance, nous croyons utile de leur consacrer une notice particulière, que nous emprunterons presque entièrement à un ouvrage du savant Duméril. Disons tout d'abord qu'elles peuvent être distinguées en *évacuatives*, *réplétives*, *antiseptiques* et *conservatrices*.

1. Injections évacuatives.

Les injections *évacuatives* servent à chasser des vaisseaux, ou autres organes creux, les matières solides ou fluides qui les remplissaient. On les fait avec de l'eau, de l'alcool étendu d'eau, ou des acides très affaiblis. Elles sont indispensables pour préparer les vaisseaux à recevoir d'autres injections.

2. Injections réplétives.

Les injections *réplétives* se divisent en définitives et temporaires. On a recours à diverses substances pour les faire, mais toutes ont leurs avantages et leurs inconvénients. Nous allons les passer en revue.

Quelquefois on emploie des liqueurs qui restent toujours fluides; mais cette méthode imparfaite ne permet pas la dissection, et, en outre, le liquide dépose à la longue les matières colorantes qu'on y avait mêlées pour donner à l'organe sa couleur naturelle.

On se sert assez souvent de liquides chargés de colle ou de *gélatine*, mais ces liquides ont l'inconvénient de ne pas se solidifier également aux divers degrés de température, et, par le refroidissement, ils se coagulent trop rapidement. On les prépare avec de la *colle de Flandre*, ou de la *colle à bouche*, ou, ce qui vaut mieux, avec la *colle de poisson* connue sous le nom d'*ichthyocolle* ; elle a l'avantage de se coaguler à une température de 25 à 26 degrés de Réaumur (point le plus fort où s'élève notre température), et cependant de fondre à la chaleur de la main. Pour s'en servir, on fait fondre 30 grammes d'eau, et ensuite on y mêle 60 grammes d'alcool que l'on a préalablement fait tiédir.

Pour colorer ces injections gélatineuses, on se sert de toutes les couleurs broyées à la gomme pour peindre au lavis et à l'aquarelle, en rejetant néanmoins celles dont la base est métallique, car on a remarqué que celles-ci sont sujettes à changer dans la matière animale. On n'emploiera donc que le *carmin*, la *laque*, le *bleu de Prusse*, le *blanc d'écailles d'huîtres* porphyrisé, etc. Les couleurs métalliques ont encore le grave inconvénient de se précipiter par le repos avant que la liqueur soit refroidie, et d'obstruer ainsi les plus petits vaisseaux.

Il est quelquefois avantageux d'employer quelque réactif pour solidifier les injections gélatineuses. On pourra donc, afin d'obtenir cet effet, les faire tremper un jour ou deux dans une dissolution de *noix de galle* ou de *tannin;* par ce moyen on pourra les conserver desséchées.

Pour les injections partielles des vaisseaux lymphatiques et chilifères, on s'est quelquefois servi de *lait de vache* ou de *chèvre*. « Lorsqu'après avoir lié le canal thoracique, on a fait pénétrer le lait par tous les vaisseaux dans lesquels on a pu introduire le bec d'une seringue de verre ou de celle qui sert à l'injection des points lacrymaux, on verse sur la surface de la partie injectée du vinaigre fort ou un acide affaibli, qui fait concréter la partie caséeuse du lait, de manière qu'alors les vaisseaux chilifères se trouvent remplis par un solide blanc, mais flexible. » Le cabinet d'anatomie comparée, au Muséum d'histoire naturelle de Paris, possède quelques pièces ainsi préparées.

Mais le procédé généralement préféré, parce que les préparations en sont plus solides et plus commodes, est celui d'injecter avec des matières grasses et résineuses, telles que les huiles volatiles ou fixes, les *baumes*, les *résines* dissoutes dans l'alcool, les *graisses*, la *cire*. On les mélange et combine en raison du parti que l'on veut en tirer, surtout pour la conservation des pièces.

Toutes les *huiles volatiles* sont à peu près aussi pénétrantes les unes que les autres. Aussi emploie-t-on généralement celle qui coûte le moins, c'est-à-dire l'*essence de térébenthine*. Mais comme elle a une odeur désagréable, on donne quelquefois la préférence, pour les petites pièces, à celle *de citron* ou *de lavande* (huile d'aspic).

Pour se servir d'une de ces huiles volatiles, on y fait dissoudre une couleur convenable, préalablement broyée à l'huile fixe (les couleurs en vessie sont très bonnes pour cela), et l'on fait chauffer le mélange. C'est principalement pour rendre visibles les petits vaisseaux des membranes qu'on doit conserver dans la dissection, que l'on emploie ce genre d'injections. Si l'on voulait injecter le gros tronc vasculaire qui fournit à ces membranes, on pousserait, sur la fin de l'opération, un peu de vernis à l'essence, qu'on aurait chargé de beaucoup de résine, et, avant de faire sécher la pièce, on la mettrait tremper un jour ou deux dans une dissolution aqueuse de bichlorure de mercure (sublimé).

Nous ferons observer que si l'on emploie, pour colorer ces injections, des couleurs en vessie bien broyées, il y a moins d'inconvénients à se servir de celles qui ont pour base un oxyde métallique, parce que les plus pesants, même ceux de plomb et de mercure, ne sont pas sujets à se déposer lorsqu'ils ont été bien amalgamés.

Dans plusieurs préparations on peut avantageusement se servir de certains *vernis* que l'on trouve tout faits dans le commerce. Tels sont ceux connus sous les noms de *vernis gras*, *vernis roux-à-bois*, **vernis au copal**, etc. Ils conviennent aux pièces **que l'on veut conserver desséchées**, mais ils sont difficiles à colorer. Pour y parvenir, il faut, pour le vernis gras, broyer la couleur à l'essence : pour les autres, on la broie avec de l'alcool; dans les deux cas, on l'incorpore tout de suite aux vernis après les avoir fait légèrement chauffer. Si l'on emploie les laques carminées en suspension dans le vernis gras pour injecter les artères, elles communiquent à ces vaisseaux une couleur absolument semblable au sang artériel, d'où il résulte qu'on n'a pas besoin de les peindre après leur dessiccation.

Les injections les plus ordinaires, même celles que l'on destine à la *corrosion* dont nous parlerons plus loin, se font avec un mélange de *graisse de mouton* ou *de suif*, de *cire blanche* ou *jaune*, et d'*huile d'olive, de noix* ou *de lin*. On leur donne le degré de solidité que l'on désire, en mélangeant ces substances dans des proportions diverses et arbitraires, et en tenant compte des matières colorantes qu'on y introduit. Pour réussir complétement et aisément dans ce genre d'injections, on introduit auparavant une petite quantité d'huile volatile étendue dans la matière grasse dont on doit remplir les vaisseaux.

On conçoit que les proportions des matières composant ces injections doivent varier pour plusieurs raisons, et notamment à cause des différences de température atmosphérique. Cependant nous allons en donner une formule pour servir d'exemple et de premier renseignement.

Prenez :

Suif en branche.....................	153 gram.
Poix de Bourgogne...............	60 —
Huile d'olive ou de noix.........	60 —

Térébenthine liquide chargée de
matière colorante.............. 30 gram.

Comme les matières colorantes sont dissoutes dans une huile volatile qui s'évapore aisément à la chaleur, on ne doit mêler la dernière partie de cette composition que lorsque le suif, la poix et l'huile sont bien fondus et prêts à être mis dans la seringue.

3. Injections antiseptiques.

Les injections *antiseptiques* n'ont pour but la conservation d'une pièce que pour le temps momentané de la dissection. On les fait très avantageusement avec une dissolution d'acétate ou de sulfate d'alumine, d'acide phénique, etc. Tout ce qu'on en attend est de préserver la pièce d'une corruption trop prompte.

4. Injections conservatrices.

Quant aux injections *conservatrices*, elles se font avec les matières grasses et résineuses mentionnées plus haut, sur lesquelles les acides n'ont aucune prise, si l'on doit soumettre la pièce à la corrosion. Dans le cas contraire, on les fait comme ci-dessus, avec des solutions alumineuses, phéniquées, de sel de zinc, etc., ou avec des liqueurs spiritueuses aromatiques, ou encore, mais les précédentes valent mieux, avec des solutions mercurielles, ou arsenicales, dont l'emploi, nous le savons, a des dangers.

5. Opérations complémentaires.

Lorsque les injections sont faites, il s'agit de faire la *ligature* des vaisseaux, pendant la dissection ou immédiatement après, pour empêcher la matière injectée d'en sortir. Pour cela on emploie une soie plate ou peu tordue.

Il a été question plus haut de la *corrosion*. Cette opération a pour but de nettoyer les pièces injectées dont on veut enlever le parenchyme, et dont on ne désire conserver, pour ainsi dire, que la matrice formée par le canevas intérieur du tissu vasculaire. Voici comment elle se fait. Nous laisserons parler M. Duméril.

« La partie injectée est abandonnée pendant deux ou trois jours dans un vase rempli d'eau pure, qu'on a l'attention de renouveler, afin de la faire mieux dégorger du sang qu'elle peut contenir. On la place ensuite solidement sur un morceau de cire fixé au fond d'un vase de porcelaine, percé latéralement à son fond, afin de pouvoir décanter la liqueur qu'on doit y verser sans déranger les pièces de leur position. Cette liqueur corrosive est de l'*acide chlorhydrique* ou *esprit de sel*; on peut aussi employer pour le même usage, l'*eau-forte* des graveurs ou acide nitrique affaibli.

« La première fois, on laisse la pièce deux ou trois heures dans cet acide, on décante ensuite et on fait passer à sa place une même quantité d'eau qu'on laisse couler en filet. On laisse cette eau cinq à huit jours, selon la saison, jusqu'au moment où l'eau est couverte d'écume et que la pièce commence à devenir cotonneuse à sa surface; on décante une seconde fois et l'on place le pot sous le robinet d'une fontaine, dont on laisse échapper un petit filet d'eau qui emporte lentement et sans secousse les parties qui se sont détachées. Lorsque l'on remarque que le lavage n'emporte plus de matière animale, on verse de l'acide dans le pot, dont on a rebouché la cannelle avec un bouchon de verre ou de porcelaine chauffé et enduit de cire. On répète cette opération tous les quatre à huit jours, jusqu'à ce que les tuniques des vaisseaux soient tout à fait détruites, et que la matière de l'injection se montre à nu de toutes parts. »

6. Appendice.

Nous donnerons d'abord un passage de l'ouvrage de Gannal, dans lequel se trouve décrite l'injection d'un cadavre entier, mais en renvoyant à ce qui a été dit précédemment de l'emploi de l'acide arsénieux.

« Le cadavre est injecté par la carotide avec cinq à sept litres d'acétate d'alumine à 20 degrés, et contenant en dissolution 50 grammes d'acide arsénique. Quatre jours après cette injection, si l'on veut préparer l'angéiologie fine et grosse, on injecte par l'aorte un demi-litre d'un mélange à parties égales d'essence de térébenthine et de vernis à l'essence. Enfin, on pratique d'un seul jet une injection chaude d'un mélange de suif et de galipot, à parties égales, coloré par le cinabre pour les artères, par une couleur noire ou bleue pour les veines. Alors le cadavre ou la partie du cadavre que l'on veut conserver est préparé et disséqué à loisir, selon le vœu de l'opérateur.

« Lorsque le cadavre a été injecté comme nous venons de le dire, la préparation qui en est faite se dessèche facilement à l'air libre depuis le mois de mai jusqu'au mois d'octobre; pendant l'hiver, il faut qu'elle soit déposée dans une étuve ou dans une chambre chaude. Lorsque la dessiccation est lente, que l'humidité est grande, il peut se développer des byssus sur la surface de la pièce ; mais un lavage l'en débarrasse, et une couche de vernis la préserve de nouvelles végétations. Cette pièce sera certainement supérieure à toutes celles que renferme le cabinet d'anatomie. »

Voici maintenant quelques formules d'injections anatomiques dont on pourra tirer parti :

1. Suif............................... 375 gram.
   Cire........................... 15 —
   Huile d'olive................. 90 —

Faites fondre ensemble.

2. Cire........................... 375 gram.
   Térébenthine commune......... 180 —
   Suif........................... 90 —
   Essence de térébenthine....... 30 —

Faites fondre.

3. Blanc de baleine................ 60 gram.
   Cire........................... 4 —
   Térébenthine commune.......... 30 —

Faites fondre. — Injection très pénétrante.

4. Gélatine....................... 375 gram.
   Eau........................... 5 litres.

Faites fondre.

En hiver, seulement 220 gram. de gélatine.

5. Baume du Canada................
   Id. Vermillon, q. s............

Faites fondre.

Ces deux dernières injections sont plus particulièrement destinées aux vaisseaux capillaires.

6. Résine......................... 250 gram.
   Cire........................... 300 —
   Térébenthine commune.......... 375 —

Faites fondre.

7. Cire........................... 500 gram.
   Résine......................... 250 —

Térébenthine fine.............. 180 gram.
Vermillon .... 90 —

Failes fondre. (Knox.)

8. Bismuth..................... 250 gram.
Plomb..................... 150 —
Etain...................... 90 —

Faites fondre. (D'Arcet.)

Pour terminer, nous reproduirons un extrait de la thèse de M. Maurice Ludovic Hirschfeld sur les injections capillaires. On sait que cet anatomiste est l'auteur d'une grande partie des belles préparations qui ornent le Musée d'anatomie de la Faculté de Médecine de Paris.

« Pendant un long temps, les différents procédés d'injection sont tombés dans l'oubli, ou sont restés le secret de la plupart de leurs inventeurs. Depuis environ une cinquantaine d'années, les recherches microscopiques sur la texture intime des organes, sont devenues une étude spéciale pour les anatomistes; ils ont eu recours à tous les moyens d'investigation pour s'éclairer dans leurs entreprises.

« Ces recherches ont été reprises dans la voie de Ruysch d'abord, puis dans celle de Malpighi. Il était tout naturel d'essayer de pénétrer dans la structure intime des organes, par l'injection des vaisseaux capillaires de toute sorte. Des essais nombreux ont été faits de tous côtés, en Allemagne notamment, pour retrouver des moyens de remplir les réseaux capillaires dans l'infiniment petit. Les musées de l'Europe possèdent aujourd'hui des pièces injectées par les micrographes de ce pays : MM. Berses,

Daltinger, Wagner, Retzius, Hyrts, Gruby, Burgrave, etc.

« En France, on n'est pas resté étranger à ce mouvement scientifique. On trouve, dans le Musée de Paris, des pièces préparées par MM. Natalis Guillot, Robin, Giraldès, Mandl, Gruby, etc., qui égalent en finesse tout ce qui a été fait en pays étranger. Sur l'invitation de M. Orfila, M. Bourgery et moi, par des procédés qui nous sont particuliers, nous avons obtenu des injections qui surpassent en finesse tout ce qui a été fait jusqu'à présent, et qui, de plus, ont l'avantage par leur netteté, de ne pas masquer les autres éléments de texture. C'est donc aujourd'hui un art retrouvé. Loin d'imiter l'égoïsme de certains anatomistes qui faisaient à leur profit, un secret de leurs procédés d'injection, dont, pour la plupart, ils ne sont pas même les inventeurs, je suivrai l'exemple de MM. Berses, Hyrts, etc., qui non-seulement ont publié leurs procédés, mais, en outre, ce dernier a eu la généreuse complaisance de nous enseigner lui-même le sien.

1° Procédé Berses et Hyrts.

Nous commencerons par faire connaître la formule de la meilleure pâte à injection donnée par M. Berses, dans son ouvrage, et dont il assure que se servait son préparateur, le docteur Hyrts.

Excipients ou masses à injection.

« Vernis copal, à quoi on ajoute, dans la proportion d'un sixième de son poids :

« Du mastic (résine de lentisque) fondu au bain-marie, et additionné d'un peu d'esprit de térébenthine.

« Le tout, ajoute l'auteur, est mélangé jusqu'à ce que la masse entière ait pris la consistance nécessaire à l'injection. On se rend compte de cette dernière consistance en laissant tomber une goutte de la masse sur une pierre plate, puis on observe le refroidissement et la manière dont elle se coagule et s'épaissit. Si elle se présente à la fin comme une goutte de miel, filant entre les doigts, c'est le point convenable pour injecter.

« Après la composition de la masse à injection indiquée par M. Berses, nous en donnerons une autre dont nous devons la connaissance à M. Hyrts lui-même, qui l'a préparée devant nous (juillet 1843). Cette pâte, dont la formule est simple et facile, se compose des deux substances suivantes :

« Cire vierge, la plus pure et la plus blanche ;

« Térébenthine molle du Canada, ou térébenthine de Venise très pure.

« Faites dissoudre ces deux substances, en quantité à peu près égale, dans un vase de porcelaine, au bain de sable, ou mieux, au bain-marie, pour éviter une trop forte chaleur. Quand la masse est fondue et bien mélangée, on s'assure, comme l'indique M. Berses, si la pâte est d'une consistance convenable, et l'on ajoute soit un peu de cire, soit un peu de térébenthine, suivant qu'elle est trop molle ou trop épaisse pour bien filer entre les doigts.

Couleurs à injection.

« Le cinabre chinois est de toutes les couleurs, celle qui pénètre le mieux et le plus loin dans les réseaux capillaires microscopiques. On le broie, dit M. Berses, avec le plus grand soin dans l'essence de térébenthine, et on le mêle à la masse résineuse, en assez grande quantité pour que celle-ci soit bien saturée de couleur. Quand les deux matières sont bien mélangées, on filtre le tout dans un vase bien propre et chauffé. Cela fait, il faut encore chauffer la masse dans un bain de sable, de manière à ne pas produire de bulle à sa surface. Après, on met le tout dans une seringue à injection chauffée; on pousse avec force et méthode jusqu'à ce qu'une résistance plus grande vous indique la plénitude des vaisseaux. Si l'on veut injecter les veines et les artères, il faut commencer par les veines. L'injection finie, on trempe tout de suite la pièce dans l'eau froide, pour coaguler la matière injectée. C'est de cette manière qu'avaient été injectées d'abord les pièces de M. Berses et de la plupart des micrographes allemands, où tout était uniformément rouge. Depuis, pour des vaisseaux différents, on a eu recours à des couleurs variées. Celles qui ont le mieux réussi à M. Hyrts, sont : le blanc de céruse (carbonate de plomb), le jaune de chrome (chromate de plomb), pourvu qu'il soit très pur et non falsifié, ce qui est rare; enfin, le noir d'ivoire. Dans les derniers temps, M. N. Guillot, qui a fait aussi des injections microscopiques fort belles, a employé la térébenthine molle et la couleur en vessie. Ce même anatomiste a aussi employé une solution épaisse de belle gélatine et de couleurs broyées à l'eau. J'ai noté les inconvénients des injections à la colle.

« Les belles injections de M. Lignerolles étaient faites au moyen d'une solution alcoolique de gomme-laque bien chargée de couleur.

« M. Bourgery a perfectionné le procédé de M. Lignerolles. Dans le but de remplir les gros vaisseaux capillaires, il pousse, derrière l'injection trop liquide, de la cire à cacheter de la même couleur, dont la gomme-laque est aussi la base.

« Outre les matières grasses et résineuses, on a aussi employé les injections aqueuses. C'est aux injections aqueuses colorées, et à l'encre en particulier, que Malpighi doit presque toutes ses découvertes. Ces injections pénètrent, il est vrai, assez loin dans les capillaires, mais les très petits capillaires ne sont pas assez colorés pour bien les distinguer. En outre, elles colorent trop les tissus environnants quand un petit vaisseau vient à se déchirer accidentellement ou si, faute de précaution, on laisse tomber une petite quantité de matière à injection.

« M. Berses mélange la gomme arabique avec l'injection résineuse ci-dessus, pour l'injection de certains vaisseaux réfractaires à l'introduction de cette préparation résineuse.

« Voici ce qu'il dit à ce sujet : J'ai coutume de verser d'abord dans la seringue la matière résineuse, puis la solution de la gomme arabique, pour finir tout d'un coup. De cette manière, l'injection de gomme est poussée en avant de la première, et suivie immédiatement par la préparation résineuse qui semble s'introduire alors beaucoup mieux dans les dernières ramifications capillaires.

« Certains vaisseaux de l'économie offrent un plus beau résultat avec des injections ainsi mélangées : tels sont les vaisseaux de diverses membranes de l'œil, des membranes de la vésicule biliaire, des membranes muqueuses et des tuniques des intestins, et enfin les vaisseaux qui parcourent le derme.

« Au contraire, avec une matière résineuse pure (l'injection indiquée ci-dessus), on obtient de plus beaux résultats avec les organes parenchymateux, les tissus cellulaires et fibreux, les muscles, les glandes et les nerfs.

« M. Lambrou a obtenu de très belles injections avec la solution de gomme arabique, pesant 10 degrés à l'aréomètre de Beaumé, pour l'injection du foie, et seulement 5 à 6 degrés pour l'injection des mollusques.

« La solution de gomme est colorée en bleu par l'indigo, en rouge par le carmin ou le vermillon, en jaune par le chromate de plomb, en blanc par la céruse. L'injection est faite à froid, mais ne se coagule pas. Toutefois, le dépôt de la matière colorante suffit presque à remplir les capillaires. Pour une injection complète, injecter d'abord à froid les capillaires avec l'injection de gomme colorée, laisser couler le liquide pour vider les gros vaisseaux, puis injecter avec la gélatine colorée.

« Je ne puis terminer sans rappeler le procédé de M. Doyère, qui peut se faire à chaud et à froid. Il est fondé sur la loi chimique de double décomposition, loi dite de Bertholet, qui veut que deux dissolutions salines étant mélangées, il y ait échange de bases entre les acides, s'il doit en résulter un précipité insoluble. Ce précité dans le dépôt, dans les capillaires, sert à les faire voir. Je me suis moi-même servi de ce procédé pour des injections partielles. Les matériaux que j'ai employés sont les suivants : pour les artères, j'ai poussé d'abord une dissolution d'acétate de plomb, puis une autre de chromate neutre de potasse, et j'ai obtenu une injection jaune de chromate de plomb. Pour les veines, j'ai poussé une dissolution de cyanhydrate de potasse ferrugineux et de proto-sulfate de fer. Les réseaux capillaires veineux se trouvaient injectés par le bleu de Prusse. Au reste, la couleur peut varier suivant le sel employé. Dans tous les cas, avec un peu de soin, ce procédé donne de bons résultats.

« Deux observations qui ne manquent pas d'importance doivent être faites.

« 1° Il peut arriver que le premier liquide injecté remplisse les vaisseaux, et que le second ne puisse y pénétrer. Ici la réaction est impossible.

« 2° La réaction se fait quelquefois dans le tube à injection ou dans le premier réseau, et forme bouchon. Aussi, il m'est arrivé assez souvent d'être obligé d'employer cinq ou six tubes pour faire l'injection partielle d'un seul organe, comme la langue. Pour remédier à ces inconvénients, M. Bourgery propose d'injecter le sel qui doit fournir la base, et d'attendre quelques heures pour le second sel, afin de donner aux vaisseaux le temps de se désemplir un peu.

2° Procédé Hirschfeld.

« Je viens de donner un résumé succinct de divers procédés sur les matières à injection. Entre les mains de leurs inventeurs, ces procédés ont tous donné de bons résultats ; mais 1° ces résultats sont inconstants ; 2° tous ne sont pas exempts d'inconvénients. Ainsi, j'ai été témoin oculaire de plusieurs injections faites par M. Hyrts, à Paris, sans avoir obtenu de succès ; cependant je suis loin de douter du talent de cet habile anatomiste. J'ai moi-même répété presque tous les procédés et avec persévérance. Les résultats obtenus ont été tantôt bons, tantôt mauvais, alors même que je me plaçais dans les conditions les plus favorables ; j'ai dû chercher la cause de l'inconstance du succès. A force de persévérance, je suis arrivé à un procédé qui m'a donné des résultats si supérieurs aux autres, que j'ai dû lui accorder la préférence. La réussite de ce procédé dépend non seulement des matières à injection, mais du concours de tant de circonstances, que je ne suis pas surpris que le résultat ne soit pas le même entre des mains différentes.

« Je dirai d'abord que la première cause de mon succès constant dépend de la préférence que j'ai accordée aux injections générales plutôt qu'aux injections partielles. Les autres causes de succès dépendent non-seulement du soin que j'apporte dans ces travaux, mais aussi du choix du sujet, de la masse à injection, des instruments et appareils, de la manière de pousser les injections. En thèse générale, pour faire de bonnes injections, il faut réunir les conditions suivantes :

Choix du sujet.

« Les jeunes sujets et les fœtus, chez lesquels les vaisseaux capillaires sont plus abondants et plus perméables, sont ceux qui donnent le meilleur résultat. En été, on réussit mieux qu'en hiver. Toutefois, l'extérieur du sujet doit être examiné avec soin ; il faut que les organes soient sains, que les dents ne soient point arrachées, que la peau soit exempte de solution de continuité.

« Il est nécessaire de faire tremper et amollir le sujet pendant six à huit heures dans l'eau chauffée graduellement de 40 à 50 degrés centigrades, de manière qu'il soit peu à peu pénétré uniformément de ce degré de calorique dans toute son épaisseur. Pour l'injection partielle, il faut malaxer légèrement l'organe pour en faire sortir les liquides contenus, l'observation ayant démontré que l'état exsangue des organes des animaux morts d'hémorrhagie en rend l'injection beaucoup plus facile, comme, en sens contraire, l'engorgement des tissus malades est la première cause qui fait que l'injection y réussit bien plus rarement.

« Voici la description de l'appareil servant au bain du sujet et à le chauffer.

« Il faut se procurer une baignoire en bois ou en métal, de 2 mètres de longueur sur 30 centimètres de largeur. Je préfère la baignoire en bois, vu que la chaleur se conserve plus longtemps. On place dans cette baignoire une toile, de manière que le milieu repose sur le fond, les extrémités hors de la baignoire, et pouvant être fixées sur sa paroi externe par des moyens quelconques. Cette toile a pour usage de ramener facilement le sujet du fond de la baignoire jusqu'au niveau de l'eau. Cela étant ainsi disposé, on met le sujet sur la toile et on remplit la baignoire avec de l'eau froide ; puis on élève graduellement la température de cette eau en plaçant entre les cuisses du sujet l'appareil suivant :

« C'est un cylindre creux, en fer battu, renflé à sa partie moyenne, hermétiquement fermé inférieurement, ouvert supérieurement, muni d'un couvercle, pourvu enfin, vers les 5/6 inférieurs, d'une grille, sur laquelle on place le charbon allumé et au-dessous de laquelle aboutit de chaque côté un tube ou ventilateur destiné à établir un courant d'air au-dessous. Ces tubes ou ventilateurs ont, ainsi que le cylindre, leurs extrémités supérieures au-dessus du niveau de l'eau, et ils sont munis d'un couvercle destiné à modérer l'activité de la matière combustible. L'extrémité inférieure du cylindre repose sur le fond de la cuve. L'appareil étant ainsi disposé, on élève la température de l'eau au degré indiqué ; on la maintient à ce degré, comme il a été dit, huit à dix heures, afin que le sujet soit bien uniformément pénétré de ce degré de température. On introduit le tube dans l'artère carotide qu'on se propose d'injecter, suivant l'axe de ce vaisseau, en ayant soin de lier contre le tube le bout inférieur et le bout supérieur de l'artère, en évitant avec soin les tiraillements produits par le poids du tube. Pendant que le bain chauffe, on s'occupe de la masse à injection.

Masse à injection.

« La couleur de l'injection varie suivant qu'on injecte les veines ou les artères ; elle doit être rouge pour les artères, bleue pour les veines. Il est nécessaire d'avoir une masse à injection fine et une masse grossière.

« Dans toute masse à injecter, il faut distinguer deux sortes de substances et la couleur destinée à les faire voir dans les tissus ; mais, quelles que soient les substances que l'on emploie, la première condition pour des injections microscopiques, est de ne se servir que de matière bien pure, que l'on fait chauffer au bain-marie dans des vases très propres.

« Voici la formule de la première masse à injection que j'ai employée pour les artères :

Huile.......................... 1 kilog.
Vernis blanc.................. 750 gram.

« On se sert d'un mortier en verre ou en porcelaine ; on met d'abord le vermillon par petites quantités, puis on opère le mélange au fur et à mesure qu'on verse l'huile, de manière qu'il n'y ait pas de grumeaux. Ce mélange étant parfait, on le fait chauffer au bain-marie.

« Pour l'injection veineuse, je me suis servi de :

Huile de lin	2 kilog.
Blanc de céruse broyé à l'huile	500 gram.
Indigo ou bleu de Berlin broyé à l'huile, quantité suffisante pour avoir une belle couleur bleu clair.	

« On mêle le blanc de céruse, avec l'huile, en suivant les conseils ci-dessus; d'un autre côté, on mêle aussi l'indigo et l'huile de la même manière. Lorsque ces substances sont bien mélangées séparément, le tout est mis dans le même vase et agité de nouveau avec le pilon, pour obtenir une belle couleur bleu clair. Il est nécessaire que la couleur bleue soit un peu claire et non foncée.

« Telle est la masse que j'ai employée pour mes premières injections; j'ai obtenu, il est vrai, des injections d'une finesse extrême, mais elles avaient l'inconvénient de se vider par les villosités. Ce non-succès m'a montré un fait anatomique très important; il prouve qu'une des terminaisons des veines se fait à la surface des muqueuses par les villosités; cela est si vrai que, vingt-quatre heures après, une partie de l'injection était sortie par les villosités, et que les vaisseaux capillaires des organes creux se trouvaient presque vides.

« J'ai donc dû chercher un moyen de fixer l'injection dans les vaisseaux capillaires et empêcher sa sortie. A cet effet, j'ai ajouté à la masse une solution de gomme arabique, pensant que cette dernière substance suffirait par sa viscosité à fixer la matière dans les vaisseaux capillaires. Cet essai n'a pas répondu au but que je me proposais, soit parce que l'huile ne se mêle pas bien à la solution aqueuse de gomme arabique, soit par une autre cause. J'ai substitué à cette dernière substance la térébenthine de Venise qui, étant molle, visqueuse à une température ordinaire, liquéfiable à une chaleur convenable à l'injection, et se mêlant bien avec l'huile employée, réaliserait mon but. L'expérience a parfaitement répondu à mon attente ; aussi, depuis, je me suis arrêté aux formules suivantes :

Pour les artères.

Huile de lin............ 1 kilogramme.
Vermillon .... 750 grammes.
Térébenthine molle de
 Venise.............. 2 cuillerées à bouche.

Pour les veines.

Huile de lin........... 2 kilogrammes.
Blanc de céruse broyé à
 l'huile .... 500 grammes.
Indigo ou bleu de Prusse
 broyé à l'huile, quantité suffisante pour avoir une belle couleur.
Térébenthine molle de
 Venise.............. 2 cuillerées à bouche.

« La préparation est la même que pour la première formule. »

APPENDICE

Embaumement galvanique des Cadavres.

En parlant de la conservation des cadavres, nous n'avons point parlé des expériences qu'on a faites à différentes époques pour y appliquer les procédés de l'électro-chimie. Quoique ce moyen de soustraire les corps à la décomposition ne nous paraisse présenter qu'une utilité négative, nous croyons cependant devoir en dire quelques mots, ne serait-ce qu'à titre de curiosité.

En 1843, M. Michiels, pharmacien d'Anvers, entreprit des expériences en vue de s'assurer si le transport des métaux par la pile pouvait s'opérer aussi bien sur les matières animales que sur les objets métalliques, la pierre, le bois et le plâtre. Il est évident que, moyennant les précautions convenables, le succès ne pouvait être que certain. C'est, en effet, ce qui arriva.

M. Michiels parvint à recouvrir entièrement de cuivre des pièces anatomiques, de manière à les soustraire complètement au contact de l'air, et, par conséquent, à les conserver indéfiniment. Les formes des corps, les traits du visage, les moindres replis de la peau, tout était parfaitement représenté, parce que, condition indispensable, on avait eu soin de ne faire déposer qu'une couche métallique d'une extrême minceur.

Si nous en croyons les journaux du mois de février 1870, avant M. Michiels, l'un de nos compatriotes, alors réfugié à Venise, aurait métallisé de la même manière un cadavre humain tout entier. Voici ce que l'un d'eux raconte à ce sujet :

« On vient de faire à Venise une découverte étrange, peu ou point répandue encore en Europe, mais que nous croyons appelée à un grand retentissement ; voici le fait :

« Il existe sur un îlot de la lagune, un couvent arménien de mékitaristes, et, dans ce couvent, une chapelle sous le rétable de laquelle repose la statue métallique d'un moine. Jusqu'ici rien de bien extraordinaire. Mais où la chose se complique, c'est quand on aperçoit sur ce bloc de cuivre, comme marque de cachet, les armes et le nom du maréchal Marmont, duc de Raguse !

« Voilà l'histoire ou la fable qui circule à ce sujet parmi l'aristocratie vénitienne, dans laquelle le duc vécut de longues années consacrées à la publication de ses *Mémoires* et à des études très approfondies sur la chimie appliquée aux arts industriels.

« Le duc habitait, sur le grand canal, ce fameux palais Mocenigo que lord Byron avait rendu célèbre par ses aventures ; c'est là qu'il avait établi un observatoire et un laboratoire de chimie d'où sortirent les premières épreuves photographiques que l'on ait vues en Italie, et des essais de galvanoplastie égaux, sinon supérieurs aux produits si péniblement obtenus par le comte de Ruoltz.

« Dans le courant de 1842, un moine arménien vint à mourir; il était le supérieur de la communauté et, suivant le rite, il devait être embaumé. Le duc de Raguse demanda que cette opération lui fût confiée, et comme il jouissait de la plus haute considération, on accéda à sa demande, à condition que le corps ne quitterait pas le monastère. Il fit alors confectionner immédiatement une cuvette assez grande pour immerger le moine et le soumettre au bain métallique ; le cadavre se revêtit peu à peu d'une couche de cuivre et offrit bientôt l'aspect de ces belles statues que les merveilles de l'art florentin nous ont depuis longtemps rendues familières. »

Depuis cette époque, on a eu plusieurs fois recours à l'électro-chimie pour métalliser des pièces d'anatomie. C'est ainsi qu'en 1878, M. le docteur Broca a présenté à l'Académie de médecine un cerveau préparé par ce moyen, mais qui était réduit de moitié. A une époque plus récente, un autre expérimentateur, le docteur Oré, de Bordeaux, est parvenu à obtenir des préparations semblables sans altérer en rien leur volume normal. Voici, en peu de mots, en quoi consiste son procédé.

Après avoir disposé le cerveau de manière que les circonvolutions soient bien écartées à l'aide de mèches de coton introduites dans les scissures, et que le liquide conservateur puisse pénétrer dans les ventricules, on le fait séjourner, pendant un mois environ, dans de l'alcool à 90 degrés, jusqu'à ce qu'il ait acquis une assez grande consistance. On peut alors enlever les mèches qui remplissaient les sutures.

Cette opération effectuée, le cerveau est plongé, pendant dix minutes, dans une solution alcoolique de nitrate d'argent (100 grammes de nitrate par litre d'alcool), puis soigneusement égoutté à l'air libre. Après cet égouttage, il est placé dans une caisse où se dégage de l'hydrogène sulfuré. Il prend aussitôt une teinte noire foncée, laquelle est due à la formation à sa surface d'un dépôt de sulfure d'argent. Enfin, au bout de vingt minutes environ, on l'enlève de cette caisse et, après l'avoir exposé à l'air libre pendant un quart d'heure, on le met dans la cuve galvanique, où il ne tarde pas à prendre un bel aspect métallique.

TABLE DES MATIÈRES

PREMIÈRE SECTION

Taxidermie.

Préface...	v
Avant-Propos	1
CHAPITRE Ier. — Instruments...............	3
CHAPITRE II. — Matières propres à bourrer les peaux..	17
CHAPITRE III. — Yeux artificiels...........	21
De la lampe d'émailleur	22
Procédés de fabrication.................	24
Mélanges des émaux colorés...........	27
Dimensions et couleur des Prunelles des Quadrupèdes	29
CHAPITRE IV. — Préservatifs...............	32
§ 1er. — Préservatifs en pâte..............	33
1° Savon de Bécœur.....................	33
2° Pâte arsénicale de Letho............	35
§ 2. — Préservatifs en poudre	36
§ 3. — Préservatifs en liqueur	38
1° Bains...................................	38
2° Liqueurs pour lavages extérieurs....	43
1-2. Huiles essentielles..........	43
3. Liqueur de Smith	43
4. Liqueur spiritueuse amère....	44
5. Liqueur de Schelivsky........	45
6. Vernis.........................	45
3° Liqueurs employées en injections ...	46

4° Liqueurs pour conserver les objets qui ne peuvent se dessécher............ 47
 1. Esprit de vin................ 47
 2. Solutions alunées............ 48
 3. Tannin, glycérine............ 50
 4. Dissolutions de sels d'alumine. 50
 5. Dissolution de sels de zinc ... 52
 6. Coaltar, acide phénique....... 52
 7. Liqueur de Wickerschenner.. 56

DEUXIÈME SECTION

Préparations.

CHAPITRE Ier. — Préparation des Oiseaux... 58
Opérations préliminaires................ 58
§ 1er. — Mise en peau................ 61
 1. Mesurage...................... 61
 2. Vidange 62
 3. Dépouillement................ 63
 4. Bourrage...................... 77
§ 2. — Montage...................... 81
 1. Débourrage.................... 82
 2. Ailes étendues................ 85
 3. Queue écartée................ 89
 4. Attitude...................... 91
 5. Placement des yeux............ 99
§ 3. — Difficultés accidentelles........ 102
 1. Oiseaux à crête, aigrette, huppe... 103
 2. Oiseaux à caroncules............ 103
 3. Oiseaux d'eau.................. 106
 4. Oiseaux de grande taille........ 106

TABLE DES MATIÈRES.

§ 4. — Réparations........................... 111
    1. Plumes qui manquent.............. 111
    2. Peaux brûlées..................... 113
    3. Becs et pattes décolorés ou ternis..... 117
    4. Pattes ou tarses pelés.............. 118
    5. Ailes mal placées.................. 118
    6. Sujet mal préparé.................. 119
    7. Peau déchirée..................... 119
§ 5. — Procédés divers..................... 120
    1. Préparation des jeunes oiseaux...... 120
    2. Oiseaux en Saint-Esprit............ 123
    3. Oiseaux en demi-bosse............. 124
    4. Oiseaux en Tableaux............... 126
    5. Procédés Simon.................... 126
    6. Procédé Révil..................... 142
    Tableau pour le montage des oiseaux.. 148
    7. Procédé Waterton.................. 158
    8. Embaumement des oiseaux.......... 163
§ 6. — Attitude à donner aux oiseaux...... 165
§ 7. — Nids et Œufs...................... 196
    1. Nids.............................. 196
    2. Œufs............................. 198
CHAPITRE II. — Préparation des Mammifères............................. 203
§ 1. — Mise en peau...................... 203
§ 2. — Montage.......................... 214
§ 3. — Difficultés qu'offrent quelques Mammifères............................. 223
§ 4. — Méthode allemande de taxidermie... 231
CHAPITRE III. — Préparation des Reptiles 237
§ 1. — Tortues........................... 238
§ 2. — Lézards 240
§ 3. — Serpents.......................... 242
§ 4. — Batraciens........................ 246

§ 5. — Œufs de reptiles....................	248
§ 6. — Conservation des Reptiles et des Batraciens dans une liqueur préservatrice ...	249
CHAPITRE IV. — Préparation des Poissons.	253
§ 1. — Poissons cylindriques	253
§ 2. — Poissons plats.....................	257
§ 3. — Observations......................	257
§ 4. — Procédés divers...................	260
1. Procédé Graves......................	260
2. Procédé Linnée......................	260
3. Procédé Nicolas.....................	261
4. Procédé Mauduit.....................	263
§ 5. — Conservation dans une liqueur préservatrice	265
CHAPITRE V. — Préparation des Crustacés	266
§ 1. — Anciens procédés..................	266
§ 2. — Nouveaux procédés	269
CHAPITRE VI. — Préparation des Insectes.	271
§ 1. — Redressage des Insectes déformés...	271
§ 2. — Lépidoptères *(papillons)*...........	272
§ 3. — Lépidoptères *(chenilles)*	280
§ 4. — Araignées.........................	283
§ 5. — Coléoptères.......................	285
§ 6. — Gallinsectes.......................	287
§ 7. — Nids d'insectes....................	287
CHAPITRE VII. — Préparation des Mollusques et des Coquillages................	289
CHAPITRE VIII. — Préparation des Zoophytes et des Vers.......................	295

TROISIÈME SECTION

Conservation des Plantes et des Minéraux.

CHAPITRE Iᵉʳ. — Conservation des Végétaux 301
  § 1. — Conservation à l'état frais 301
  § 2. — Conservation à l'état sec 302
    1. Dessiccation des plantes 302
    2. Autres procédés de préparation 316
  § 3. — Renseignements divers 319
    1. Conservation de la couleur des plantes 319
    2. Rétablissement de la couleur des fleurs 321
    3. Moyen d'obtenir des empreintes de plantes 321
    4. Collections de graines et de fruits 324
      1. Graines 324
      2. Fruits 324
    5. Moyen de produire des cristallisations superficielles 325
  § 4. — Imitation des Fruits 325
CHAPITRE II. — Préparation des Minéraux 332

QUATRIÈME SECTION

Conservation des Cadavres et des Pièces d'anatomie normale.

CHAPITRE Iᵉʳ. — Conservation des Cadavres 334
  1. — Conservation indéfinie 334
    1° Dessiccation 335
    2° Congélation 335
    3° Exclusion de l'air 335

4° Antiseptiques..................................	337
1. Sel marin..................................	337
2. Sublimé corrosif.........................	339
3. Acide pyroligneux.......................	339
4. Alcool, éther, chloroforme, etc.....	340
5. Créosote, acide phénique, acide thymique...........................	340
6. Tannin......................................	344
7. Glycérine..................................	345
8. Acide arsénieux.........................	346
9. Sels d'alumine et de zinc............	347
10. Liqueur de Vickerschenner.......	349
§ 2. — Conservation temporaire.............	351
1° Etudes anatomiques......................	351
A. Antiseptiqnes inorganiques......	351
B. Antiseptiques organiques.........	352
2° Inhumation retardée.....................	352
1. Hyposulfite de soude.................	353
2. Poudres antiputrides.................	353
3. Moyens divers.........................	356
CHAPITRE II. — Conservation des pièces d'anatomie normale...........................	356
§ 1. — Préparations ostéologiques..........	358
1° Opérations préliminaires...............	358
1. Macération...............................	359
2. Ebullition.................................	360
3. Blanchiment............................	361
2° Montage du squelette...................	364
1. Squelette naturel.......................	364
A. Squelettes de très petits animaux...............................	365
B. Squelettes d'animaux de grandeur moyenne................	371
2. Squelette artificiel.....................	373

§ 2. — Conservation par la voie humide... 376
§ 3. — Conservation par la voie sèche..... 382
   1. Vernis blanc........................ 385
   2. Vernis mastic....................... 386
   3. Vernis jaune....................... 386
   4. Peinture blanche.................... 386
   5. Peinture pour les muscles........... 386
   6. Injection rouge..................... 386
   7. Injection verte..................... 386
   8. Injection bleue..................... 387
§ 4. — Injections......................... 389
   1. Injections évacuatives............... 389
   2. Injections réplétives................ 390
   3. Injections antiseptiques............. 394
   4. Injections conservatrices............ 394
   5. Opérations complémentaires.......... 394
   6. Formules diverses................... 396
      1° Procédé Berses et Hyrts....... 399
     Excipients ou masses à injection.... 399
     Couleurs à injection................ 400
      2° Procédé Hirschfeld............ 404
     Choix du sujet...................... 405
     Masse à injection................... 407
APPENDICE. — Embaumement galvanique des cadavres............................ 410

Paris. — Imp. E. CAPIOMONT et Cⁱᵉ, rue des Poitevins, 6.

ENCYCLOPÉDIE-RORET

COLLECTION
DES
MANUELS-RORET
FORMANT UNE
ENCYCLOPÉDIE DES SCIENCES & DES ARTS
FORMAT IN-18
Par une réunion de Savants et d'Industriels

Tous les Traités se vendent séparément.

La plupart des volumes, de 300 à 400 pages, renferment des planches parfaitement dessinées et gravées, et des vignettes intercalées dans le texte.

Les Manuels épuisés sont revus avec soin et mis au niveau de la science à chaque édition. Aucun Manuel n'est cliché, afin de permettre d'y introduire les modifications et les additions indispensables.

Cette mesure, qui met l'Éditeur dans la nécessité de renouveler à chaque édition les frais de composition typographique, doit empêcher le Public de comparer le prix des *Manuels-Roret* avec celui des autres ouvrages tirés sur cliché à chaque édition.

Pour recevoir chaque volume franc de port, on joindra, à la lettre de demande, un mandat sur la poste (de préférence aux timbres-poste) équivalant au prix porté au Catalogue.

Cette franchise de port ne concerne que la **Collection des Manuels-Roret** et n'est applicable qu'à la France et à l'Algérie. Les volumes expédiés à l'étranger seront grevés des frais de poste établis d'après les conventions internationales.

Bar-sur-Seine. — Imp. SAILLARD.

www.ingramcontent.com/pod-product-compliance
Lightning Source LLC
Chambersburg PA
CBHW060543230426
43670CB00011B/1669